保护层分析

——初始事件与独立保护层应用指南

Guidelines for Initiating Events and Independent Protection Layers in Layer of Protection Analysis

〔美〕Center for Chemical Process Safety 编著

郭小娟 袁小军 刘昳蓉 朱海奇 译

鲁 毅 校

中国石化出版社

内 容 提 要

　　本书是在 CCPS《保护层分析——简化的过程风险评估》(CCPS LOPA)(2001)的基础上，更详尽地介绍了保护层分析方法的理论与应用。主要内容包括：初始事件及独立保护层的确定、初始事件及独立保护层失效数据的核心属性与数据来源选择、不同初始事件及独立保护层的举例、更先进的保护层分析方法等等。

　　本书列举了大量初始事件及独立保护层的例子，并进行逐一介绍；作为 CCPS 过程安全导则系列丛书之一，能帮助业主单位、工程公司、咨询评估单位等更好地理解初始事件和独立保护层，能更准确地指导相应失效数据的选择与使用。

著作权合同登记　　图字：01-2015-6218 号

Guidelines for Initiating Events and Independent Protection Layers in Layer of Protection Analysis
By Center for Chemical Process Safety(CCPS)，ISBN:9780470343852
Copyright © 2015 by the American Institute of Chemical Engineers,Inc.
All Rights Reserved. This translation published under license, Authorized translation from the English language edition,Published by John Wiley & Sons.No part of this book may be reproduced in any form without the written permission of the original copyrights holder.

图书在版编目(CIP)数据

　　保护层分析:初始事件与独立保护层应用指南/美国化工过程安全中心编著;郭小娟等译 . —北京：中国石化出版社，2019.7
　　书名原文：Guidelines for Initiating Events and Independent Protection Layers in Layer of Protection Analysis
　　ISBN 978-7-5114-5251-1

　　Ⅰ . ①保… Ⅱ . ①美… ②郭… Ⅲ . ①化工过程-风险分析 Ⅳ . ①TQ02

　　中国版本图书馆 CIP 数据核字(2019)第 063428 号

中国石化出版社出版发行
地址:北京市朝阳区吉市口路 9 号
邮编:100020　电话:(010)59964500
发行部电话:(010)59964526
http://www. sinopec-press. com
E-mail:press@ sinopec. com
北京富泰印刷有限责任公司印刷
＊
710×1000 毫米 16 开本 15.5 印张 301 千字
2019 年 7 月第 1 版　2019 年 7 月第 1 次印刷
定价:98.00 元

译者的话

近几十年来，随着化工行业的发展，在全球范围内发生过很多重大工业事故，引起社会各界的关注与重视。这很大程度上促进了对过程安全管理的研究与发展。保护层分析方法（Layer of Protection Analysis，LOPA）作为化工过程安全一种有效的风险分析方法已在行业内被广泛应用。保护层分析方法是一个简化的流程化定量风险分析方法，对初始事件发生概率、保护层失效概率和后果严重性等级都是粗略的数量级评估。本书在 CCPS 概念丛书《保护层分析——简化的过程风险评估》[*Layer of Protection Analysis：Simplified Process Risk Assessment，CCPS LOPA*（2001）] 基础上进行了完善和补充。该书中文版由中国石化出版社 2010 年 5 月出版，书中列举的大量实例为装置运行中可能出现的初始事件、保护层、后果等识别提供重要指导。

由于目前国内对保护层分析方法的相关研究仍有所欠缺，北京风控工程技术股份有限公司组织了专门从事风险分析和安全技术评估的工程师对本书进行了翻译。其中，刘映蓉、朱海奇、孔令仪负责第 1 章至第 3 章翻译工作，袁小军、郭小娟、江琦良、周远等负责第 4 章至第 6 章及所有附录的翻译工作。郭小娟、袁小军对全书进行了校对和统稿，鲁毅对全书进行了校核和最后审阅。

希望本书能为各业主单位、工程建设公司、咨询单位等需要进行 LOPA 分析的企业提供良好的指导，更希望通过本书的引进和应用，使得 LOPA 分析能更好地应用到装置实际运行与操作中，并在国内高速发展和成熟起来。

由于时间有限，文中存在的错误之处请多多包涵，恳请读者批评指正。

译者

北京风控工程技术股份有限公司

目　　录

表格清单

缩　略　语

ACGIH ——American Conference of Governmental Industrial Hygienists 美国政府工业卫生联盟

AIChE ——American Institute of Chemical Engineers 美国化学工程师协会

AIHA ——American Industrial Hygiene Association 美国工业卫生协会

ALARP ——As Low As Reasonably Practicable 最低合理可行原则

ALOHA ——Areal Locations of Hazardous Atmospheres 风险模拟软件，用于制定化学品应急计划

ANSI ——American National Standards Institute 美国国家标准协会

API ——American Petroleum Institute 美国石油学会

APJ ——Absolute Probability Judgment 绝对概率判定

ASME ——American Society of Mechanical Engineers 美国机械工程师学会

ASSE ——American Society of Safety Engineers 美国安全工程师协会

ATEX ——Atmospheres Explosibles（Europe）欧洲设备及环境防爆标准

BEP ——Best Efficiency Point 最佳效率点

BLEVE ——Boiling Liquid Expanding Vapor Explosion 沸腾液体膨胀蒸气云爆炸

BMS ——Burner Management System 燃烧器管理系统

BPCS ——Basic Process Control System 基本过程控制系统

BPVC ——Boiler and Pressure Vessel Code（ASME）锅炉和压力容器规范（ASME）

BS ——British Standards（UK）英国标准（UK）

CCPS ——Center for Chemical Process Safety（of AIChE）化工过程安全中心（属于AIChE）

CFR ——Code of Federal Regulations（USA）美国联邦法规

CPR ——Committee for the Prevention of Disasters（The Netherlands）灾难预防委员会（荷兰）

CPQRA ——Chemical Process Quantitative Risk Analysis 化工过程定量风险分析

CPU ——Central Processing Unit（Logic Solving Integrated Circuit）中央处理单元（逻辑处理器）

CR ——Contractor Technical Report（by the Nuclear Regulatory Commission, USA）承包商技术报告(归核管理委员会，美国)

CSB ——Chemical Safety Board（USA）化学品安全委员会(美国)

DCS ——Distributed Control System 分布式控制系统

DDT ——Deflagration-to-Detonation Transition 爆燃转爆轰过程

DIN ——Deutsches Institut für Normung（Germany）德国标准协会

EGIG ——European Gas Pipeline Incident Data Group 欧洲燃气管线事故数据库

EPA ——Environmental Protection Agency（USA）美国环境保护署

ESD ——Emergency Shutdown Device 紧急停车装置

ETA ——Event Tree Analysis 事件树分析

FMEA ——Failure Mode and Effects Analysis 失效模式及影响分析

FMECA ——Failure Modes, Effects, and Criticality Analysis 失效模式、影响与关键性分析

FRP ——Fiber-Reinforced Plastic 纤维增强塑料

GCPS ——Global Congress on Process Safety（of AIChE）过程安全全球代表大会(属于 AIChE)

HAZMAT ——Hazardous Material 危险物质

HAZOP ——Hazard and Operability; as in HAZOP Analysis or HAZOP Study 危险与可操作性分析，常称为 HAZOP 分析或 HAZOP 研究

HEART ——Human Error Assessment and Reduction Technique 人员失误分析及控制技术

HEP ——Human Error Probability 人员失误概率

HERA ——Human Event Repository and Analysis 人员事故记录及分析

HRA ——Human Reliability Analysis 人员可靠性分析

HCR ——Human Cognitive Reliability 人员认知可靠性

HMI ——Human-Machine Interface 人机界面

I/O ——Input/Output 输入/输出

IE ——Initiating Event 初始事件

IEC ——International Electrotechnical Commission 国际电工委员会

IEEE ——The Institute of Electrical and Electronics Engineers 电气及电子工程师
协会

IEF ——Initiating Event Frequency 初始事件频率

IPL ——Independent Protection Layer 独立保护层

IPS ——Instrumented Protective System 仪表保护系统

IRT ——Independent Protection Layer (IPL) Response Time 独立保护层响应时间

ISA ——International Society of Automation 国际自动化协会

ISO ——International Organization for Standardization 国际标准化组织

ITPM ——Inspection, Testing, and Preventive Maintenance 检验、测试与预防性
维修

LOC ——Loss of Containment 物料泄漏

LOPA ——Layer of Protection Analysis 保护层分析

LPG ——Liquified Petroleum Gas 液化石油气

MAWP ——Maximum Allowable Working Pressure 最大允许操作压力

MOC ——Management of Change 变更管理

MPS ——Machine Protection System 机械保护系统

MSP ——Maximum Setpoint 最高设定点

MSS ——Manufacturers Standardization Society 制造商标准化协会

NOAA ——National Oceanic and Atmospheric Administration (USA) 国家海洋和大气
治理署(美国)

NFPA ——National Fire Protection Association 美国国家消防协会

NPRD ——Nonelectric Parts Reliability Data 非电气部件可靠性数据

NRC ——Nuclear Regulatory Commission (USA) 核管理委员会(美国)

NRCC ——National Research Council Canada 加拿大国家研究委员会

NTSB ——National Transportation Safety Board (USA) 国家运输安全委员会(美国)

NUREG ——U. S. Nuclear Regulatory Commission Document 美国核管理委员会文件

OREDA ——Offshore Reliability Data 海上设备可靠性数据

OSHA ——Occupational Safety and Health Administration（USA）职业安全与健康管理总署(美国)

PERD ——Process Equipment Reliability Database 过程设备可靠性数据库

PES ——Programmable Electronic System 可编程电子系统

PFD ——Probability of Failure on Demand 需求时的失效概率

PFDavg ——Average Probability of Failure on Demand 要求时的平均失效概率

PHA ——Process Hazard Analysis 过程危害分析

P&ID ——Piping & Instrumentation Diagram 管道及仪表流程图

PID ——Proportional-Integral-Derivative 比例-积分-微分控制规律

PLT ——Process Lag Time 过程延迟时间

PMI ——Positive Material Identification 光谱现场检测(材料可靠性辨别)

PPE ——Personal Protective Equipment 个体防护装备

PRV ——Pressure Relief Valve 压力泄放阀

PSF ——Performance Shaping Factor 行为促成因子

PSM ——Process Safety Management 过程安全管理

PST ——Process Safety Time 过程安全时间

QRA ——Quantitative Risk Assessment 定量风险评估

RAGAGEP ——Recognized and Generally Accepted Good Engineering Practice 公认并广为接受的良好工程实践

RBPS ——Risk Based Process Safety 基于风险的过程安全

RD ——Rupture Disk 爆破片

RFO ——Restrictive Flow Orifice 节流孔板

RRF ——Risk Reduction Factor 风险削减因子

SCAI ——Safety Controls, Alarms, and Interlocks 安全控制、报警和联锁

SIF ——Safety Instrumented Function 安全仪表功能

SIL ——Safety Integrity Level 安全完整性等级

SIS ——Safety Instrumented System 安全仪表系统

SLIM ——Success Likelihood Index Method 成功似然指数法

SME ——Subject Matter Expert 主题专家

SPAR——H ——Standardized Plant Analysis Risk Model ——Human Reliability Analysis 标准化工厂风险分析模型——人员可靠性分析

SPIDR™ ——System and Part Integrated Data Resource 系统和部件完整性数据源

THERP ——Technique for Human Error Rate Prediction 人员失误概率预测技术

TR ——Technical Report（by ISA）国际自动化协会(ISA)技术报告

UL ——Underwriters Laboratory 保险商实验室

USCG ——United States Coast Guard 美国海岸警卫队

VRV ——Vacuum Relief Valve 真空泄放阀

VPRV ——Vacuum Pressure Relief Valve 真空压力泄放阀

VSV ——Vacuum Safety Valve 真空安全阀

术　语

管理措施：控制、监视和人员绩效审核的程序机制，例如上锁/挂牌程序、旁路审批流程、铅封及作业许可证制度。

资产完整性：基于风险过程安全管理中的一个管理要素，有利于确保设备正确设计及安装，并保持设备功能在整个生命周期中的适用性（又称"机械完整性"）。

需求时的平均失效概率（PFD_{avg}）：在设备产品检验测试间隔内的平均失效概率。

基本过程控制系统（BPCS）：根据来自工艺、相关设备、其他编程系统和/或操作人员的输入信号进行响应（逻辑解算），产生相应的输出信号，遵循设计意图对工艺及相关设备进行操作，但是不执行任何 $SIL \geqslant 1$ 的安全仪表功能（IEC 61511 2003）。

浴盆曲线：描述设备失效率与时间之间对应关系的曲线图。描述了设备生命周期内的故障特征，如早期或过早失效、稳定或正常运行失效、磨损或使用寿命末期失效。

β 因子：应用在 PFD_{avg} 中的数学因子，用来表示系统中从属或共同原因、共同失效的失效概率。

铅封：用来确定阀门在打开位置（铅封开）或关闭位置（铅封关）的一种金属或塑料绝缘锁扣。在操作阀门前，需通过管理程序获得授权。

锁链：指穿过或绑在阀门手柄上并上锁的链，可以预防阀门被误动，保证其处于正确位置。只有经授权批准且所有前提条件检查确认后方可拆除锁链。链条和锁可以简化检验，通过目检即可确认阀门在正确位置。

清洁物流：工艺物流和/或操作工况不会造成结垢、腐蚀、侵蚀或沉积，进而影响保护层性能的实现，比如在泄压阀内部、下面或下游形成的聚合物。

补偿措施：指有计划并文件化的管理风险的方法。在维修期间或工艺操作期间，当 IPL 故障或失效引起风险增加时临时应用。

共因失效：由同一原因导致一个以上设备、功能或系统的失效。

共模失效：共因失效中的一个特殊类型，同一原因导致一个以上设备、功能或系统的失效，并且设备发生失效的模式相同。

条件修正因子：通常在风险判据表达为人员影响(例如：人员死亡)而不是损失事件(例如泄漏、物料损失、容器破裂)时，场景风险计算时可能使用到的一种或几种概率。

后果：指非预期事故的结果，通常从健康和安全影响、环境影响、财产损失和生产中断损失方面来衡量。

危险失效概率：组件失效至不安全状态/模式的比率(通常以预期每年失效的次数来表示)(其他的失效状态或模式可能导致系统的误动作停车，但不会导致不安全状况)。

需求模式：独立保护层(IPL)只在有工艺需求产生时才响应执行，否则处于休眠或备用的操作状态。工艺需求频率少于一次每年的为低需求模式。工艺需求频率多于一次每年的为高需求模式。

休眠：一种无动作的状态，直到达到一个特定过程参数才会启动。

使能条件：将初始原因转变为危害事件的必要操作条件。使能条件不能单独导致事故发生，但它在事故发展中是必须存在或起作用的。

事件：由设备性能、人员行为或外部干预引起的工艺相关的场景。

频率：事件在单位时间(通常为每年)内发生的次数。

人员失误概率(HEP)：特定种类的人员失误次数与特定任务或规定时间内的人员失误机会的次数之比。同义词：人员失效概率和操作失效概率。

独立保护层(IPL)：能够防止某一场景向不期望的后果进一步发展的设备、系统或动作，并且不受初始事件或该场景相关的其他保护层的影响。

独立保护层响应时间(IRT)：独立保护层响应时间是指IPL检测到超限工况并完成阻止过程偏离安全状态的必要行为所需的时间。

事故场景：假设的最终导致重大后果的事件序列，包括初始事件及安全措施失效。

初始事件：设备失效、系统失效、外部事件或误动作(或未响应)等引起一系列事件并导致重大后果的最初事件。

初始事件频率(IEF)：初始事件(IE)预计发生的频率，在保护层分析中，IEF通常用每年发生次数表示。

检验、测试与预防性维修(ITPM)：定期的主动维修行为。目的是：(1)评估设备现有状态和/或退化速度；(2)测试设备的操作/功能；(3)通过恢复设备工况来预防设备失效。ITPM是资产完整性的一个要素。

最高设定点：IPL的最高设定点是指工艺偏离正常工况但仍有充足时间来保

证 IPL 检测到偏离、采取行动并执行响应以防止重大后果的最高工艺偏离点。对于 SIS 系统，通常称为 SIS 最高设定点（MSP），参照 ISA-TR84.00.04（2011）。

必须：只有在满足所列标准情况下，本指南委员会才认为 IEF、PFD 或 IE 与 IPL 的其他方面是有效的。"必须"也可用于参考基本定义。

惰性物流：无反应活性和无危害的物流。

行为促成因子（PSF）：影响人员失误可能性的因素。

需求时的失效概率（PFD）：系统在需要执行指定功能时失效的可能性。

过程延迟时间（PLT）：过程延迟时间表示独立保护层（IPL）动作完成后过程响应并避免重大后果所需的时间。

过程安全时间（PST）：过程或控制系统出现故障到重大后果发生之间的时间间隔。

风险：根据发生损失和伤害的频率及程度来衡量潜在的经济损失、人员伤害或环境影响。

保护措施：可中断初始事件发生后的事件链条或减轻后果的所有设备、系统和动作。并不是所有的保护措施都满足 IPL 独立保护层的要求。

安全控制、报警和联锁（SCAI）：通过仪表和控制执行的过程安全保护措施，用于实现或维持工艺的安全状态并降低特定危险事件的风险（ANSI/ISA 84.91.01 2012）。这些有时被称为安全关键设备或关键安全设备。

安全仪表功能（SIF）：为降低重大场景的风险，安全仪表系统所实现的安全功能，该安全功能具有相应的安全完整性等级（SIL）。

安全完整性等级（SIL）：用于衡量每个 SIF 和 SIS 完整性的 4 个范围。SIL 4 等级最高，SIL 1 等级最低。

安全仪表系统（SIS）：通过设计和管理来达到特定的安全完整性等级（SIL）的由传感器、逻辑运算器、最终元件及支持系统组合而成的独立系统。一个 SIS 可能实现一个或多个安全仪表功能（SIFs）。

严重性：衡量特定后果影响的程度。

应：本指南的编著者认为为实现相同标准/目标而选择的可选方案是可接受的。

系统误差：也称为"体系误差"。ISA-TR 84.00.02（2002）将系统误差定义为"在规格说明、设计、实施、试车或维护阶段出现的误差。"

验证：证明已安装设备和/或相关人员行为实现了设计核心意图和要求的行为。测试是验证方法之一。

验算：为确保按设计说明安装了设备的行为（对于安全仪表功能 SIF，SIL 验算通常对 SIS 的 PFD_{avg} 进行计算，以确保其达到规定的 SIL 等级）。

致　谢

美国化学工程师协会(AIChE)和化工过程安全中心(CCPS)由衷感谢化工过程安全中心(CCPS)技术指导委员会保护层分析分委会成员对《保护层分析——初始事件与独立保护层分析应用指南》的贡献，并感谢他们在本书完成期间的积极参与、有效审核、技术指导以及对本项目团队的支持。化工过程安全中心(CCPS)对团队成员所属公司所给予的慷慨支持表示感谢。化工过程安全中心(CCPS)还要对技术指导委员会在本书完成期间提出的建议和支持表示感谢。

本书小组委员会成员名单

化工过程安全中心(CCPS)衷心感谢保护层分析小组委员会成员在初始事件和独立保护层分析领域的重要贡献。也感谢他们在推进 LOPA 应用过程中所付出的巨大努力和杰出贡献。小组委员会成员包括以下人员：

韦恩·查斯顿，**主席**	伊斯曼化学公司
约翰·鲍伊克	英国石油公司(BP)
马特·贝内特	英国石油公司(BP)
托尼·克拉克	工艺改进研究所
吉姆·柯蒂斯	塞拉尼斯公司
瑞克·柯蒂斯	ABS 咨询公司
汤姆·迪莱奥	阿尔伯马尔
理查德·R. 唐恩	杜邦公司
兰迪·费里曼	S&PP 咨询公司
鲍勃·盖尔	艾默生过程管理
凯瑟琳·A. 卡斯	陶氏化学公司
凯丽·金恩	埃克森美孚化工公司
凯文·克莱因	塞拉尼斯公司
唐·洛伦佐	ABS 咨询公司
斯蒂夫·美莎露丝	惠氏公司

约翰·瑞米	利安德巴塞尔
安卓拉·萨莫司	SIS-TECH
斯高特·斯万森	英特尔有限公司
哈尔·托马斯	空气化工产品公司(后期就职艾思达公司)
斯坦利·乌尔鲍尼克	杜邦公司
蒂姆·瓦格纳	陶氏化学公司
斯科特·华莱士	欧林公司
罗伯特·维西莱思凯	NOVA 化学公司
保拉·威利	雪佛龙菲利普斯化工有限公司

化工过程安全中心(CCPS)感谢比尔·布利斯其和工艺改进研究所(PII)，代表小组委员会，完成了同行审查前的初稿。感谢韦恩·查斯顿和凯西·卡斯最后校核。感谢希拉·沃格特曼(SIS-TECH 公司)对文本最终编辑整理。

化工过程安全中心(CCPS)员工、咨询师，约翰·F. 墨菲先生，协调和组织会议，以及协助小组委员会的审查和沟通工作。

本书审稿人员名单

化工过程安全中心(CCPS)所著书籍出版前都会进行完整的同行评审过程。在此，非常感谢审稿人员深思熟虑的宝贵意见和建议。他们的工作增强了本书的准确性和清晰度。尽管同行评议提供了很多建设性的意见和建议，在本书出版前，并不许可他们公开本书，也不会向他们展示最终书稿。

乔·艾拉本	费林特希尔资源公司
约翰·爱尔德曼	怡安能源风险工程
墨哈墨德·费热利 墨哈墨德·艾力	马来西亚石油公司
克里斯蒂·阿森努	迈图特用化学品公司
布莱恩·贝尔	布莱恩·贝尔
凯帕·本构埃泰克斯	陶氏化学公司
库玛·比马崴若普	FM 全球公司
克里斯汀·E. 布朗宁	伊士曼化学公司
阿特·道威尔，III	从罗门哈斯公司(陶氏公司)退休
戴尔·E. 拽塞尔	首诺公司
理查德·高兰	欧洲过程安全中心
莎拉·B. 居莱尔	陶氏化学公司

罗伯特·W. 约翰森	昂温公司
雷纳德·拉斯库斯基	艾默生过程管理
戴维·K. 路易斯	NOVA 化学公司
戴维·路易斯	美国西方化学公司
皮特·露岛	伊士曼化学公司
凯斯·R. 佩斯	普莱克斯公司
保尔·迪兰闹	陶氏化学公司
哈西姆·塞卡利亚	陶氏化学公司
伊尔凡·谢赫	斯堪博鳌公司/劳式船级社
安德里安·塞帕德	瑟皮达咨询公司
卡伦·肖·诗达迪	陶氏化学公司
劳伦斯·思润	BV，荷兰市亨斯曼
芙罗琳·W. 温思克	瑞士先正达公司
哈利·怀特	斯泰隆有限责任公司
罗纳德·J. 威利	美国东北大学
约翰·A. 威廉姆森	费林特希尔资源公司
约翰·C. 温思科	英国和大公司
克劳斯·文思纽斯盖	杜邦高性能涂料有限公司

前　　言

美国化学工程师协会(AIChE)致力研究化工及相关行业的过程安全和过程控制失控问题已有 40 余年。通过与工艺设计人员、施工人员、操作人员、安全专家及学术界的紧密联系，促进了不同专业间的沟通，发展和不断完善行业的高安全标准。美国化学工程师协会(AIChE)出版物和专题研讨会已为那些致力于了解事故的起因，预防事件发生和削减后果，以及发现更好方法的行业人员提供信息来源。

化工过程安全中心(CCPS)由美国化学工程师协会(AIChE)成立于 1985 年，研究和宣传用于预防重大化工事故的技术资料。化工过程安全中心(CCPS)得到化工行业及相关行业超过 140 家赞助企业的支持，这些企业为各相关技术小组委员会提供必要的资金支持及专业经验。

化工过程安全中心(CCPS)第一个项目是编制《危害评估流程指南》(*Guidelines for Hazard Evaluation Procedures*)(CCPS 1985)。化工过程安全中心(CCPS)完成了既定目标，该书于 1985 年出版，此后继续培育了所有行业的过程安全专业人员，并促进他们的继续进步和提高业务水平。例如，CCPS 自成立以来已出版超过 100 本指南类和概念类书籍，并赞助大量国际性会议。目前还有一些仍处于进行中的项目。过去几年中，本指南的编写过程始终处重大变更中，发生的事件也使得风险评估得到前所未有的关注。

保护层分析(LOPA)是一个精简的风险分析与评估工具。自 CCPS/AIChE 第一本有关该主题的出版物，《保护层分析——简化的过程风险评估》[*Layer of Protection Analysis：Simplified Process Risk Assessment*，CCPS LOPA(2001)]，这一概念书发布之后，在过去 10 年中，保护层分析(LOPA)方法越来越普及。LOPA 通常采用数量级估计频率、概率和后果严重性，同时采取保守的评估规则。本书在 *CCPS LOPA*(2001)内容基础上，进一步介绍了初始事件(IE)与独立保护层(IPL)的实例。本书将更全面地指导如何确定可能的初始事件(IE)频率和独立保护层

(IPL)需求时的失效概率(PFD)。最后，对管理系统进行了详细介绍，即企业在现场应满足给定的初始事件(IE)或独立保护层(IPL)取值要求。

亦如其他CCPS书籍，本书并不包含用于管理化工业务风险的完整程序，也没有对如何为某一设施或某一组织建立风险分析程序给出具体建议。然而，当执行更为详细且基于场景的风险评估时，确实应考虑本书提供的指导。

本书提供的指导意见不能代替危害评估的经验数据。本书可以作为进一步培训风险评价人员的辅助材料，也可作为有丰富从业经验人员的参考资料。风险评价师只有通过理论研究与实践经验相结合才能熟练地识别初始事件和独立保护层。在一个完整的过程安全管理(PSM)框架程序内使用本书，将有助于企业不断提高其装置运行安全性。

1 引言

保护层分析（LOPA）是一种简化的定量风险分析工具。20 世纪 90 年代，LOPA 作为当时一种新型的风险评估工具逐渐发展起来。它使用相对保守的规则，对发生频率、可能性及后果严重性进行数量级评估。LOPA 在评估风险方面有其高效性，许多企业相继发表论文或者企业在 LOPA 方面的应用经验和例子，以大力支持 LOPA 发展。特别是在 1997 年 CCPS 过程安全国际会议上，与会人员通过论文与讨论一致通过一项决定——出版一本专门介绍 LOPA 方法的书。这项决定促使《保护层分析——简化的过程风险评估》[*CCPS LOPA* (2001)] 得以出版。此后，LOPA 方法持续发展，许多公司采用更先进的技术完善了这种方法。

在上述《保护层分析——简化的过程风险评估》图书出版后，LOPA 方法变得越发的普遍和高效。本书《保护层分析——初始事件与独立保护层应用指南》相对 2001 版有以下特点：

- 提供了更多初始事件和独立保护层实例；
- 提供了初始事件频率（IEF）和独立保护层需求时的失效概率（PFD）取值依据；
- 提供了需要特殊考虑的初始事件和独立保护层的失效数据取值，为整个管理系统提供了更多信息。

本章为全书的引言部分，将会阐述以下问题：

- 明确本书的适用人群；
- 定义本书的适用范围；
- 分析本书与 *CCPS LOPA* (2001) 的差别；
- 简述 LOPA 的分析方法及发展历程；
- 论述本书与其他出版物之间的联系。

1.1 适用人群

本书适用于以下读者：

- LOPA 分析方法的使用者。本书适用于已经阅读过并且应用过 *CCPS LOPA*

（2001）中介绍的方法的读者。这些读者可能包括工艺工程师、风险分析师，以及过程安全专家。对这部分读者来说，可以重点关注第 3～5 章，第 3～5 章介绍了关于 LOPA 应用，以及初始事件和独立保护层的分析实例。第 6 章和附录中包含了很多 LOPA 的补充分析方法，如故障树分析（FTA）、事件树分析（ETA）、人员可靠性分析（HRA）。

- 将 LOPA 分析作为风险管理手段的管理者。对这部分读者来说，可以重点关注第 2 章描述的 LOPA 关键元素，以及需要管理系统支持的初始事件频率和独立保护层需求时失效概率的取值。

- 需要确保新工艺或变更工艺满足保护层要求的项目经理。在重要项目的各个阶段中，LOPA 都可以为选择和评估设计方案与保护层提供指导。

- 工程师、化学家、操作工/维修工、监理、部门领导，以及其他需要为初始事件和独立保护层提供技术或管理需求的人。目的是确保初始事件发生频率低于他们预期频率，独立保护层需求时失效概率至少不能超过其预期值。本书的一个重要目标是为初始事件发生频率与独立保护层需求时失效概率达到预期目标提供方法指导。这部分读者可以着重阅读第 3～6 章。

1.2 范围

CCPS LOPA（2001）是处于在定性和定量风险分析中间的半定量风险分析方法，起到媒介作用，定性风险评估/分析用于后续定级分析，定量分析在《化工过程定量风险分析指南》（Guidelines for Chemical Process Quantitative Risk Analysis）（CCPS 2000）中有介绍。本书建立在 *CCPS LOPA*（2001）的基础上，进一步明确了主要概念，并增加了事件分析的条件和限制。本书主要介绍了初始事件和独立保护层的实例，给出了初始事件发生频率和独立保护层失效概率的建议值，并对实现与维持这些建议值所需活动和记录提供指导。这些指导建议旨在帮助企业和工厂找到适合其自身的 LOPA 标准。

本书不是 *CCPS LOPA*（2001）的再版，不会修改那本书中 LOPA 对一些案例的适用准则。然而，*CCPS LOPA*（2001）出版后，一些企业根据经验对 LOPA 分析方法有了进一步理解。新的初始事件和独立保护层被提出，一些原有的初始事件和独立保护层失效概率发生了变化。这使得行业人员要求有更详细的识别初始事件（IEs）和独立保护层（IPLs）及其在 LOPA 中应用的相关指导。CCPS 因此出版了这本如何确定初始事件（IEs）与独立保护层（IPLs）需求时失效概率（PFD）的指南。

本书并不对安全控制、报警和联锁（SCAI）的分析及设计要求作详细说明，因为已有其他书籍和行业标准进行介绍，例如《安全自动化化工过程指南》

（Guidelines for Safe Automation of Chemical Processes）（CCPS 1993）、《安全与可靠性仪表保护系统指南》（Guidelines for Safe and Reliable Instrumented Protective Systems）（CCPS 2007b），以及行业标准 IEC 61511（2003）和 ANSI/ISA 18.2（2009）。本书对降低风险给出了指导，尤其是对基本过程控制系统（BPCS）和安全仪表系统（SIS）的风险要求，并给出了具体设计和管理实例以满足标准要求。本书不会讨论 SCAI 的设计，也不会讨论那些为保证 SCAI 在整个生命周期可靠性的措施。读者应参考恰当的工业标准确保安全仪表系统符合良好的工程实践。

本书对条件修正因子不做详细解释，它是用来修正发生泄漏、火灾、爆炸及人员死亡可能性的因子，*CCPS LOPA*（2001）中做了一些介绍，《保护层分析——使能条件与修正因子导则》（Guidelines for Enabling Conditions and Conditional Modifiers in Layer of Protection Analysis）（CCPS 2013）对此进行了深入阐述。

1.3　本书与原 LOPA 书相比不同之处

CCPS LOPA（2001）给出了保护层分析的概念并介绍了如何用它来评估风险。LOPA 的概念被引入很多技术领域，从简单的事故场景分析到复杂的特定影响后果的风险叠加分析。LOPA 已经应用在整个过程行业并在全球范围内影响了风险分析。经过 12 年的应用与发展，扩充了 LOPA 应用领域，下面是对 *CCPS LOPA*（2001）主要改动的总结。

第一个重大变化是对单个初始事件和独立保护层的讨论更深入。*CCPS LOPA*（2001）提供了初始事件频率和独立保护层失效概率。介绍了如何选取初始事件频率及选取这些取值的基本假设。对于独立保护层，讨论了其独立性、有效性和可审核性的基本要求并提供了需求时的失效概率（PFDs）。本书为每个初始事件（IE）和独立保护层（IPL）提供了一个数据表，不仅给出了初始事件频率和独立保护层失效概率，而且针对这些变量还提供了推荐的设计、操作、维护和测试相关的数据。

第二个重大改变是泄压系统的处理和不同程序中的文件分区。*CCPS LOPA*（2001）将安全阀和爆破片视为独立保护层。本书对不同类型的安全系统提供了参考标准。同时特别强调现场安装强大的管理系统的重要性，确保隔离工艺侧泄放设施的阀门处于打开状态。

CCPS LOPA（2001）讨论了独立保护层与其他保护层及初始事件相互独立的必要性。如果由于单一故障导致不止一个组件或系统存在潜在故障，就可能产生共因失效。本书第 5 章为特定的独立保护层失效概率给出通用数据，并考虑到潜在故障的常见原因。双安全阀串联时，系统的需求时的失效概率（PFD）值应适当调整，因为相同设备和相同工艺条件可能导致共因失效。

CCPS LOPA（2001）中通常认为止回阀不是有效的独立保护层，因为缺少数据证明其可靠性。后来，对止回阀可靠性的理解有了提升，越来越多的数据也证明了止回阀的可靠性。（更多信息参考附录D：止回阀可靠性数据转换举例）。基于这些数据，本书将止回阀视为IPLs。

为了判断独立保护层是否有效，应考虑事件的发展过程。*CCPS LOPA*（2001）认为，若IPLs有效，保护层必须有足够的时间动作。书中并没有详细讨论事件的发展进程，重要的是知道参数偏离被检测到的时间，对原因诊断的时间，保护层响应的时间，系统对保护层响应的反馈时间。第3章对独立保护层的响应时间进行了详细阐述。

在LOPA分析中，一般认为独立保护层使用频率低。而*CCPS LOPA*（2001）指出在某些情况下保护层使用率较高，这被称为高需求模式。如果IPL被需求频率超过测试间隔两倍以上，那么该独立保护层（IPL）则被认为是高需求模式。最新指南（IEC 61508-4 第3.5.16部分）（2010）中重新定义了高需求模式：如果独立保护层（IPL）被需求频率超过一年一次就称作高需求模式。第3章指出了这种变化。

CCPS LOPA（2001）附录B指出，如果初始事件不是基本过程控制系统（BPCS）引起的，则基本过程控制系统（BPCS）逻辑处理器可靠性允许为两个数量级。然而，需注意IEC 61511（2003）称未来的发展对此会有所影响。*CCPS LOPA*（2001）假设基本过程控制系统（BPCS）的中央处理单元（CPU）的性能比现场设备至少高两个数量级。最新数据表明，典型基本过程控制系统（BPCS）的中央处理单元（CPU）失效率高于0.01/年（PDS数据手册[SINTEF 2010]），与电气、机械、可编程电子设备的失效率相当。章节5.2.2.1详细讨论了基本过程控制系统（BPCS）的要求。本书描述了共用同一个逻辑处理器的控制回路的可靠性要求，无论是作为初始事件，还是一个或两个独立保护层。当单个控制器要求可靠性达两个数量级时，IEC 61511（2003）建议该系统应设计为安全仪表系统（SIS）。

除了基本过程控制系统（BPCS）处理器要求的可靠性数量级，本书还采用了新的国际自动化协会（ISA）在ANSI/ISA 84.91.01（2012）中规定的专业术语。特别是"安全控制、联锁和报警"（SCAI）这几个术语代替了原来的"仪表保护系统"（IPS）。"安全仪表系统（SIS）回路"指能够执行指定的安全仪表功能（SIF）的设备。系统分析对估计特定BPCS或SIS的初始事件频率及独立保护层需求时的失效概率很重要。系统分析是确保合理考虑共因失效和系统失效的关键。共用（相似）设备、程序和人员都会增加系统失效概率，因此建议当评估仪表系统在危险场景中的性能时，应该慎重考虑共因失效和系统失效潜在原因。

本书附录A提供了涉及人员操作失误的初始事件和独立保护层的指南。第2章和附录B验证了LOPA中人员操作失误概率，同时提供了实例。

1.4 LOPA 概述

1.4.1 LOPA 是什么？

LOPA 是一种简化的风险评估方法，风险被定义为事故频率和后果的函数。LOPA 最初作为一种改进的风险评估工具，使用保守的规则和频率的数量级评估、概率和后果严重性。为了一致，本书会继续使用 *CCPS LOPA*（2001）中数量级规定。

保护层分析方法无法识别事先考虑到的潜在场景。LOPA 是一种建立在定性风险评估（例如过程风险分析、危险和可操作性研究）数据基础上的分析工具。第 2 章提供了一些特定场景下的分析指导。

LOPA 最初发展是为了检测选定的场景，重点集中在个人如何对一个特定场景进行宣传和推广上。相对于定量风险评估，LOPA 通过一个事件树来代表一个方法途径。

> LOPA 场景 = 简化的一对"原因-后果"的风险评估

慢慢地，LOPA 各要素被广泛应用在过程应用和风险研究上。很多公司用 LOPA 评估事故的发生频率，这些公司重点选择独立保护层，在事件进一步恶化之前阻止事件的发展。事件发生频率应该是初始事件频率乘以独立保护层的失效概率：

$$f_i^C = IEF_i \times PFD_{i1} \times PFD_{i2} \times \cdots \times PFD_{ij}$$

式中　f_i^C——场景 i 后果发生频率；

　　IEF_i——场景 i 中初始事件发生频率；

　　PDF_{ij}——场景 i 需求独立保护层 j 的失效概率。

其他的一些企业利用 LOPA 评估某些特殊场景后果频率。这些企业可能会评估某些对人员有影响的易燃或有毒气体的泄漏频率。这些研究包括条件修正因子，用于修正某初始事件造成的某种后果的频率。后果频率由初始事件频率乘以独立保护层需求时的失效概率并乘以后果发展过程中的所有修正因子而来。例如，易燃物泄漏引发的火灾，分析该场景需要考虑点火源的点火概率，火灾发生概率取决于下式：

$$f_i^{fire} = IEF_i \times PFD_{i1} \times PFD_{i2} \times \cdots \times PFD_{ij} \times P^{ignition}$$

式中　f_i^{fire}——初始事件 i 引发火灾的概率；

　　$P^{ignition}$——易燃物泄漏后被点燃的可能性。

5

本书重点介绍 LOPA 过程中选择适当的初始事件频率及独立保护层需求时的失效概率，对条件修正因子不做详述。《保护层分析——使用条件与修正因子导则》(CCPS 2013)，《可燃物泄漏的点火概率指南》(Guidlines for Determining the Probability of Ignition of a Released Flammable Mass)(CCPS 2013b)两本书中对条件修正因子进行了详细介绍。

很多企业用 LOPA 评估单一场景确保每个场景都低于某一特定频率，其他企业有地理或个人风险标准，因此有必要整合所有会影响周边环境的后果发生频率。例如，引发特定后果的泄漏频率、设备损坏导致人员伤亡频率由下式决定：

$$f^c = f_1^c + f_2^c + \cdots + f_i^c$$

式中 f_i^c ——第 i 个初始事件的后果发生概率。

更多关于风险标准发展的信息，参考《量化安全风险标准指南(第二版)》(CCPS 2009a)。

一些企业不再限制 LOPA 分析中初始事件频率和独立保护层需求时的失效概率的数量级。例如，有些公司认为安全保障不是为了减少一个风险数量级而是为了至少减少风险数量级的一半。有的企业虽然不限制数量级，但初始事件概率和独立保护层需求时的失效概率也分析得很详细。如果可以收集特定现场的数据，企业也可以也使用这些数据。不管使用什么 LOPA 方法，重要的是使用方法与企业标准要相互匹配进行风险评估。

就像其他风险分析方法一样，LOPA 的主要目的是去判定是否有足够的保护层来降低风险使其低于指定的风险可接受标准。一个场景需要一个还是更多的保护层，取决于初始事件发生频率和潜在后果的严重性。对于任意给定的场景，仅需要一个能成功起到保护作用的保护层就可以防止后果发生。然而没有任何保护层是 100%有效或可靠的，这就需要多个保护层来减少风险使其低于指定的风险可接受标准。

1.4.2 LOPA 通用元素

虽然很多公司自行修改了 *CCPS LOPA*(2001)中 LOPA 的定义和方法，但 LOPA 方法依然有很多通用元素：

* LOPA 作为一种风险评估手段，可以应用到企业运营的任何阶段中。
* 风险可接受标准。不同公司有不同的标准，这些标准可能是基于一个/组场景中潜在事故的发生频率和后果严重性来制定的。
* 初始事件频率和独立保护层的需求时失效概率的默认值。
* 必要的计算步骤。
* 确定某场景风险是否符合企业可接受风险标准的步骤，如果不满足风险可接受标准，应如何管理该风险。

1.4.3　何时使用 LOPA？

通常利用风险评估方法来识别潜在的事故，就像《危害评估流程指南（第三版）》（*Guidelines for Hazard Evaluation Procedures*，3rd Edition）（CCPS 2008a）中描述的。只要识别出事故场景，就应对该场景相关的风险进行评估。定性风险评估方法常作为 PHA（过程危害分析）的一部分来评估频率和后果严重性。在很多情况下，这些方法足以充分识别危害。但对于某些安全隐患，定性分析方法不能对风险提供足够详细的评价。LOPA 方法可以计算给定场景的风险数量级，也可以用于企业内部的风险对比。

LOPA 作为一个有效的风险评估和风险管理的方法，适用于装置整个生命周期的任一阶段。在工艺研发阶段，LOPA 可以用来评估并比较不同工艺过程的风险。当设计成熟，工艺风险分析范围也在完善，LOPA 可以应用于评估特定的设备布置、工艺设计、工厂操作规范相关的风险。IEC 61511（2003）认证 LOPA 为一种可以为 SIS（安全仪表系统）选定安全完整性等级（SIL）的方法。当装置工艺实施之后，关于工艺上的任何变动都要慎重评估与管理。LOPA 分析有助于风险判断，包括日常运营过程中的装置变更和操作程序改变。LOPA 几乎可以用于任何风险决策，从变更管理审查过程中的一个工艺变更的分析到重大事故场景的评估。请参考 *CCPS LOPA*（2001）中介绍的在过程装置的整个生命周期内何时及如何使用 LOPA。

由于 LOPA 规则保守，数量级估算不精准，因此 LOPA 不是对所有场景都适用。如果初始事件和独立保护层不相互独立，使用 LOPA 方法则不合适。对于由于人员失误造成的初始事件，风险降低措施主要依赖于操作程序和管理实践，这种情况下，LOPA 的应用显得具有挑战性。例如，对于短期操作模式下的场景，LOPA 并不那么有效，比如开车、停车、维修模式，这些通常很大程度上依赖于设备设计、操作规程和管理控制。

通常 LOPA 分析不应被作为不安装标准的"公认的、普遍接受的良好工程实践（RAGAGEP）"安全措施的理由，不能只因为它们不符合独立保护层的要求，或是因为 LOPA 分析表明没有这些保护措施设备也满足风险可接受标准要求。保留这些不能完全满足独立保护层风险削减要求的保护措施有时候是有用的，因为它仍能降低部分风险，或者能提供短期有效的补充措施（例如当独立保护层被忽略时）。

有时候 LOPA 分析结果可以判定没有价值的保护措施应该被删除。其中一个例子就是除去一些不必要的报警系统，这些报警可能会干扰操作员准确应对其他重要报警。但应该慎重使用 LOPA 去除保护措施或者独立保护层。即使不需要降低风险数量级以满足风险可接受标准，存在的保护措施也仍可能有价值。一些国家希望使用 ALARP 原则，这依赖于对风险合理且可行的降低的证明。

1.4.4　本质安全设计与 LOPA

以本质安全为核心的工艺设计往往致力于消除或最小化危险。本质安全设计会降低对保护措施和保护层的需求。本质安全检查可以先于 LOPA 实施，以达到消除事故场景或减轻后果的目的。然而，LOPA 依然可以用于识别利用了本质安全设计降低了风险的场景。

1.4.5　先进 LOPA 技术

LOPA 是一种简化的定量风险评估方法，最初在识别出关注场景之后用到。由于 FTA 和 HRA 在很多决策上过于复杂，这些方法同样需要专业知识和工具才能得出良好的结果，因此 LOPA 慢慢发展起来。相比之下，很多风险分析人员都可以理解并使用 LOPA。然而由于方法较简化，因此使用上存在局限性。随着企业对 LOPA 越来越熟悉，他们通过将 LOPA 与其他定量风险评估方法结合使用，进一步改进了 LOPA。

本书阐述了 LOPA 的基本原理并讨论了在哪些方面可以将 LOPA 与其他定量风险评估技术结合使用。企业制定的内部风险评估方法应确保所使用的风险方法论符合企业风险标准。第 6 章就何时将 LOPA 与其他定量风险评估方法结合使用给出了合理的建议。同时也举例说明两者之间如何结合使用。

1.5　声明

本书提供了关于减少灾难性事件的风险参考值，包括用于支撑初始事件和独立保护层需求时的失效概率（PFD）的相关活动、实践和分析。然而本书作者和 CCPS/ AIChE 不可能预测所有可能存在的应用，这些通用数据和得出该数据的相关实践将被用在该应用上。因此每个使用该书标准的企业应该选用适合特定情况的数据并通过一定的实践来维护这些数值。

本书用到的指南和数据只适用于本书委员会用过的技术。新分析方法的可靠性需要被验证且要有历史使用记录。例如一些企业已经开始通过现场传感器发射的无线传输信号，代替电路传输信号进行过程监控。这种情况下，标准委员会无法收集到充分的相关使用数据用于计算无线系统需求时的失效概率。

1.6　本书与其他 CCPS 出版物的联系

CCPS 出版过很多解决化工行业过程安全的书籍。本书引用了以下 CCPS 出版物中的方法。除了这些 CCPS 出版物，很多相关的参考文献在本书的每个章节末都有列出。

本书伴随着 *CCPS LOPA*(2001)完成,因而简称 *CCPS LOPA*。该书提供了初始事件和独立保护层需求时的失效概率(PFD)的建议参考值,并给出了他们在 LOPA 中使用时需要考虑到的情况。

《安全与可靠性仪表保护系统指南》(*Cuidelines for Safe and Reliable Instrumented Protective Systems*)(CCPS 2007b)一书描述了仪表保护系统和相关用于降低过程风险的管理体系。

《保护层分析——使能条件与修正因子导则》(*Guidelines for Enabling Conditions and Conditional Modifiers in Layer of Protection Andlysis*)(CCPS 2013)对 *CCPS LOPA*(2001)中介绍的两个因素进行了进一步阐述。该书为这些因素的类型和恰当使用及影响风险分析的不当操作给出了指导。

鉴于《泄漏可燃物点燃概率计算指南》(*Guidelines for Determining the Probability of Ignition of a Released Flammable Mass*)(CCPS 2013b)在条件修正因子和点火概率方面继续发展。本书给易燃蒸气云和液体泄漏的点火概率提供了数据和方法,同时也提供了软件来模拟计算点火概率。

《基于风险的过程安全》(*Guidelines for Risk Based Process Safety*)(CCPS 2007a)简称 RBPS,提供了先进的管理方法和工具来帮助企业建立并运营更有效的过程安全系统,更正有缺陷的系统,或继续改进现有体系。RBPS 的其中一个理念就是"已知风险和危害",LOPA 就是一个可以用来研究风险的技术方法。

《危害评估流程指南(第三版)》(*Guidelines for Hazard Evaluation Procedures 3rd, Edition*)(CCPS 2008a)中给出如何识别并评估操作过程中出现的风险的重要性。LOPA 中的关键输入条件是风险识别和评估团队得出的场景。本书同样将 LOPA 作为一种风险分析方法。

LOPA 对于风险分析和评估是一种简化方法,《化工过程定量风险分析指南(第二版)》(*Guidelines for Chemical Process Quantitative Risk Analysis, 2nd Edition*)(CCPS 2000)这本书中将它视为一种简单的定量风险分析方法。

《量化安全风险标准指南》(*Guidelines for Developing Quantitative Safety Risk Criteria*)(CCPS 2009a)一书描述了 LOPA 应用到的各种风险标准及其他定量风险分析方法。虽然该书的重点在化工过程风险分析中的个人风险和社会风险标准,但其中有一部分是介绍单一场景的风险标准。

《本质安全化工过程——生命周期方法(第二版)》(*Inherently Safer Chemical Processes: A Life Cycle Approach, 2nd Edition*)(CCPS 2009b)对本质安全这一概念下了定义,并描述了如何利用本质安全方法降低风险。该方法可以用来消除事件的潜在原因,减少事故场景频率,并降低潜在后果的严重性。

《通过数据收集及分析提高装置可靠性指南》(*Guidelines for Improving Plant*

Reliability through Data Collection and Analysis)（CCPS 1998a）描述了如何收集和使用设备故障概率和设备可靠性数据。

《过程设备可靠性数据指南》（*Guidelines for Process Equipment Reliability Data, with Data Tables*）（CCPS 1989）包含了大量对设备故障参数来源的描述及引用，以及对设备分类的介绍。

《机械完整性体系指南》（*Guidlines for Mechanical Integrity Systems*）（CCPS 2006）描述及引用了很多在工程中维护设备性能的最佳行为，包括仪表系统、旋转设备、固定装备和辅助结构。即使本书不包含初始事件的频率和独立保护层需求时的失效概率（PFD），它仍是个很好的资源。本书将适当的维护实践和对过程元件的性能建议联系起来。

《基于人因方法提示流程工业中人的效能》（*Human Factors Methods for Improving Performance in the Process Industries*）（CCPS 2007c）在解决人为因素的技术和工具方面提供了指导。文中的事例为人类行为作为初始事件和独立保护层提供了可靠性依据。本书也有一个关于设计和操作问题的详细清单来提高操作人员的工作质量。

《过程安全中变更管理指南》（*Guidelines for the Management of Change for Process Safety*）（CCPS 2008b）为实现变更管理程序提供了指导。本书在变更管理系统的初始设计方面、系统的整个生命周期范围、其他方面的过程安全管理的整合方面提供了信息。变更管理系统对于维持独立保护层的可靠性及 LOPA 中初始事件的失效概率非常重要。

1.7　各章节内容提要

以下是本书各个章节和附录主要内容提要。

第 2 章讨论了管理系统功能应有效地支持初始事件概率和独立保护层需求时的失效概率（PFD）取值。本章也回顾了 LOPA 方法的主要概念和元素，考虑何时选择适当的事件场景，评估场景的初始事件概率，评估场景的潜在结果，以及应用独立保护层进行风险管理。

第 3 章解释了独立保护层的核心属性，即它同样会影响初始事件的频率。正确理解这些概念对这些数据在后面章节中的应用很重要。

第 4 章基于通用行业数据讨论了不同的初始事件及其失效概率。本章同时在如何得到并维持需要的失效概率上给出了指导建议。

第 5 章通用行业数据讨论了不同的独立保护层及其需求时的失效概率。本章同时在如何达成并维持需要的失效概率上给出了指导建议。

第 6 章给出除了 LOPA 之外，其他适合的定量分析方法，例如，故障树分析（FTA）、事件树分析（ETA）和人员可靠性分析（HRA）。

本书核心章节中列出的附录包括对初始事件和独立保护层的进一步综合阐述。

附录 A 介绍了人为因素应用在人员可靠性分析中的概念，包括影响人员可靠性的行为促成因子（PSFs）。

附录 B 讨论了对特定现场的人类行为数据的额外考虑。

附录 C 解释了如何从网络数据、通用行业数据、预测方法和专家意见中获得初始事件频率和独立保护层需求时的失效概率。

附录 D 提供了关于止回阀可靠性数据。止回阀的设计一直以来不断被改善，数据表明如果正当使用和维护，利用止回阀作为独立保护层是有效的。

附录 E 举例说明了一些企业在 LOPA 分析中如何定义超压后果。

2 初始事件与独立保护层综述

2.1 LOPA 分析要素

设备及人员的可靠性依赖于持续有效的管理系统。本书假设初始事件频率和独立保护层需求时的失效概率(PFD)值是基于设备良好设计、安装与维护的,且影响人员操作的各因素都被很好地控制。因此,为保证本书中选取的初始事件频率(IEF)和需求时的失效概率(PFD)值合理,对过程安全管理程序的关键步骤进行分析很重要。

可靠的管理系统是企业进行 LOPA 分析的基础。LOPA 分析要合理选取 IEF 和 IPL 的 PFD 值,也要掌握如何将这些取值应用到 LOPA 分析中。本章综述了 LOPA 分析的核心内容:场景选择、确定 IEF 值、评估潜在后果,以及选取 IPLs 数据和形式时需考虑的重要元素。

2.2 支持 LOPA 的管理系统

LOPA 是一个风险评估工具,用于辨识可能导致或防止事故发生的系统特性与动作。这有助于指导企业维持设备和人员的可靠性,从而避免关注场景发生。识别 IES 和 IPLs 很重要,如果系统维护不当,风险评估就可能不准确,所关注场景的实际发生概率可能会比评估值高。

为保证系统满足运行要求,企业应当设置有效的管理系统,用于可靠性控制、核查、测试、校验、审核和维修。《基于风险的过程安全》(*Guidelines for Risk Based Process Safety*)(CCPS,2007a)给出了一个完整有效的管理系统程序的结构模型,正适用于 LOPA 分析。影响 IES 和 IPLs 的管理系统程序的关键元素涉及设备可靠性、性能跟踪、性能管理、工作流程、品质保证和变更控制等。本书假定企业采用的 IEF 和 IPL 的 PFD 值基于有效的过程管理系统。否则,本书提出的 IEF 和 IPL 的 PFD 值对特定装置不适用,且实际风险可能会高于评估风险。

有效的管理系统程序包括以下元素:

- *操作程序*——操作、维护和其他可采用书面形式记录以保证工作正确完成的辅助功能。要使操作程序最有效，就要采用一种最能减小人员失误概率的记录方式。

- *培训/经验*——除非操作人员完全胜任其岗位职责，否则适用于该装置的 IEF 和 IPL 的 PFD 值与本书列出的值可能有明显差异。制定有效的培训计划，无论是制定新计划还是修改旧方案，对于保证企业高执行能力都很重要。

- *检查*——检查可确保程序、培训、维护和其他管理系统按计划进行。不断改进的执行计划包括关键衡量标准，它能反映企业管理系统的有效性。

- *检验、测试与预防性维修（ITPM）*——ITPM 重点确保工艺设备的完整性和仪表、控制及其他过程 IPLs 的可靠性。本书中 IEF 和 IPL 的 PFD 值适用于依据 RAGAFEP 建立 ITPM 系统的企业。

- *领导力和企业文化*——可视的领导力是关键，它是整个管理系统成功的关键元素。保证核心领导力对企业驱动强大安全文化发展至关重要。保证有充足的资源维持 IPLs 满足需求水平是可视的领导力的一方面体现。聘请专人做安全工作、鼓励汇报险肇事件、认可和奖励安全行为等措施，表明领导层对过程安全的支持。

- *事故调查*——事故调查和预防事故重复发生的经验分享很重要。《化工过程事故调查（第二版）》（*Guidelines for Investigating Chemical Process Incidents*，*2nd Edition*）（CCPS，2003），定义了管理系统差异的根本原因，通过事故调查可认识和更正这些差距。

- *管理变更（MOC）*——IES 和 IPLs 的完整性应有变更管理规定保证。如果没有合理的技术和风险评估而冒然进行工艺变更，如材料、化学组成、设备、程序、装置或组织改变，系统的安全性会迅速下降。

- *人的因素*——从根本上来说，几乎所有的过程安全事故都是人的失误导致，因为工艺装置的设计、说明、接收、安装、维护和操作都是由人控制的。这些失误在工艺生命周期任何阶段都可能发生，也可能由不同管理系统失效导致。任何管理系统都有同一个目标，即减少人员失误，这将减少初始事件频率且有助于保证人员干预的 IPLs 的可靠性。

- *功能损坏/缺失的程序*——有时候 IPL 可能会处于失效状态。这会导致该 IPL 短暂消失，直到修复或替换完成。应立即采取行动缩小 IPL 损坏带来的风险持续时间，而后使系统恢复正常状态。当知道某个 IPL 失效时，可以做一些减少 IPL 短暂失效引起的风险补偿措施，直到 IPL 完全修复。对故障进行根本原因分析有助于识别和更正管理系统的差距，预防故障再次发生。

实施一套强大的过程安全管理系统的重要性不用再次强调，它是执行有效

LOPA 分析的必要条件。如 CCPS LOPA（2001）所述：

> "企业风险管理策略和实践是 LOPA 的基础。"

2.3 场景选择

装置现场一旦建立了有效的管理系统，企业就会考虑采用 LOPA 方法评估风险，LOPA 分析第一个重要步骤就是 LOPA 场景分析。场景是指可能导致关注后果发生的事件。LOPA 分析中，每个场景都对应一对特有的原因-后果，一个初始事件会引发一系列事件最后导致某个特定的关注后果发生。LOPA 并不是场景识别的工具，而是一个简化的风险评估工具，用于评估已识别场景的风险确保现场设置有足够的 IPLs 保护。以下是几种 LOPA 分析场景的识别方法：

- 结构化的危害评估方法，如危险与可操作性分析（HAZOP）；
- 半结构化的危害评估方法，如 What-if 分析或检查表分析；
- 结构化的设备或工艺失效模式分析方法，如失效模式及影响分析（FMEA）；
- 装置运行经验，可辨识潜在的不可预测工艺偏离或失效；
- 工厂及行业事故和险肇事件分析，可帮助识别不明可置信场景；
- 当被建议程序、材料、工艺条件、设备或人员变更时，变更管理审查可用于新场景识别。

本质安全设计原则可通过减少关注事件发生的可能性从 LOPA 分析场景中除去。本方法将在第 4 章进一步介绍，更多关于如何应用本质安全减少过程风险的介绍可参考《本质安全化工过程——生命周期方法（第二版）》（*Inherently Safer Chemical Processes：A Life Cycle Approach*，*2nd Edition*）（CCPS，2009b）。

对装置所关注场景应进行分析，确保有足够的保护层预防不期望后果发生，而避免过多的不必要场景分析又会造成资源浪费。一个减少 LOPA 分析场景的方法是对一个单元操作场景进行分析（通常考虑最严重场景），然后对相似单元操作采用相同的保护层。例如，分析一个储罐可能出现的场景，确定该储罐的保护层后，其他类似的低风险储罐也可采用相同保护措施。同样，一些企业会分析取样阀未关导致的场景代表同一系统所有取样阀未关的场景。这种方法可提高分析效率和保持 IPLs 的一致性。但也可能过分保守估计，从而造成 IPLs 数量多于单元装置低风险运行时所需数量。

若某场景被定义为 LOPA 分析场景，则减少该场景风险的 IPLs 也要被识别。

然而，正确选择 IPLs 需要清楚 IPL 在场景中的设计意图。有些 IPLs 是为防止后果发生而设置的，通常称为预防性 IPLs。例如，当罐内液位过高时，高液位开关会切断进料而防止溢流。另一些 IPLs 可降低后果严重程度，通常称为减缓性 IPLs。例如，一旦发生物料泄漏，围堰可减少对环境的影响，防溢流止回阀可减少物料向环境的泄放量。

预防性和减缓性的 IPLs 可有效地预防特定场景下所关注后果发生。但是预防性 IPL 也可能会造成其他同等重大的后果。例如，正常启动泄放设施可防止容器超压，但物料被泄放到其他位置，会产生新的物料泄漏场景。同样的，减缓性 IPLs 如围堰，可减少液体飞溅对环境的影响，而同时产生了其他场景，如围堰中物料组分产生的有毒气云或泄漏的可燃物被点燃后产生的池火。

如果 LOPA 中用到 IPLs，就要考虑 IPLs 设计意图与可能出现的给定场景是否匹配。这些场景都需要采用 LOPA 方法分析保证剩余风险被充分控制。

2.4 事件频率

场景识别完之后，就该确定各场景的 IEF 值了。LOPA 场景中最常见的初始事件跟设备失效和人员失误有关。本节将介绍影响设备失效的频率及人员失误概率的因素。还会介绍确定 IEFs 和 IPLs 的 PFD 值的数据来源，用来验证之前 LOPA 分析中应用的数据。

2.4.1 场景定义和分析深度

一般采用危害评估方法识别关注的场景。用 LOPA 分析这些场景是通过分析初始事件如何向不期望后果发展的过程。初始事件可以在任意具体程度上定义。对分析程度的把握通常受限于对 IPLs 有效性和 IE 与 IPLs 之间独立性要求的理解。不同设备和人员引起的初始事件往往是事故发生的根本原因，有助于 IEF 和 IPL 的 PFD 值验证。每个原因都可能产生一个独立的场景，通常要对泄漏事件或事件造成危害的可接受标准进行定义。初始事件频率的评估方法应满足企业可接受风险标准要求。

例如，由于运行压力超过最大允许工作压力（MAWP）导致控制回路故障的失效事件。控制系统失效引起压力控制回路故障。控制系统失效的具体原因可能有以下几类：

- 控制系统的组件失效，如现场传感器、调节器或终端元件；
- 公用工程失效，如供电中断或仪表风中断；
- 人员操作失误，如依照程序执行的操作人员或维修人员；
- 补给系统失效，如净化装置或伴热；

- 界面失效，如人机界面、通信界面或安全规定；
- 委托方失误和疏忽，如设计、组态或变更管理方面的错误。

检查个体原因能确保采用的 IEF 值合理，选择的 IPLs 是有效的。但是，如上所述，不同原因的数量可能很多，分析这些具体场景可能不会使结果增加。有效地进行 LOPA 分析，需要选择性地分析那些能真正增加评估风险的场景。

2.4.2 设备失效概率

设备性能管理很重要，它能预防 LOPA 分析关注的设备失效场景，反过来影响 IPL 的 PFD 值。设备的可靠性随时间的变化曲线是一个"浴盆"形状，如图 2.1 所示。从浴盆曲线可看出设备的生命周期分为三个阶段。

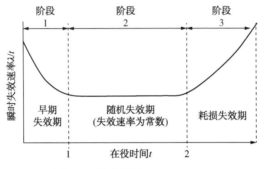

图 2.1　浴盆曲线(CCPS 2000)

2.4.2.1　早期失效期

装置建造、升级和更换时往往要引进新的元件。安装完成后，由于元件的制造误差、施工材料不合格、装卸损坏，以及安装和调试等错误，元件的失效速率会较高。这是早期失效阶段，用阶段 1 表示，被称为"早期失效期"或"早期损坏"。检验、调试和验证可用来识别和修正这些失效。

2.4.2.2　随机失效期

早期失效期通常相对较短。接着进入较长的时期(通常视为元件的有效生命周期)，该阶段的平均失效速率比早期低且相对稳定。在"恒速"阶段，用阶段 2 表示，元件失效的可能性更随机。

2.4.2.3　耗损失效期

随着元件的寿命增加，逐渐趋于生命周期终点，失效速率开始上升。该时期的失效速率随时间增加而增加，用阶段 3 表示，被称为"耗损失效期"。

> LOPA 采用随机失效期的失效速率，该时期的失效有随机性。

为得到设备失效数据，通常假设已为装置提供了有效的资产完整性计划，保证设备维持在有效生命周期内。一般校验测试后，设备恢复正常使用。恢复意味着设备进入下一有效生命周期(处于浴盆曲线平滑区，忽略早期失效期)，且在下一次校验测试之前不会达到损耗失效期。

2.4.3　人员失误概率

对人的行为进行管理可防止人员失误造成 LOPA 关注场景发生，且反过来影响 IPLs 的可靠性。人员失误有很多影响因素，这应在选择 IEF 和 IPL 的 PFD 值时考虑到。这些因素有：

- *执行程序的准确和清楚程度*——执行程序是否非常准确，有没有清楚表达操作说明，是否方便使用？

- *培训、知识和技能*——为保证员工胜任其岗位职责，企业建立员工选择标准了吗？对新老员工进行有效的培训演练有助于提升和维持员工的技能水平。

- *职业健康*——对各操作过程中出现的疲劳、压力、疾病和药物滥用进行有效管理了吗？员工身体健康对完成要求的任务很重要。

- *工作量管理*——所有操作阶段的工作量都优化了吗，包括正常运行、开车和紧急停车模式？如果工作量太小，操作人员会感到枯燥从而放松警惕；如果工作量太大，操作失误就会增多。

- *通信*——是否设置了无线通信和交接班通信和协议管理系统？信息通信错误是现场操作人员经常犯的错误，有效的通信计划可降低人员信息通信的失误概率。

- *工作环境*——为减少人员失误，光源、噪声、温度、湿度、通风，以及干扰等因素被合理控制了吗？

- *人机界面*——人机界面(HMI)是否有助于人员与装置间的有效交互？设备、显示器，以及控制元件的布局会在很大程度上影响人的行为。异常工况要有明确的指示信号，报警管理对防止无效报警和报警泛滥具有重要作用。

- *任务复杂性*——是否做过任务评估，保证任务不会过分复杂从而增加人员失误概率？任务复杂性可从几个不同方面来说，包括执行步骤数、执行步骤难易程度，以及需要评估或计算的深度。更多关于人员失误的因素和影响人员失误概率的人行为促成因子内容，可参见《过程安全中人员失误预防指南》(*Guidelines for Preventing Human Error in Process Safety*)(CCPS，1994)。还可参见本书的附录 A 对人员失误因素的讨论。

2.4.4　设备失效和人员失误数据来源

现有的大多数设备失效数据都是元件的失效数据。数据范围从"软"到"硬"都有。"软"数据由"专家评定"和一般经验而来。大多数特殊数据是从装置经验得到的，所得数据可信度有高有低，这取决于信息本身的性质。此外，"硬"数据包括装置过往事件资料的系统收集和分析，元件失效数据，以及具体的人员可靠性分析。

设备和人员可靠性数据可以有很多来源。每种数据来源的性质和形式都大有不同，以至于各种来源之间可能存在矛盾。随意地选择已公布的数据可能造成使用数据不准确。为充分使用各数据来源，分析人员应了解数据产生的根本依据，从而确定评估相应工艺过程的数据使用范围。本节主要介绍不同形式的数据来源，可帮助读者确定分析数据来源的适用性。

2.4.4.1 数据差异

有很多导致数据差异并形成一个数据范围的因素。对设备失效数据来说，包括但不限于以下原因：

- 过程维护和使用(如腐蚀、结垢)；
- 安装环境(如环境温度，接触到某些元素或化学品)；
- 运行模式(如连续操作、循环操作、备用模式)；
- 关注的失效模式(有些数据采集系统和通用数据来源对失效模式区分不够清楚)；
- 维修措施(如运行失效、预防性维修、状态检修)；
- 统计的装置数量(选择的数据基数是否足够大，从而有效地统计得到失效概率?)；
- 失效数据质量(数据是否能完全达到 IEF 和 IPL 的 PFD 值要求的质量)。

同样，人员可靠性数据差异的原因有：

- 执行程序的质量(执行程序是否准确而易懂)；
- 培训有效性(员工对执行特定的任务都经过充分的培训了吗)；
- 人因工程(如设置标识、布局设计、报警管理和阀门位置)；
- 工作环境(如干扰控制、包括温度、光源和噪声)；
- 职业健康(如抗疲劳、抗压和健康问题的管理)；
- 预防信息误传的控制措施(如无线通信使用协议，交接班记录)；
- 人员失误概率的计算(如执行任务的次数及发生失误的次数都记录下来)。

2.4.4.2 数据来源

数据来源可按以下几种分类：

- 专家评估；
- 通用数据；
- 预测数据；
- 特定装置。

下面对各来源逐一介绍：

- *专家评估*——数据来源有限、收集数据不充分、数据挖掘能力有限的情况下，分析人员要请专家进行评估。专家评估或许是一个可行的办法，他们能够对设备失效概率和人员失误概率进行数量级的评估。咨询的专家应是行业内公认的。专家会根据个人经验或集体经验对设备和人员可靠性进行评估。评估专家团队通过多种形式产生，有多种方法消除可能出现的争议和可能遗漏的问题。德菲法（Linstone，1975）就是其中一种。《专家推论和分析进行判断》（*Eliciting and Analyzing Expert Judgment*）（Meyer and Booker，2001）提供了一种新方法。专家评估的数据比那些通用或预测数据更可靠。专家评估最好的应用就是对其他途径得到的可靠性数据进行验证并提出建议。专家评估有助于从其他来源选择数据，并确定该数据的可靠性。本书中使用的部分数据就是通过专家评估而来，并经过本指南分委会认可，这些数据通常无法从别的数据来源获得。这些数据是由本指南分委会成员专家评估而来。

- *通用数据*——通用数据一般是公开的，从类似系统或在相似的运行条件下收集得到的。这种数据收集形式通常会降低数据的可用性。在数据整合与数据简化过程中可能会丢失数据细节。通用数据可从很多途径获得。《过程设备可靠性数据指南》（*Guidelines for Process Equipment Reliability Data*，*with Data Tables*）（CCPS 1989）书中第 4 章对常规设备失效数据做了大量介绍。《海上平台可靠性数据手册(1984—2009)》（OREDA 2009），提供的装置各阶段失效数据是石油天然气(以及其他石油化工)行业的很好数据来源。美国核工业监管委员会（NRC）数据来源，其中 NUREG CR-1278（Swain and Guttmann 1983）包括从美国部队与核工业收集到的通用数据、专家评估数据、以及对人员失误概率的预测数据。通用数据还可以从供应商处获得。供应商提供的数据通常不是通过实验测试得到，而是从客户反馈及设备或元件维护数据得到的。客户一般不会将低失效概率的设备反馈给供应商。因此，供应商提供的设备失效数据通常过于保守。这些数据不能反映设备或元件在特殊操作环境(如腐蚀性空气)下的性能，通常也不包括非元件引起的失效(例如：仪表风不洁净，尖峰电压问题)。所以，了解供应商提供数据的依据及元件的使用条件非常重要。

- *预测数据*——预测是应用基本元件的失效数据来确定完整系统的失效概率或执行给定任务失败的概率。设备基本元件包括接头、线圈、弹簧、电容器、晶体管、电阻器、轴承等。这些基本元件的失效数据通常比较可靠，因为厂家需要对这些基本元件进行生命周期测试。厂家提供的数据只能在厂家边界范围内特定系统中适用。这些数据不能解释特殊工况/环境或特定现场操作规程对系统实际失效概率的影响。

- 人员可靠性预测可采用一些可靠性分析方法，例如：Standardized Plant

Analysis Risk – Human Reliability Analysis method（SPAR – H）（Gertman 2005）、Human Event Repository and Analysis（HERA）（Hallbert 等，2007）、Technique for Human Error Rate Prediction（THERP）（Swain and Guttmann 1983）、Human Error Assessment and Reduction Technique（HEART）（Kirwan 1994）。这些方法采用了不同数据来源并对依据不同行为促成因子得到的不同人因失误概率进行评估。关于行为促成因子相关内容可参考本书附录 A。

- 特定装置——分析所用的理想数据是从特定装置及其运行过程中得到的。而且这些数据足够广泛，足以进行统计分析。对于设备失效数据，装置运行时间需足够长以保证获得充分的运行记录。同样，对于人员失误数据，需对大量操作人员进行长期观察评估以得到可靠的操作人员或维修人员的平均失效数据。特定装置可靠性数据通常参考"先验证明"或"先验使用"数据。

设备失效可能很明显也可能很隐蔽。明显的失效可通过参数偏差、报警或其他信号发现。隐蔽的失效不会被立即发现，在发现之前处于潜在状态，通常只能通过校验测试或日常维护等方法发现。对于可能发生明显失效的设备，信息描述应充分详细，包括：设备介绍、运行年限、事件记录等，以确定是否出现了特殊的失效模式。系统数据分析时，统计数据内的装置设计和工艺流程应该是相似的，受维护程度也是一样的。明显失效和隐蔽失效的统计方法有很大区别，对于设有保护而失效不易被发现的设备，应考虑每一项保护措施的校验周期。相关内容参见本书附录 C。

如何获得有效的、可靠的设备失效数据，以及基于费效评估标准的相关内容，请读者查阅《数据收集及分析提高装置可靠性指南》（*Guidelines for Improving Plant Reliability through Data Collection and Analysis*）（CCPS 1998a）或 CCPS 在以下网址持续更新的过程设备可靠性数据（PERD）：

http：//www. atche. org/CCPS/ActiveProjects/PERD/index. aspx

同样，理想的人员可靠性数据也应从特定装置收集获得。它是通过记录与分析人员在所有执行的任务中出现失误数量统计得到的。测试和操练是统计人员失误概率的有效途径。详见本书附录 B。

建立特定企业或特定装置的数据库时，通常要使用上述所有数据来源分类。鼓励企业加强过程运行数据管理，从而可以提供更好的特定装置的失效数据。

2.4.5　设备失效/人员失误数据验证

验证 LOPA 使用数据是对选择的给定场景的 IEF 值及 IPL 的 PFD 值合理性进行评估。随着装置运行，或者工艺变更，也需要对先前选用的数据进行合理性评估。确定 IEF 和 IPL 的 PFD 值可采用前面已经介绍过任意一种方法。

本书数据表中列出的部分 IEF 和 PFD 值是根据通用数据和委员会成员专家

评估得到。LOPA 选用这些数据时，假设了相关设计、操作及维修规程与通用数据提供的方法一致。为确保给定场景的数据合理，验证装置是否依据了本指南中的建议数据很重要。

2.5　后果综述

风险是关于事件发生频率和事件导致后果潜在影响的函数。因此进行风险评估时，选择恰当的后果严重性和确定初始场景发生频率同样重要。

下面简单讨论了如何确定后果严重性。后果评估的详细内容不在本书讨论范围内。CCPS LOPA（2001）提供了指南，详细后果评估方法可参考《化学物质泄漏后果分析指南》(*Guidelines for Consequence Analysis of Chemical Releases*)（CCPS 1999）。

正如采用良好的本质安全设计可降低甚至消除 LOPA 关注场景的发生频率一样，实施良好的设计规范能削弱关注场景后果的严重性。这能减少特定场景所需 IPLs 的数量。

2.5.1　后果严重性评估

LOPA 中关注的后果是没有考虑任何 IPLs 的后果。企业关注的后果包括有毒物质泄漏、火灾、环境影响、运营亏损、其他后果等。通常 LOPA 评估最严重的可置信后果，场景选择根据各企业不同规则定义。

评估后果严重性有两种基本方法：

● 根据物料泄漏量及物料的物理化学性质，将泄漏作为后果分类，*CCPS LOPA*（2001）中表 3.1 和表 3.2 做了举例说明。

● 评估关注场景的后果严重性，通常指影响程度。如死亡人数、环境影响程度、设备损坏或生产中断导致的财产损失等。通过后果模拟可对潜在后果严重性进行评估。依据企业关注的影响形式，可选择相应的条件修正因子用于场景频率修正。更多内容请参考《保护层分析——使能条件与修正因子导则》(*Enabling Events and Conditional Modifiers in Layer of Protection Analysis*)（CCPS 2013）。

CCPS LOPA（2001）书中关于该方法介绍了四种后果评估方法。尽管有这些方法，企业通常选择标准化的方法提高使用一致性。

2.5.2　本质安全设计和后果严重性

本章一开始就提到，本质安全设计规范可避免场景发生或降低后果严重性。以下列举了一些可削弱后果严重性的工艺变更例子：

● 通过减少管线长度和设备尺寸或减少设备中处理物料量，最大限度地降低工艺流程中化学品存量。

● 调整工艺参数以减少后果严重性，比如降低操作温度和压力，或在稀释环境下操作。

- 采用危害性低的代替危害性高的原料可降低泄漏引起的后果的严重性。比如使用稀释物料(如：使用28%的氨水溶液代替无水氨液)，采用危险性更小的化学品(如使用次氯酸钠溶液代替氯气)。

- 向反应器中多次少量进料，而不是一次加完所有反应物，避免反应失控。

- 选择适当的设备间距和位置，减少火灾或爆炸对多个设备的影响。(这也认为是减少"连锁"效应。)

2.6　风险分析考虑因素

如前所述，LOPA是一个简化的风险评估工具，可适用于很多情况。有时候也会采用其他风险评估方法对LOPA进行补充，甚至替代LOPA，比如以下情况：

(1)LOPA不适用场景——LOPA在很多情况下都是有效的。而对某些场景评估，它不是最好的方法，如自然灾害或恐怖袭击。

(2)缺乏独立性——LOPA只分析相互独立的保护措施。其他可以评估风险削减等级的方法可通过结合不完全独立的保护措施完成。

(3)要求对IEFs或IPL的PFDs进行验证——FTA可用于评估IPL不同元件的失效概率，也可用于验证满足LOPA中假设的系统PFD。

(4)需要更详细的分析——LOPA通常只进行数量级的评估。正因如此，LOPA分析的结果是保守的。当LOPA分析结果不满足企业风险标准时，可采用其他定量分析方法确定是否需要增加额外的风险削减措施。

2.6.1　风险评估方法

场景定量分析的方法很多，从简单的LOPA到复杂的化工过程定量风险评估(CPQRA)。"定量风险评估"(QRA)实际上是指一类可相互补充的方法。这些方法可对IEF或IPL的PFD进行更详细的计算。这些方法也可对不同范围后果进行评估，如评估个体风险对个人的影响，评估社会风险对特定人群的影响。通常QRA方法比LOPA更复杂，该方法允许使用LOPA中往往不考虑的因素和保护措施。关于QRA方法的应用可参考第6章。

2.6.2　风险标准

操作现场的风险管理是多个体风险分析的结果。一些风险可采用定性的形式分析，而另一些需要定量评估。跟所有的风险评估方法一样，LOPA需要对风险标准进行定义，以确定企业可接受风险标准。风险标准通常包括一个最大风险值，或一个表明达到给定事件频率/后果严重性所要求风险削减等级的风险矩阵。*CCPS LOPA*(2001)给出了一些企业和监管机构采用的风险标准。《量化安全风标准指南》(*Guidelines for Developing Quantitative Safety Risk Criteria*)(CCPS 2009a)
给出了更严格的风险标准及它对个体风险和社会风险的意义。

企业可以选择不同的风险可接受标准。有些企业会选择不同的后果进行分析，范围从物料泄漏到一人或多人死亡。在进行 LOPA 分析时，有些企业采用使能条件，条件修正因子，或实际值(而不是近似的数量级的值)，而有些企业不用。不管采用什么方法，应保证使用的风险评估方法与后果可接受标准的一致性。

2.7　总结

强大的管理系统是进行 LOPA 分析的基础。为使 LOPA 中采用的 IEs 和 IPL 的 PFD 值可靠，应实施和维护有效的管理系统，以保证设备和人员可靠性。

LOPA 并不是用于场景识别的方法；当企业采用 LOPA 方法评估时，通常先使用危害识别方法找出恰当的原因–后果。LOPA 各场景中选用的 IEF 和 IPL 的 PFD 值可通过专家评估、通用数据、预测方法或特定装置收集而来。同样的数据来源可用于验证先前 LOPA 分析中使用过的 IEF 和 IPL 的 PFD 值。场景后果评估可以了解事件潜在后果严重性，读者就会考虑通过本质安全设计原则降低潜在后果发生可能性。

风险是事件发生频率和潜在后果严重性的函数。LOPA 分析得到的风险值通常与企业的风险目标或风险可接受标准相比较，从而确定为达到风险目标所需要的 IPLs 数量。每种风险削减措施都有削减作用和剩余风险。最终目标就是选择减少与控制剩余风险的最优方法。LOPA 分析可用于剩余风险评估，确保剩余风险被充分控制。

以下章节将围绕本书主要目的进行介绍，即 LOPA 分析过程中如何选择恰当的 IEF 值和 IPL 的 PFD 值。

3　核心属性

3.1　核心属性简介

《安全与可靠性仪表保护系统指南》(CCPS 2007)将有效的独立保护层(IPL)的核心属性概括为七条。与这些核心属性相关的基本原则同样会影响初始事件的频率。本书数据表给出的数值假设前提是系统的设计、操作及维护均已考虑核心属性的影响。如果系统没有体现这些基本属性,那么本书中提供的数据是无效的。因此可通过对这些属性中某些关键因素进行审查,确保初始事件频率(IEF)及独立保护层(IPL)的需求时的失效概率(PFD)能够在 LOPA 分析中得到合理应用。

这七条核心属性包括:

(1)独立性;

(2)功能性;

(3)完整性;

(4)可靠性;

(5)可审核性;

(6)访问安全性;

(7)管理变更。

以上核心属性已在《安全与可靠性仪表保护系统指南》(CCPS 2007)中进行了概述,本章不再赘述。本章将重点对核心属性中关键影响因素进行讨论,以帮助读者确定 IEF 及 IPL 的 PFD 值在特定的场景中可用性。

为实现所需的性能,核心属性往往侧重于现场重点管理的特性。以下将对这些属性及与其相关的影响因素,如设计特性、管理实践等逐一进行讨论。然而,这些属性之间也存在一些重复的地方。这些属性的优缺点都会影响整个系统的性能指标,例如,访问安全性会影响可靠性、完整性、变更管理及可审核性。

一个可能影响多个核心属性的人员失误称之为系统错误(也称系统性失效)。系统性失效不是随机发生的,而是当人员失误发生时才会产生。在被识别和纠正之前，系统性失效总是存在的。ISA-TR84.00.02（2002）对系统性失效的定义为，在规格要求、设计、制造、执行、安装、调试、操作及维护等各阶段中可能存在的错误。系统性失效可能会影响初始事件及 IPL，例如，交叉的维护会同时影响 IEF 及 IPL 的 PFD 值。

系统性失效发生概率可以通过严格的执行管理系统进行削减，例如，第 2 章中所论述，也可以通过确保基本核心属性的有效性进行削减。在使用 IPL 管理体系时，需考虑的系统性失效主要包括以下方面：

- 启动时初始故障(错误的规格书、不正确的校验、不合适的材料选择、不正确的安装、错误的设定点等等)；
- 安全仪表系统被旁路；
- 压力泄放阀从工艺中隔离出来；
- 检测到失效后延迟维修；
- 错误的预防性维修；
- 无效的变更管理。

关于设备失效更完整的讨论，可参考《数据收集及分析提高装置可靠性指南》(CCPS 1998a)，尤其是第 1~3 章。

3.2 独立性

独立性是 LOPA 分析的基础准则。独立性为 IPL 的特性不受初始事件及其他 IPL 失效的影响。

当某个元件性能的有效性依赖于其他元件，则该元件不满足独立要求。

尽管绝对的独立很难实现，但仍然是非常重要。装置间通常共用公用工程，同一维护人员，共同的校验设备，以及供应商提供的一系列相同的元件。然而，IPLs 应该充分独立，以确保其相关依赖程度并不明显。

3.2.1 独立的安全系统

当 IPL 防止后果发生的能力不受初始事件或其他 IPLs 失效的影响，那么该 IPL 是独立的。然而，有些情况下，仅当另一系统至少是部分有效时，安全系统才可成功执行。这些共用的例子包括：

- 上游低压系统的压力泄放设施，其口径没有按照高压系统全流量逆流时场景设计。其泄放口径仅按照管径 10% 的流量进行计算，同时假设上游止逆阀至少可以阻止部分逆流(关于此话题的进一步讨论，可参考本书 5.2.2.2.2 内容)。
- 压力泄放设施口径计算考虑火灾场景，同时假设防火涂层可有效地限制热量进入容器内。

以上场景中的保护措施并非 IPL。预防后果依赖于两个元件的功能。但是，两个元件可以作为一个 IPL，总的 PFD 值不小于系统中单个可靠元件最小的 PFD 值。

3.2.2 共因失效

在生产中，一些失效会触发多个 LOPA 场景。其他事件会导致多个并联的独立设备的失效。以上为一种类型的共因失效。当一个事件的失效导致更多设备、程序或系统失效时，会存在一个共同的原因(共同模式失效是一种特殊类型的共因失效，单个事件会导致多个设备、程序或者系统以相同的模式失效)。忽略了共因失效的原因可能会导致错误的 LOPA 分析结果。因此，最简单的 LOPA 方法一定要确保 IE 与 IPL 在相同场景中的独立性。

同一场景中与 IPL 的独立性相关的规则包括：

- 作为 IPL 的设备或者系统应独立于初始事件及其他 IPLs(置信场景)中的设备。

IE 与 IPL 包含了其中所有的设备、过程连接元件、人机界面，以及可阻止事件继续发展的系统。当多个仪表或者设备共用工艺管线或者引压管时往往缺乏独立性。这些共用元件对预期性能所产生的影响应当谨慎评估。例如，对于共用接管的压力释放阀(PRV)与压力开关，某些失效模式可能会产生相同的影响，例如共用阀门的堵塞或关闭。

对于存在人员干预场景、报警界面、旁路功能、隔离阀及手动停车系统的设计及管理应该考虑人员因素、访问安全及管理是如何定义的。当相同的人员、执行程序及测试计划被用于维护多个仪表时，则人员失误会对多个保护层产生潜在的不利影响。要解决这些问题，需重点实施有效的过程安全管理系统，以确保设备的设计、安装、维护及影响人员失误的因素得到良好的控制。

共因失效的风险可能超出预期的示例：

- 同一人员对冗余仪表进行校验(例如，两个仪表均校准错误)或者使用相同的校准工具(错误的校准工具可能导致两个仪表均校准错误)。

- 相同类型的阀门、传感器及设备应用于多套系统中(在这种场景中，产品规格错误或者功能不足可能引起不同的系统同时失效)。

- 执行 IPL 的公用工程或者支撑系统应独立于初始元件及其他 IPLs 中设备。

对于一个已经声明的 IPL，触发 IE 的公用工程或者支持系统失效被认为是不可用的。公用工程也可能是共因失效的来源：电源中断可作初始事件，也可能会影响多个 IPL 的使用。这些类型的事件可能导致多个系统同时失效。同理，对于导致 IPL 无法使用的支持系统的失效不应该使同一场景中其他的保护层同时失效。

> 例如：当 IPL 的操作需要空气，空气失效不应该作为 LOPA 场景中的初始事件或者影响同一场景中其他 IPL 的使用。

● 人员(或者巡检的同组人员)在同一场景中仅使用一次(作为部分 IE 或者 IPL)。对于基于人员实现的保护层通常需要确定其置信度，需要重点确认人员是否依赖于独立的信息并且期望独立的采取行动。通常，在相同的工作组或者团队的人员，不认为是相关独立的。如果人员不是完全独立的，则人员可靠性分析(HRA)或者其他类似的方法需要进一步证实其置信度。

> 例如：当操作员失误最为初始事件，通常假设类似操作人员无法尽心自纠正或者采取行动停止场景。人员失效相当于系统失效。人员失误基于一系列影响因素，例如缺乏经验、错误操作手册、分散注意力、工作负荷、疲劳或者其他工作能力的丧失，当考虑操作员可能采取额外的行动时，这些因素通常需要考虑。一旦有人员犯错，对于相同的活动，则其不认为他类似操作员采取正确的行为是合理的。当考虑操作作为 IPL 时，操作手册及其他操作员所用数据或者信息应该被评估以确定他们充分独立于 IE。

此外对于设备失效及人员失效，由于自然事件，例如火灾、洪水、飓风、龙卷风、地震或者闪电袭击等也可能导致共因失效。因此，需要重点考虑共因失效是否可能同时触发场景并且削弱 IPL，或者共因失效对同一场景中多个保护层性能产生影响。

3.2.3 共因失效作为初始事件

有时，LOPA 可通过使用共用组件作为初始事件来创建新的场景，来解决共因失效的问题。例如，对于控制阀故障导致的控制回路失效，或者导致控制回路失效的控制器故障，可能影响导致系统内控制功能同时失效。为对单一场景内对共因失效进行评估，单独的 LOPA 场景可能建立(控制阀故障和控制器故障)。在控制器失效的场景内，如果其他控制器失效作为初始事件，则 IPL 的 PFD 不能赋予置信度。

整个初始事件的失效包含系统内各组件的失效及与之相关的系统性失效。本书中提出的通用 IEF 值考虑了共因失效，通常会比各元件的失效概率加和更加保守。IEC 61511(2003)将 SCAI 中单个基本过程控制系统(BPCS)回路的风险削减声明限制到了一个数量级，部分原因是考虑了系统性失效。当创建独立的 LOPA

场景来评估设备内单个组件触发的事件时，例如一个控制回路，重点要确认系统性失效概率已经包含在 LOPA 分析中否则 IEF 数字可能过于乐观。

一些公司有地域或者人员风险标准需要综合多个 LOPA 场景的概率来计算整体风险。将初始事件拆分到单个组件失效时可帮助理解初始事件概率，将场景概率集合可能导致过高评估 IE 概率。这种场景会发生在当共因失效在多个场景内考虑后再进行综合。例如，有一系列的场景均由基本过程控制系统（BPCS）回路的失效触发，因此每个场景的 IEF 均包含与基本过程控制系统（BPCS）中逻辑处理器的失效。如果多个失效场景概率进行综合考虑，则逻辑处理器的失效概率是叠加的。通过以上计算的 IEF 总和中过高估计了逻辑处理器的贡献率，则导致 IEF 超出整个系统的失效概率。因此，当对 LOPA 场景中 IEF 值进行累加时，应重点考虑共用元件的失效概率是否被重复计算。

3.2.4 共因失效的先进解决方案

对于不满足完全独立的 IE 及 IPLs，需进行共因失效的详细分析。在这种情形下，LOPA 团队倾向于采用定量风险分析的方法，例如，故障树（FTA）、事件树（ETA）或者人员可靠性分析（HRA）作为补充分析。在这些方法中，共因失效进行近似计算。故障树中 β 因子表征了共因失效所导致的失效占总体失效的分数。β 因子用于计算两个或者多个组件（非独立）的同时失效，会提高系统失效概率的计算效果。依赖于各元件的关联程度，整个系统中 IE 的失效概率（或者 IPL PFD）受共因失效的支配。可参考《化工过程定量风险分析指南（第二版）》（CCPS 2000）及本书第 6 章的附录。

3.2.5 数据表中共因失效

本书所提供的 IE 及 IPL 导则已经考虑了部分共因失效的影响。关于各种 IE 及 IPL 的局限性在本书第 4~5 章中进行讨论。对于同一系统有依存关系的共因失效会增加 PFD 值，因此 PFD 可能需要被声明。以串联双压力泄放阀为具体例子进行说明。尽管两个压力泄放阀都可对容器进行独立保护，具有 100% 的泄放能力，它们可能具有相同的设计、同一供应商供货、安装在相同的工艺环境中、由相同人员在同一时间进行检验和测试，对于共同技术的两个 IPL 的 PFD 可能有一定的系统性限制。特别是在 PFD 值较低的时候，β 因子可成为计算的主导因素并且限制整个声明。因此，这两个阀的保护水平小于简单将单个阀门的 PFD 执行相乘（$0.01 \times 0.01 = 0.0001$）。尽管每个阀门有一个单独的 PFD（0.01），但是 IPL 数据表中考虑了共因失效的影响，建议的相同设计的双冗余泄放阀组合的通用 PFD 值是 0.001。对于双重压力泄放阀系统，为了采用更低的 PFD 值，需对设备、过程条件以及管理系统进行评估，以确定共因失效可能充分管理。

3.3 功能性

如 IPL 是有效的，那么它会以某种方式阻止或者减缓场景的后果。当事件发生时，IPL 应在当前工艺操作条件下执行其预期的功能，为确保 IPL 能有效地执行，在使用的过程中需要考虑一系列的影响因素，部分影响因素如下所示：

● 特定场景中的 IPL 应该是可置信的。相关的标准及实践（例如，NFPA，ASME，API 等）的观点可帮助确定保护层是否可作为 IPL。

● 在不同的操作模式下（开车、停车、正常运行、间歇操作等），IPL 都应满足有效性。

● 当人员响应作为 IPL 的一部分，应该具有良好的程序文件与有效的培训计划以确保操作人员更好地了解危害，以及如何对初始事件作出响应（报警指示或者紧急情况）。

● IPL 应该有充足的时间来实现其保护功能，以阻止后果的发生。如果人员作为 IPL，应有充足的时间来满足操作人员将工艺装置调整到安全状态。

3.3.1 时间依赖性

作为功能性的一个重要方面，IPL 应该是及时响应的。当初始事件发生时，工艺工况将从正常转变为异常。工艺偏差最终会以一定的速率导致后果的发生。对 IPL 评估的重点是确认 IPL 是否在过程安全时间（PST）内能圆满的执行动作，并确保工艺可以回到安全的操作工况下。如《安全与可靠性仪表保护系统指南》（CCPS 2007b）中所述，PST 指：

"从工艺或者控制系统失效发生至危险后果发生的时间间隔"。

PST 表示整个场景的时间轴。IPL 沿着时间轴逐步地采取行动。各 IPL 动作之间的时间隔间可影响其预设的功能效果。例如，SIS 设定点与 PRV 的设定压力值过于接近，则 PRV 可能会在 SIS 完成动作前打开。同理，人员作为保护层需要有充足的时间去检测、诊断及做出响应以阻止危害的发生，并且需要在故障排除之前作出判断。

在执行 LOPA 的过程中，重点需要考虑 IPL 是如何操作，并且保证各操作之间不存在冲突或者不合理的顺序。如果其中一些 IPL 进行了操作，而其余的并没有操作，则可能导致非安全工况。单个 IPL 失效不应影响其他 IPL 的操作，单个 IPL 的提前或者延迟动作不应引起其他 IPL 功能的失效。每个 IPL 都将完全地执行功能并且独立以确保在没其他设施（包括其他 IPL）的情况下，有能力阻止场景的继续发展。

在 LOPA 分析中每个可置信 IPL 均能在工艺指标降低之前，有效的执行功能以阻止最终后果的发生。为确保 IPL 能够执行预期的功能，需要考虑两个重要的时效性参数。

IPL 的响应时间(IRT)及过程延迟时间(PLT)。IRT 是指 IPL 检测到工艺偏离以及完成预期功能的时间(不包含完全恢复到安全状态的时间)。IRT 依赖于 IPL 的具体设计，当设计改变时，其值也可能发生变化。当 IPL 成功的响应后，过程延迟时间(PLT)表示工艺状态达到安全状态的所需时间。过程延迟时间(PLT)是被保护工艺的一项功能。当进行 IPL 设计时，IRT 和过程延迟时间(PLT)需要进行重点考虑。

> 示例：为保护容器超压，设计了一个 IPL 以切断进入热虹吸再沸器的热量。完全可以设计一个快速 IRT 的 IPL 来检测容器的超压并迅速关闭再沸器入口阀门。然而，再沸器中的液体以及金属组件温度较高，会保持一个相对较长的时间。尽管 IPL 能够响应，由于存在过程延迟时间(PLT)，IPL 实际上可能不会迅速阻止容器超压。

通过分析 IRT 及 PLT，有助于确定 IPL 的最大设定点(MSP)。MSP 表示从正常工况到 IPL 检测到异常工况并且作出响应，以使工艺达到安全状态的最大偏离。如果工艺偏离在达到 MSP 之前被检测到，则 IPL 有足够的时间采取行动并作出响应。一旦工艺偏差在超出 MSP 范围时被检测到，则有充分的时间使工艺达到安全状态。又因在 MSP 时会采取必要的行动，因此工艺不会超出设计限值。但在确认 MSP 时，需要考虑安全系数。安全系数大小依赖于工艺的波动及可变性。可变性越大，则安全系数越大。

重点要认识到 PLT 并不是一个固定的参数。它是工艺的动态功能，依赖于场景发展过程，工艺条件的变化。一旦失控反应发生，设定一个较低的温度设定值，则会有更多的响应时间。如果 IPL 设定点较高，则可能有极短的响应时间。图 3.1 提供了有关场景发展的时间轴的示例。应特别注意，正常工况的偏离程度与充分响应的时间之间的关系并不是线性的。

LOPA 团队能够对工艺以及 IPL 的 MSP 如何合理选择以允许有充足的时间来检测、响应以及系统恢复有一个基本的了解，是很重要的。LOPA 团队可通过考虑一些因素，例如工艺波动或者组件老化，检测存在延迟，来保守的确定 IPL 设定点。IRT、PLT 与 MSP 是相互关联的，如果其中一个变化，则对其他另外两个产生的影响也应考虑。例如，如果 LOPA 团队计划采用基本过程控制系统(BPCS)作为 IPL，而后决定采用报警作为 IPL(对于操作人员执行类似的动作，需要更长的 IRT)，则报警设定点相应的需更靠近初始参数。一般情况下报警作

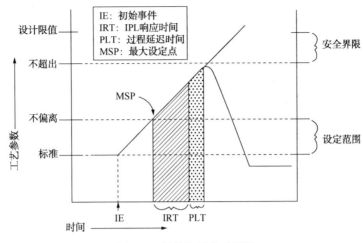

图 3.1 场景发展的时间轴

为 IPL 时，其 MSP 的设置应靠近实际的操作限值。

规格要求中通常会考虑每个 IPLs 如何对工艺波动进行检测并且做出响应。功能要求确定了 IPL 触发动作时的设定点及响应时间。例如，一个场景从初始事件触发到产生后果可能需要几个小时，但是如果报警设定点未及时触发则操作员只有很短时间做出响应。

有些 IPL 在泄漏事件发生后进行响应，用于减缓事件后果。这些 IPL 也需要明确能够迅速的检测并对事件做出响应。对于减缓性 IPL，通常需要迅速有效地做出响应并且持续对场景进行保护。例如，如果紧急通风系统通过检测有毒物质泄漏进行响应，则需要对该通风系统进行评估以确定其是否能在有效的时间(从物质泄漏到人员疏散)内对有毒物质进行驱散或者稀释。

3.3.2 SCAI 以及响应时间

安全控制、报警以及联锁(SCAI)通常用于识别异常操作并且汇报给操作人员，或者采取动作使工艺处于安全状态。可用时间取决于异常工况检测方式、工艺条件变化速率及波动幅度。每个设定值都需要在设计阶段进行评估。

在 LOPA 分析时进行谨慎评估可以确保所选择的 MSP(最高设定点)能够提供充足的时间使 SCAI 进行响应并且使工艺回到正常操作条件。对大部分的 SCAI，其仪表响应动作比场景发展速度更快。但是，如果在场景序列中 SIS 系统触发时间较晚，则 SIS 系统无法对场景进行保护。在一些场景中，可能存在多个 SCAI 用于风险的削减，则这些 SCAI 可在 MSP 选择、仪表设计或者工艺设计等阶段，对其操作进行明确。

举例，一个高压场景考虑 SIS 系统及爆破片作为保护措施。SIS 系统传感器及爆破片均明确了设定点。如果 SIS 系统的 MSP 过于靠近爆破片的开启压力，则爆破片可能会在 SIS 系统动作前打开。同样，爆破片也可能在 SIS 系统动作都打开，但是爆破片打开前工艺响应可能无法迅速响应。尽管以上场景的风险在设计阶段已经考虑，但是爆破片打开会产生新的场景，这些场景可通过在 SIS 系统中选择较低的 MSP 值来避免。

具体 SCAI 执行所需时间高度依赖于具体的场景及系统。例如，压力的变化能够在几秒时间内被检测到，但是分析仪则需要几分钟的时间来检测工艺条件。工艺条件的动作通过最终元件来实现，例如阀门，但是不同类型的阀门，可能花费几秒或者几个小时来完成动作。

《安全与可靠性仪表保护系统指南》（CCPS 2007b）推荐 SCAI 的设定点应满足响应及完整动作，其时间应为过程安全时间的 50%。安全系数目的是确保自控系统可以完整预设的动作，通过考虑各种延迟、测量误差及精确度等因素的影响。ISA TR84.00.04（2011）提供了如何确定 SIS 系统 MSP 的导则。

3.3.3 基于人员动作的 IPLs 及响应时间

基于人员动作的 IPLs 可能通过报警、现场读数、取样分析或者其他需要的动作等进行触发。人员的可靠性主要受检测、诊断及响应时间的影响。人员响应时间应该小于从报警点至后果发生的时间。可用时间受人员何时检测到故障的时间限制。例如，如果 IPL 依靠人员对报警进行响应，则人员的响应时间受限于从报警 MSP 值后果发生的时间。整个的响应时间（从报警点至工艺恢复至安全状态），应该小于未采取动作时故障发生的时间。注意，用于场景检测及响应的仪表系统成为 SCAI。参考 5.2.2.1 中 SCAI 的讨论。

当评估报警作为 IPL 有效性时，需要考虑报警触发后其他 IPL 的动作。对于报警响应，在后续的安全关断或者压力释放（PRV）动作前，应有充足的时间允许操作员完成特定的动作。

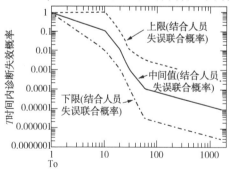

图 3.2　检测及诊断的失效联合概率
V. S. 检测及诊断的可用时间

《核电厂人员可靠性分析手册》（NURGE CR-1278 Swain and Guttmann, 1983）中对报警发生后人员进行响应时的失效概率进行了评估。图 3.2 反应了控制室人员对异常工况做出响应的情况，即报警发生后操作员人员无法对异常工况进行诊断的概率，主要包括人员无法检测到报警的概率及无法对场景进行正常判断的概率。

在本图中：

HEP = 人员失误概率

$Pr[\text{F}]$ = 失效概率(人员无法检测及正确诊断的概率)

注意:检测及诊断的可用时间越长,失效概率越低。

图 3.2 仅包含了部分事件的时间序列。在诊断后,操作员需要作出适当的响应以阻止场景发展至下一个保护层或者最终的后果。IPL 的响应时间是:

$$IRT_{报警} = t_{报警} + t_{操作员} + t_{过程}$$

式中 $IRT_{报警}$——IPL 的响应时间;

$t_{报警}$——报警系统指示报警条件的时间;

$t_{操作员}$——操作员检测,诊断及完整响应的时间;

$t_{过程}$——工艺恢复至安全状态的时间。

总之,人员作为 IPL 所需响应时间受以下因素的影响:

(1)如果基于报警,传感器检测到临界值及提醒工作人员的时间(通告时间);

(2)人员收到报警或者异常工况指示的时间;

(3)操作人员决定行动步骤的时间(决定时间);

(4)诊断问题;步骤包含判断报警是否措施(诊断时间);

(5)操作人员完整动作,包含调整工艺参数到正常条件,将工艺置于安全状态或者关停工艺生产的时间(行动时间);

(6)过程回到正常状态的时间(过程延迟时间)。

如果人员诊断或者响应需要操作人员进入危险后果影响区域,操作人员应该确认过程安全时间是否足够允许操作人员行动成功(或失败)并从危险区域逃离。如果不允许,则人员动作作为 IPL 是不可置信的。

延迟及滞后时间在事故序列中随时可以发生。例如,当报警响起的时候,操作人员未在操作站,或者操作员需要步行几分钟达到设备现场。如果整个检测及响应,包括响应延迟可以在需要的时间内完成,则人员响应满足 IPL 的要求(IPL 的其他标准也应该符合,如第 5 章所述)。

3.4 完整性

IPL 的风险削减能力对于确定场景中保护措施是否足够是必不可少的。完整性用来衡量保护措施是否满足 IPL 要求。IPL 的完整性受风险削减水平的限制,此处 IPL 所能达到的风险削减水平在设计、安装、操作及维护阶段中考虑了特定操作环境影响。为了避免人员失误导致的 IPL 失效,完整性也可能受公司执行程序或者实践的影响。总之,设备及人员的可靠性受支持其有效性的管理系统所制约。

对于 IPL 的可靠性，当需求时必须是可用的。能及时检测并纠正 IPL 的失效可以减少在工艺波动时或者 IPL 功能不完整时的操作时间。如果失效可通过操作人员观察、指示或者报警被快速检测到，则纠正行为可在相对短的时间内采用。失效的显性程度可以影响 IPL 的可用性及系统的完整性。

3.4.1 设备完整性

任何 IPL 的完整性都受最薄弱环节的影响。设备的完整性受诸多因素的影响，包括硬件及软件设计、操作环境、ITPM 程序、以及防止系统性失效的管理系统。

一些 IPL 是简单的设备，例如限流孔板。对这些简单的 IPLs 进行完整性评估需要考虑历史使用性能及设备检查记录。这些简单设备的数据表通常会包括具体设计和 ITPM 建议。

相反的，其他一些 IPLs 可能会非常复杂，通常需要多个元件同时操作来完成预设的功能以进行风险削减。对复杂系统的性能进行评估通常需要进一步的定量分析。例如，SIS 系统是相对复杂的系统，需要通过组态去完成与风险场景相关的特定功能。由于 SIS 系统可能非常复杂，因此 IEC 61511（2003）中章节 11.9 要求采用定量的方法进行验算。对于复杂的 IPLs，数据表通常推荐进行进一步分析非并仅提供具体的建议。

3.4.2 人员响应的独立保护层的完整性

人员作为 IPL 的完整性受限于人员检测、诊断及采取行动去阻止场景发展的能力。人员的性能依赖于数据质量、信息准确度及有效的沟通。因此，人员作为 IPL 的评估通常考虑与人员相关的设备、程序文件及操作环境的影响，前提是这些因素会影响人员进行响应的能力。在第 5 章中，数据表中人员作为 IPL 的 PFD 值通常基于的假设是响应能够在规定的时间内执行。响应时间的评估可能采用定性分析的方法或者基于其他特殊的技术。对于一些 IPLs，可采用仿真、练习或者试车等方法来验证响应时间是否达到要求。

3.4.3 显性故障与隐性故障

许多设备的失效是非常明显的。触发 LOPA 场景的失效通常认为是显性的，因为这些失效可能导致明显的工艺偏差。例如，正常操作的泵失效可能会导致流量减小，或者控制回路的失效可导致控制阀关闭。

一些 IPLs 失效在正常操作时是显性的。如果 IPLs 作为正常工艺控制的一部分，则 IPL 的失效可能会在需要其对场景保护前被检测到。例如，某个场景的初始事件是容器入口管线上流量计失效，其后果是容器发生溢流。该容器设有一个完全独立于流量计的液位计，该液位计作为 IPL 来阻止高液位发生。如果液位计发生故障，则该 IPL 的失效可通过在正常操作时对容器的输入输出的计算进行识别。一些 IPLs 的诊断功能可对 IPL 的故障进行检测。IPL 也可通过设置故障检测及报警功能来提醒操作人员。因此需要在 IPL 触发前，对其失效及时检测和纠正。

由于隐性故障不作为正常操作的一部分，因此不管他们是否失效都不会被识别一直到产生工艺偏差。一个隐性失效的例子是罐上高高液位开关的失效(无诊断功能)。如果液位开关失效，罐会继续工作直到发生初始事件，液位高高联锁无法防止溢流的发生。因为 IPL 的失效通常不会在工艺波动时被操作员发现，因此可通过制定资产完整性管理计划，包含检查、定期测试及验证等来提高 IPL 的可靠性，避免失效发生。

可对失效进行检测的诊断设备在 LOPA 分析中不作为 IPL。但是检测设备失效的能力的确可以减少系统离线或者异常操作模式的时间。诊断功能的使用可以增加系统的可靠性，降低 IPL 的 PFD 值。

第 4 章和第 5 章中给出了设定值的设计及 ITPM 导则来支持设备的完整性及可靠性的评估。IPLs 经常在一些其他导则、标准及实践中详细介绍，本书的目的并非取代其他文献。另外，IPL 的设计及相关资产完整性计划的详细评估不属于 LOPA 的范围。本指南的目的是介绍哪些类型的设计或者验证可作为 IPL 的 PFD 的取值来源及依据。

3.5　可靠性

《安全与可靠性仪表保护系统指南》(CCPS 2007b)提供了可靠性的定义：

"可靠性是保护层的一种属性，这种属性与设备的操作相关，在特定的状态下，以及特定的时间段内"。

为确定 IPL 的可靠性，需要对 IPL 设计、IPL 保护的工艺、IPL 的设置意图及 IPL 的操作环境有一个全面的认识。当 IPL 需要进行操作时，那么认为 IPL 是可靠的，IPL 被需求时，IPL 不会频繁失效，也不会部分或者完全的无法动作。因此可靠性与 IPL 在操作环境中，预期时间内的预期执行效果相关。

可靠性概念包含了多个子系统需求时成功动作的理论概率。对于一些 IPLs，为使其完全可靠需要制定设计、操作、检查及维护等规程。例如，避震器的设计需考虑特性的工艺环境并进行严酷测试以确保其可靠性。

3.5.1　低需求模式

为了保证 IPL 达到预期功能，IPL 能预期的频率时触发是非常重要的。在 LOPA 分析中 IPLs 使用频率较低，被称为低需求模式。如果设备使用频率小于一年一次，则为低需求模式。这个低需求模式下的 IPL 简单数学表达可以用于表示带一个 IPL 的初始事件场景。

$$f_1^C = IEF_1 \times PFD_1$$

其中，

f_1^C＝场景 1 中后果发生的概率

IEF_1＝场景 1 中初始事件的概率

PFD_1＝场景 1 独立保护层需求时的失效概率

LOPA 公式中假设保护层是充分独立的，初始事件与独立保护层之间的共因失效因子低于初始事件的频率。

3.5.2 高需求模式

如果 IPL 需求的频次大于一年一次，则 IPL 为高需求模式。此种场景的计算频率不同于低需求模式。

举个例子，备用发电机作为一个独立保护层，用于在全厂断电的情况下提供电源。如果此装置每年停电的次数为 10 次，则发电机在高需求模式下工作。在这种情况下，发电机故障为初始事件，相应的失效频率为初始事件的频率（如，$IEF = 1/10$ 年）。

以下为 f_i 的计算式，

$f_1^C = IEF_1 \times PFD_1 = 10$ 次/年×0.1/次＝1/年；但是，这个数字比发电机实际失效概率大；

实际的 IEF 是，

$f_1^C = 1/10$ 发电机无法启动的概率

ISA TR84.00.04 附录 I（2011）包含了与 SIS 系统及操作模式相关的案例。例

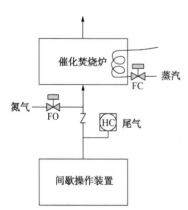

图 3.3　高需求模式 SIS 系统示例

如，一个生产含烃类化合物尾气的间歇工艺（见图 3.3）。尾气在排到大气之前，被送至焚烧炉分解碳氢化合物。高组分的碳氢化合物可能导致焚烧炉过热，存在催化剂损坏的潜在风险。SIS 系统用于检测高组分的碳氢化合物，采取行动切断供蒸汽管线，并对总管进行注氮。工艺危害分析 SIS 系统被分配的 SIL 等级为 SIL 2。SIS 系统的危险失效概率为 1/200 年（0.005/年），达到 SIL 2 等级需要每年进行一次测试（PFD＝0.0025）。该间歇装置发生异常工况或停车的概率为平均每 3～4 套装置中有 1

套。假设有 100 套装置在正常生产，SIS 系统的使用概率为平均每年 25~35 次。因此为高需求的操作模式，因为 SIS 系统的操作频率大于每年一次。

以下为 f_i^c 的计算方程式，

$f_i^c = IEF_i \times PFD_{il} = 35$ 次/年 $\times 0.0025$/次 $= 0.085$ 次/年

f_i^c（0.085/年）比 SIS 系统失效概率（0.005/年）要大；从数学角度这是不可能的。

以上来自 ISA TR84.00.04（2011）的例子介绍了 LOPA 中使用的实际数字（没有四舍五入成整数量级的数）。在 LOPA 中使用数量级计算，其结果更清楚地说明了使用低需求模式的计算方法对于高需求模式的数学不可能性。

$f_i^c = IEF_i \times PFD_{il} = 100$ 次/年 $\times 0.01$/次 $= 1$ 次/年

计算的 f_i^c 值比 SIS 系统实际的失效概率要大（0.005/年）。

以上两个例子中，通过数学计算事件频率比实际的概率要大。危险事件频率以每年发生的次数给出，但是应该受 SIS 系统危险失效概率的限制。在本例中 SIS 系统作为控制功能动作，工艺危害分析应该主要反映 SIS 失效作为初始原因。或者通过修改工艺控制方案来减少需求时失效概率使 SIS 系统处于低需求模式。

3.6 可审核性

可审核性反映了一个企业监督检验、执行程序、记录、先验评估及其他文件信息的能力，以确保设计、测试、维护及操作能够按照预期计划进行。因此应当有用于审核与初始事件及独立保护层相关的管理系统性能的工具。当 LOPA 团队对 IPLs 进行识别时，应着重考虑对独立保护层进行审核的工具以确保其有效性。

● 维护系统应该进行周期性测试以验证现有管理系统是否能够保障维护系统能按照需求运行，以及设计、维护及检验测试的文档被维护。

● 审核可确保验证、程序文件及培训的组织要求能够被遵守，以及可达到需要的结果。

● MOC 程序被审核以确保材料、操作参数、设备、执行程序及组织的变更被明确的审核并存档，以及审查中任一行动项均已经完成。

● 审核周期应设置一个合适的频率以确保管理系统的强健性，实现设备的预期水平及操作性能。

LOPA 方法可进行周期审核以验证初始事件及独立保护层的数值可在风险评估中的使用，并且与历史运行数据一致。随着新数据的不断使用，LOPA 应被重新验证以确保初始事件频率及独立保护层需求时失效概率与其可靠性保持一致。

如果所使用的数据不合适，则可以更新 LOPA 场景并且提出建议措施处理任何已识别的差异。

3.7 访问安全性

访问安全应包括人员的或行政的管理控制以减少非授权的系统更改，这些非授权的更改可能损坏安全设备。化工企业采用多种途径减少非授权的系统更改。以下为一些示例：

● *基本过程控制系统(BPCS)的安全性*——现场主要依靠安全措施来阻止无意的或者未经许可的更改。如果程序员对基本过程控制系统(BPCS)进行的错误设置可能导致不良后果发生，那么基本过程控制系统(BPCS)的控制管理对减少此类错误是非常重要的。通过限制就地及远程系统的访问来阻止非授权进入、设置旁路、调整设定点、更改操作模式或者程序等同样是非常重要的。

● *上锁及铅封执行程序*——这些系统用于确保阀门或者其他安全设备通过管理系统的工具使其维持在预设的安全状态。典型的铅封管理系统包括以下部分：

(1)铅封阀门与/或设备列表；

(2)每个铅封位置及状态的记录；

(3)定期确认铅封阀及设备的位置；

(4)进行周期性、独立的现场测试以确认铅封阀的位置是正确的；

(5)对检测文件进行周期性审查以确认定期按照企业要求执行。对于位置不明确的铅封阀或设备应该进行记录，并且采取更正措施。

从检验测试计划收集的现场数据可使铅封执行程序被有效的评估。

● *互锁系统*——互锁系统旨在确保阀门、其他系统或者设备按照预定序列进行操作。一旦阀门或者开关达到合适的位置，则互锁开启。然后将此钥匙插入另外一个设备来改变位置或者操作状态。

● *旁路阀门或者隔离阀上限位开关*——这可用于检测阀门或者开关处于错误位置；可阻止对安全设备的隔离。

以上只是四种不同控制与监测访问安全的方法举例。评估潜在安全漏洞并分析这些漏洞的风险有助于企业实施必要的安全措施。

3.8 变更管理

变更管理是一个用于对执行程序、件、工艺、设备或装置进行审查、批复及存档的正式流程。工艺或者操作模式的更改，例如原材料、工艺条件或者设备的变化可能会产生新的 LOPA 场景或者降低现有 IPL 的有效性。

有时候工艺变更可能是自发的；例如，系统可能去瓶颈化增加产能。有些变更可能是非自发的；例如，旧设备可能失效并被不同类型的其他设备代替，由于原来的设备已经不可用。对于独立保护层，变更可能包含对设备进行离线测试（旁路），或者对故障的 IPL 进行短暂维修。变更管理程序通过恰当的审查来确保补充措施可提供与 IPL 相同的风险削减。没有恰当的预防或者减缓措施，工艺装置可能具有较高的风险。

任何程序文件、方案、方法、硬件、软件或者材料的改变都应该被控制。工艺、人员和组织的改变也应该是可控的。这些控制过程包括：

- 识别变更及其理论基础；
- 执行风险评估及其他风险控制计划；
- 审批变更；
- 对临时变更或者旁路，指定其时间限制；
- 对变更及风险评估进行存档；
- 对变更执行的质量进行验证；
- 更新相关文档，例如程序文件、记录、方案或者部件清单；
- 对影响操作人员的变更进行培训及沟通；
- 确保有足够和能胜任的人员维护 IPLs。

对于可能影响初始事件频率或者独立保护层需求时失效概率的变更应该谨慎处理以确保操作持续安全运行。

3.9 数据表的使用

使用第 4 章和第 5 章数据表中数值的前提是假设已实施了第 2 章中所讨论的管理系统。管理系统有助于保证本章描述的核心属性在系统设计及系统整个生命周期有涉及。此外，在使用推荐的初始事件频率或独立保护层需求时的失效概率之前，备选初始事件或独立保护层应满足所有标准条件。在出现"必须"这个词的地方，本指南委员会认为初始事件及独立保护层仅在符合标准时才是有效的。如果出现的是"应该"，则替代方案可用于实现相同的目标。本书所用初始事件及独立保护层数据是合理的，是基于小组成员广泛经验的，因此被认为是可用的。如果某企业已确认可以达到并维持修改的数值，则该更改的数据(包括更高和更低的 IEFs 或 PFDs)可以替代原表中数据使用。一个实现更好的 IEF 或 IPL 的 PFD 值的方法是按照附录 B 及附录 C，第 4 章和第 5 章数据表中所讨论的现场验证的方法进行评估。

4 典型初始事件与初始事件频率

4.1 初始事件概述

初始事件(IE)是指引发了一系列事件的设备故障、系统故障、外部因素或人员不当操作，这一系列事件可能导致不希望出现的可定义为严重性的后果。

初始事件可能包括的故障有：

- 控制回路故障；
- 操作人员在启动过程中忽略步骤；
- 意外停泵。

在某些案例中，初始事件包括造成物料泄漏事件的机械完整性缺陷，例如管道缺口和容器壁面破裂。在保护层分析(LOPA)中，企业基于其特定的风险评价标准来定义场景中事件的最终后果，有些将物料泄漏作为最终后果，也有人将人员伤害、死亡、环境影响或经济影响作为事件的最终后果。在发生设备机械完整性缺陷、并将物料泄漏作为最终后果(而不是由泄漏导致的其他特定影响)的场景中，可能并不存在能够阻止物料泄漏的有效独立保护层(IPLs)，因此保护层分析可能并不适用于评价以物料泄漏为后果的机械完整性缺陷场景(例如，在评价腐蚀导致的隔离管道物料泄漏事件的检验、测试与预防性维修程序的充分性时，保护层分析可能并不是最佳分析方法)。物料泄漏的初始事件将在章节4.3.4中进一步讨论。

设备、系统、人员动作的不可靠性，或者外部事件发生频率(可能性)都将影响一个危害场景的风险。频率越低(即越不可能发生)则该场景对企业产生的风险越低。初始事件往往以事件发生频率的方式描述(在一定时间内的事件发生次数)，对保护层分析而言，频率一般为每年发生的事件次数，以数量级的形式给出。

影响某LOPA场景的设备可靠性由诸多因素决定，这些因素受第2章中提到的管理系统的影响，包括合理的设备规格和设计，工艺环境，操作条件，以及检验、测试与预防性维修程序的有效性。对确认管理系统处于能够确保设备和人员操作水平都足够高的运行状态而言，定期对管理系统审查是十分重要的。

使用真实的、特定现场装置的失效数据，能够最优地决定初始事件频率（IEF）。然而此类数据可能难以获得或不够充分，在这些情况下，保护层分析人员可以使用其他来源的数据，例如企业内部 LOPA 分析数据，专家建议，通用工业数据，或其他方式预测的初始事件频率。本章将要给出的初始事件频率是业界一致认可的代表性数值，数据表中的初始事件频率部分源于特定现场收集的数据，部分基于通用工业数据，部分基于专家建议。

4.2　本质安全的设计及其初始事件频率

本质安全的设计是一种从原理上不同的减小化工过程风险的方法。《本质安全化工过程——生命周期方法（第二版）》（*Inherently hafer Chemical Process：A life Cycle Approach，2nd Edition*）（CCPS，2009b）一书将本质更安全设计定义为：

"一种专注于消除和减小危害，而不是管理和控制的化工过程和装备设计的方法。"

如果本质安全的设计方法被采用，则某初始事件不再发生是可能的，相应场景也可以从保护层分析中排除。下列为一些在保护层分析中进行本质安全设计的特定案例：

● 如果在工艺中可以不使用某有毒物或可燃物，则涉及到这些物质泄漏的保护层分析场景就可以被排除。

● 如果有害中间体被消耗而不是被储存，则涉及该物质储存的场景就可以被排除。

如果泵的最大输送压头设计低于相连接容器或管道的最大允许操作压力（MAWP），则由于泵故障导致的管道或容器超压破裂的可能性对于风险的贡献是可忽略的，因此这一场景也可以被排除。

用以减小或消除危害的本质安全设计技术可以应用于装置生命周期的任意阶段，关于本质安全设计原则的更多指导请参见《本质安全化工过程——生命周期方法（第二版）》。

4.3　保护层分析中的特定初始事件

本章剩余部分为对可供选择的初始事件进行简要描述，包括对每一类初始事件的简要描述和说明举例。对某些场景，初始事件频率是基于本指南委员会代表企业分析提供。所有数据表中列出的数值都经过指导委员会的一致认可，此外一些指导委员会成员认为不能给出通用频率或使用除保护层分析外的其他方法更合适的初始事件也已标明。第 6 章将部分讨论此类情况，但保护层分析人员在评价包含未列在此处或无通用频率数据的初始事件的场景时应考虑使用其他定量风险分析方法。

本章给出的初始事件数据表包含对每一个备选初始事件的简要描述，典型的通用初始事件频率，以及对应的标准。在指定条件下，这些初始事件频率一般都认为是保守的。附录 B 和附录 C 额外提供了对现场设备和人员操作数据的指导，每个现场都应确保所提供初始事件频率可用于该现场装置。

许多公司，包括一些参与本文编撰的公司，使用了第 4 章中列出的初始事件频率。更多讨论及"如果数据表中没有你备选的初始事件应怎样做?"的内容请参见章节 4.5。

4.3.1 仪表系统初始事件

流程工业依赖仪表系统实现在常规操作限制下的过程控制并维持其安全状态，这些控制系统失效是保护层分析中引用最多的初始事件之一。由于控制功能通常都内置在标准设备中，故这些系统被称为基本过程控制系统(BPCS)。以往控制功能被用以指代控制回路，因此本书使用基本过程控制系统(BPCS)控制回路来描述用以执行特定控制功能的设备。对特定初始事件产生响应的功能是仪表化的安全保护措施，美国国家标准化协会(ANSI)和国际自动化协会(ISA)在 ANSI/ISA 84.91.01(2012)中定义其为安全控制、报警及联锁(SCAI)系统。安全仪表系统(SIS)是一类根据 IEC 61511(2003)设计制造的 SCAI，其控制和安全保障功能既可以自动实现，也可以通过过程监管操作员在必要时对仪表系统的动作实现。

安全控制、报警及联锁系统的失效可以通过以下两种方式导致关注场景发生:

(1)基本过程控制系统(BPCS)控制回路失效可能导致过程偏差从而引起场景发生。

(2)安全控制、报警及联锁系统的误动作可能导致非正常操作，尤其仅当部分被激活时。

这两类初始事件分别列在表 4.1 和表 4.2 中，更多关于安全控制、报警及联锁系统的信息请参见章节 5.2.2.1。

基本过程控制系统(BPCS)控制回路失效

描述: 基本过程控制系统(BPCS)控制回路是由气动、电驱动、电子，或可编程电子系统(PES)执行的，被用于调节或指导某机械、设备、过程、或系统的操作(见图 4.1)。基本过程控制系统(BPCS)控制回路的动作通常由气动控制阀、可编程控制器(PLC)、分布式控制系统(DCS)、离散控制器(不可编程电子器

件），以及单回路控制器（SIX）执行，如果这些控制器是按照 IEC 61511（2003）标准设计制造的，则可认为可以实现安全仪表功能。

引起的后果：受基本过程控制系统（BPCS）控制回路控制的过程参数发生不可逆偏离，导致关注后果发生。

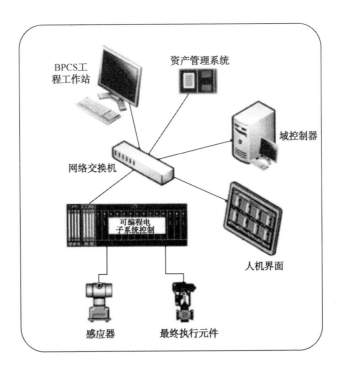

图 4.1 使用 PES 的 BPCS 控制回路（Summers，2013）

表 4.1 基本过程控制系统（BPCS）控制回路失效

初始事件描述
基本过程控制系统（BPCS）控制回路失效

LOPA 中建议使用的通用初始事件频率（IEF）
0.1/年

该初始事件所使用的通用初始事件频率（IEF）特别注意事项

正常用于保障（或调节）过程的仪表和控制失效将引起关注场景发生。如果这些控制器是按照 IEC 61511（2003）标准设计制造的，则可认为其属于安全仪表系统（SIS）。

当基本过程控制系统（BPCS）（不符合 IEC 61511（2003）标准）需要一层保护层时，应认为其危险失效概率不低于 10^{-5}/h（条款 8.2.2），约为 0.1/年。

续表

初始质量保证
投用阶段的初次性能验证

通用验证方法
检验、测试与预防性维修的执行计划应取决于所期望的可靠性(例如 0.1/年的失效频率)以及在一定条件下应采取何种响应以达到 0.1/年或更好的结果。
基本过程控制系统(BPCS)控制回路失效通常在过程操作中暴露,通常通过比较现场指示数据(压力表、视镜或其他过程变量监测手段)或上游、下游指示表的变化趋势发现。
当失效发生并被检测到,或校准检验、诊断给出警告信号时,将启动系统维护。
初始事件频率可通过追踪过往运行数据来确认。

指导来源
本指南指导委员会共识,并且 ANSI/ISA 84.00.01-2004 Part 1 (IEC 61511-1 Mod)(ANSI/ISA 2004)条款 8.2.2 也述及失效概率不会低于 $10^{-5}/h$。

安全控制、报警及联锁系统误动作

描述:安全控制、报警及联锁系统是仪表化的保护措施,用于响应特定过程条件以执行动作并维持过程的安全状态,关于安全控制、报警及联锁的更多详细信息请参见 5.2.2.1 节。对安全控制、报警及联锁系统减小风险能力的评价应基于该系统经历危险失效的可能性,该危险失效将导致控制回路在需要发挥功能时不能操作。即便某些情况下工艺条件并不能确保激活 SCAI 系统,当其部分或完全激活时,安全控制、报警及联锁系统还可以显示系统的安全失效,这些安全失效在工业数据库(ISA TR84.00.02 2002)中被归类为误操作或误动作。

SCAI 系统将在完全激活时采取动作,例如,感应器误操作也会触发报警,该感应器失效虽然事后可能被认定为安全的,但执行器必须判断是否需要对过程执行动作,还是仅报告该失效错误即可。由于 SCAI 系统的设定目标为阻止事件发生,因此完全激活通常不会导致链式事件的发生并最终造成危险场景。然而对保护层分析小组而言,了解 SCAI 系统如何影响过程操作仍是十分重要的,例如,在液位过高场景中,安全仪表系统可能会将容器的入口阀关闭,这一动作能够阻止物料过量注入,然而关阀可能会引起管道阻塞,导致上游压力过高。由此可见,作为安全防护的 SCAI 系统无论在何处引入,都可以减小其被设计去处理的场景的风险,但同时也可能造成异常工况并导致其他场景发生。

部分激活将触发非正常或非完全关死操作,进而造成工艺异常,例如,用于将多组管道隔离的安全仪表系统可能发生控制器输出失效,导致单个阀门的错误关闭及该条管道的输送损失。部分激活可能会导致保护层分析中已经考虑到的场景,也可能造成事先未预料到的场景发生。在保护层分析中为确保所有危害场景都被考虑到,对每一个最终执行单元错误动作的分析是十分重要的。

先进的定量分析技术可以用于估算 SCAI 系统的误动作概率，当采用此方法预测误动作概率时，表 4.2 中的通用数据可以用该数据代替。同时需要考虑系统和人员失误概率数据选择。当有充分的过往操作数据时，现场装置数据也可用于初始事件频率的评估中。

引起的后果：SCAI 系统的误操作可能造成工艺异常或其他关注后果。

表 4.2 SCAI 系统的误操作

初始事件描述
SCAI 系统误操作/动作
LOPA 中建议使用的通用初始事件频率(IEF)
通用失效数据可以由设计数据计算得到(通常在 1/年到 0.1/年范围内)。
该初始事件所使用的通用初始事件频率(IEF)特别注意事项
该初始事件频率是整个系统的失效频率，包括感应器、逻辑处理器，以及最终执行元件。
初始质量保证
投用期间的初次验证
通用验证方法
根据制造商建议进行预防性维护。
在维护期间能够造成系统误操作或提前动作的初始条件有可能被发现。
系统提前动作在过程操作中可以被发现。
当失效发生时启动系统维护。
保护层分析中使用的初始事件频率可以通过跟踪系统过往运行记录进行验证。
指导来源
本指南指导委员会共识及计算得到的 SCAI 误操作概率。

4.3.2 人员失误初始事件

人员失误在化工事故中占有相当的比例，因此在保护层分析中考虑由人员失误引起的场景是十分重要的。在使用后续数据表中列出的初始事件频率时，应当满足下列要求：

- 具有描述所需执行动作的成文程序。
- 依据此程序对操作工进行培训。
- 设备组件的失效概率足够低，以使组合起来的设备和人员失误失效概率与所给出的初始事件频率相符。
- 人为因素控制在合理范围内，更多影响人员失误概率的内容请参见附录 A。

失误频率应是每次执行任务时的犯错率和一定时间段内任务执行次数的函数。关于计算人员失误概率的参考书有《核电厂人员可靠性分析手册》(NUREG

CR-1278, Swain and Guttmann, 1983), 以及《人员可靠性及安全分析数据手册》(Gertman and Blackman, 1994)。

为简化在保护层分析中需要大量使用的数据, 本节给出的三个数据表 (表 4.3~表 4.5) 提供了下列年度任务执行频率的初始事件频率:

(1) 该任务执行频率大于每周一次。

(2) 该任务执行频率在每周一次到每月一次之间。

(3) 该任务执行频率少于每月一次。

表 4.3　执行频率大于每周一次的常规任务时的人员失误

初始事件描述
人员在执行每周一次或更多次的常规任务时的错误

LOPA 中建议使用的通用初始事件频率 (IEF)
1/年

该初始事件所使用的通用初始事件频率 (IEF) 特别注意事项
频繁执行的操作步骤能够提升操作员对任务的熟悉程度, 这有利于降低人员失误概率。然而强化的技能水平所带来的影响也会进一步被由于频繁操作而带来的更多的出错机会而抵消, 同时人员会由于任务的常规化而产生自满情绪, 这也会造成更高的出错率。本数据表提供的出错率数值能够作为人员在执行每周一次或更多次的常规任务时出错的初始事件频率, 为了确保通用数值能够使用应注意: 该任务复杂度较低, 并有每一步骤的对应指导。 该任务具有成文的程序规定。 执行该任务的人员经过程序规定的培训。 人员因素被控制在合理范围内 (需要被管控的人员因素请参见附录 A)。

初始质量保证
针对操作员对详细流程和技能的回顾有明确要求的培训计划在执行任务前已完成。

通用验证方法
● 流程升级和培训系统到位, 同时进行定期回顾以确保流程和培训都是最新的。 ● 流程已是最新版本并且操作员已完成培训。 ● 待执行任务的人员出错数据已经过确认和回顾。

指导来源
本指南指导委员会共识。关于通用初始事件频率及其验证,《核电厂人员可靠性分析手册》(NUREG CR-1278, Swain and Guttmann, 1983) 中的最终报告给出了一系列的人员失误数据。关于行为促成因子及其对人员失误概率的影响请参见附录 A。

某任务执行频率越低, 操作人员犯错的机会越少, 因此年度错误频率随着任务执行频率降低而降低。然而, 当任务越不经常被执行, 操作人员对任务的熟悉程度通常会越低, 有潜在增加人员操作失误概率的可能。当执行非常规任务 (当

该操作员执行该任务少于每月一次)时，操作员在执行任务前回顾操作流程或使用检查表，抑或采取其他辅助手段以最小化人员操作失误概率，都是值得倡导的方法。指导委员会并不能针对复杂任务给出建议的初始事件频率，建议企业在选择失效率数据时依据附录 B 中列出的装置现场数据。

执行频率>每周一次的常规任务时的人员失误

描述：人员在执行每周一次或更多次的任务时的错误。

引起的后果：后果取决于特定操作人执行的特定任务。

执行频率在每周一次到每月一次的任务时的人员失误

描述：该初始事件指人员在执行每周一次到每月一次的任务时由于遗漏步骤或不正确执行步骤造成的错误。

引起的后果：后果取决于特定操作员执行的特定任务。

表 4.4　执行频率在每周一次到每月一次的任务时的人员失误

初始事件描述
人员在执行每周一次到每月一次的任务时的错误
LOPA 中建议使用的通用初始事件频率(IEF)
0.1/年
该初始事件所使用的通用初始事件频率(IEF)特别注意事项
执行频率中等的任务有利于维持操作员的技能水平并且较频繁执行的任务引起自满情绪的风险更小，执行这一频率的任务时操作员出错的机会相较每周一次或更频繁的任务时更少。为了确保通用数值能够使用应注意： 该任务复杂度较低，并有每一步骤的对应指导。 该任务具有成文的程序规定。 执行该任务的人员经过程序规定的培训。 注意，如果某具体的操作员执行该任务的频率低于每月一次，则该任务对于该操作员而言是非常规任务，在这种情况下，该操作工应该在执行任务前回顾流程或采取检查表法等其他辅助方法。 人员因素被控制在合理范围内，参见附录 A。
初始质量保证
对操作员的培训计划在详细流程和技能的回顾方面有明确的要求，并在执行任务前已完成。
通用验证方法
流程升级和培训系统到位，同时进行周期回顾以确保流程和培训都是最新的。 如果对具体操作员而言该任务是非常规任务，则该操作工应该在执行任务前回顾流程或采取检查表法等其他辅助方法。 待执行任务的人员出错数据已经过确认和回顾。
指导来源
本指南指导委员会共识。关于通用初始事件频率及其验证，《核电厂人员可靠性分析手册》(NUREG CR -1278，Swain and Guttmann，1983)中的最终报告给出了一系列的人员错误数据。更多信息请参见附录 A。

执行频率<每月一次的非常规任务时的人员失误

描述： 该初始事件指人员在执行少于每月一次的任务时由于遗漏步骤或不正确执行步骤造成的错误。

引起的后果： 后果取决于特定操作员执行的特定任务。

表4.5 执行频率小于每月一次的任务时的人员失误

初始事件描述
人员在执行少于每月一次的非常规任务时的错误
LOPA中建议使用的通用初始事件频率(IEF)
0.01/年
该初始事件所使用的通用初始事件频率(IEF)特别注意事项
当某任务执行频率较低时操作员出错的机会变少，但其执行该任务的技能水平可能较低。为了维持可接受的技能水平以确保通用数值能够使用应注意： • 该任务复杂度较低，并有每一步骤的对应指导。 • 该任务具有成文的程序规定。 • 操作员每3年接受更新的培训。 • 操作员应该在执行任务前回顾流程或采取检查表法等其他辅助方法。 • 人员因素被控制在合理范围内，参见附录A。
初始质量保证
对操作员的培训计划在详细流程和技能的回顾方面有明确的要求，并在执行任务前已完成。
通用验证方法
• 流程升级和培训系统到位，同时进行周期回顾以确保流程和培训都是最新的。 • 如果对具体操作员而言该任务是非常规任务，则该操作工应该在执行任务前回顾流程或采取检查表法等其他辅助方法。 • 待执行任务的人员出错数据已经过确认和回顾。
指导来源
本指南指导委员会共识。关于通用初始事件频率及其验证，《核电厂人员可靠性分析手册》(NUREG CR-1278, Swain and Guttmann, 1983)中的最终报告给出了一系列的人员错误数据。关于行为塑造因素及其对人员出错率的影响请参见附录A。

4.3.3 活动机械部件初始事件

许多保护层分析场景由活动机械部件失效引起，导致过程控制偏离，造成关注后果产生。表4.6~表4.12描述了在保护层分析中常见的活动机械部件初始事件频率。

调压器失效

描述： 本数据表涵盖了用于压力控制设备的失效概率。调压器失效可能由结

垢或者堵塞，弹簧失效，隔膜破裂，或底座损坏引起。调压器可能无法打开或关闭，或维持在适当压力，进而造成需要考虑的后果。

维护措施方法繁多，并且显著地影响调压器的可靠性。如果能较好地执行检验、测试与预防性维修(ITPM)，则有可能降低失效概率。

引起的后果：压力控制失效可能造成由高/低压力/流量引起的工艺异常，取决于具体的工艺失效机制。

表 4.6　调压器失效

初始事件描述
调压器失效
LOPA 中建议使用的通用初始事件频率(IEF)
0.1/年
该初始事件所使用的通用初始事件频率(IEF)特别注意事项
该场景指在连续控制模式下操作的独立调压器在减压过程或背压设备在操作时未能起到设计作用而失效(打开或关闭)。
初始质量保证
在正常运行时对调压器的操作已确认无误。
通用验证方法
● 调压器失效在工艺操作过程中可以发现，通常是通过比较该就地压力指示器(压力计或视镜)示数或变化趋势和上游/下游指示器的示数或变化趋势。 ● 失效发生或被检测到，或校准检查/诊断显示出征兆时，启动系统维修。保存维修记录。
指导来源
本指南指导委员会共识及《失效速率——可靠性物理原理》(Earles and Eddins, 1962) NPRD-95 (RIAC1995)一书中列出的失效率为0.1/年。

螺旋输送机失效

描述：螺旋输送机是可以在直线方向上快速输送固体物料的机械设备，驱动轴由加料槽末端的轴承支撑，加料槽末端还安装着电动机。轴承、电动机或其他组件有可能失效，导致螺旋输送机永久或错误停止。注意如果输送机经常停止，则对第一层用以响应工艺偏离的独立保护层的要求可能较高，在这种情况下，另外的初始事件频率可能更适合于该场景。关于高要求保护层的信息请参见第3章。

引起的后果：螺旋输送机失效造成工艺物流停止，导致上游或下游工艺异常或其他关注后果。

表 4.7　螺旋输送机失效

初始事件描述
螺旋输送机失效

LOPA 中建议使用的通用初始事件频率(IEF)
1/年 ~ 10/年

该初始事件所使用的通用初始事件频率(IEF)特别注意事项
• 输送机系统的失效率取决于其初始设计，所输送物料的腐蚀性，以及每个驱动组件(例如电动机、内置控制器、轴承、耦合部件、螺旋轴、传送带，等等)单独的失效率。上述初始事件频率是典型的，但失效率依赖所输送物质的物理特性以及工艺条件，因此初始事件频率可能会更高。 • 设备的设计能力能够承受完全堵塞及电动机可施加的最大扭矩。

初始质量保证
设备的活动部件在安装成机后符合制造商的建议。在运行期间进行设备性能初始验证测试。轴承正确安装、润滑、密封。《B20.1-2012 输送机及相关设备安全标准》(ANSI/ASME, 2012)可作为输送机和相关设备的参考，ANSI/CEMA 350-2009《块状材料螺旋输送机》(ANSI/CEMA 2008)也是有关工程实践和尺寸标准较好的参考书。

通用验证方法
• 针对电动机执行预防性维护程序，该程序可以基于设备环境和条件进行控制。 • 维护频率应根据制造商建议和过往经验。

指导来源
本指南指导委员会共识。《B20.1-2012 输送机及相关设备安全标准》(ANSI/ASME, 2012) 及 ANSI/CEMA 350-2009《块状材料螺旋输送机》(ANSI/CEMA 2008)。

螺旋输送机过度加热物料

描述：螺旋输送机过度加热物料是可能发生的失效模式之一。扭矩施加过量会造成电动机过热，润滑不足或物料进入轴承会造成螺旋输送机轴承过热，外来物质(杂质金属)进入输送机或螺杆错位会使螺杆摩擦器壁，从而产生摩擦热，导致物料过度加热。这些失效都可能造成被输送物料的热不稳定。

物料被过度加热的频率取决于物料本身及工艺条件，因此在过度加热频率高于数据表所提供的通用数值时，有必要增大该初始事件频率。

引起的后果：物料被过度加热可能会造成物料在输送机内点燃或分解。

表 4.8　螺旋输送机过度加热物料

初始事件描述
螺旋输送机过度加热物料

LOPA 中建议使用的通用初始事件频率(IEF)
0.1/年

该初始事件所使用的通用初始事件频率(IEF)特别注意事项
• 建议输送机的电动机最大扭矩被限定在一定范围内以防止物料被过度加热。 • 电动机驱动螺杆上通常都设有过载断路器保护措施,还包括输送机机桶壁上用于自动断路电动机的温度传感器,和/或水保护系统或鼻吸蒸气系统,以及用于除去磁性金属杂质的磁铁。

初始质量保证
• 设备活动部件的安装符合制造商的建议。 • 在运行期间进行设备性能初始验证测试。 • 轴承正确安装、润滑、密封。《B20.1-2012 输送机及相关设备安全标准》(ANSI/ASME,2012)可作为输送机和相关设备的参考,ANSI/CEMA 350-2009《块状材料螺旋输送机》(ANSI/CEMA 2008)也是有关工程实践和尺寸标准较好的参考书。

通用验证方法
• 根据制造商建议和过往经验进行定期维护。 • 检查早期输送机磨损表面,密封和轴承。检查驱动螺杆是否和器壁合缝以防止过度加热。 • 检验输送机内是否存在产品堆积和分解。

指导来源
本指南指导委员会共识。《B20.1-2012 输送机及相关设备安全标准》(ANSI/ASME,2012)及 ANSI/CEMA 350-2009《块状材料螺旋输送机》(ANSI/CEMA 2008)。

泵、压缩机、风扇和鼓风机失效

描述:电驱动或蒸汽驱动的泵、压缩机、风扇和鼓风机失效可能由启动失效、轴承/耦合部件失效、电动机失效或叶轮失效等引起。风扇和鼓风机通常用于输送空气或其他工艺气体,失效模式包括振动,轴承润滑不足或过热,以及应力疲劳造成的破裂,在腐蚀和高温下工作的风扇尤其容易发生失效。为了保证可靠性,使风扇正常驱动,轴承定期润滑,以及确保在其设计工况下工作是十分重要的。

引起的后果:本组失效会造成工艺异常,伴随诸多可能的工艺异常后果。

表4.9 泵、压缩机、风扇和鼓风机失效

初始事件描述	
泵、压缩机、风扇和鼓风机失效	
LOPA中建议使用的通用初始事件频率(IEF)	
0.1/年	
该初始事件所使用的通用初始事件频率(IEF)特别注意事项	
上述初始事件频率适用于本组设备完全或部分的功能失效。该初始事件频率并不包括由断电引起的失效(断电初始事件频率参见数据表4.10)。	
初始质量保证	
在运行期间进行设备性能初始验证测试,包括组件材料验证和对振动、轴承温度、出口压力和流量的监测。	
通用验证方法	
泵、压缩机、风扇和鼓风机失效在工艺操作过程中可以暴露,通常是通过比较该位点指示器(压力计或视镜,流量计)示数或变化趋势和上游/下游指示器的示数或变化趋势。	

- 失效发生或被检测到,或初步检查/诊断显示出征兆时,启动系统维修。
- 保存维修记录。
- 根据制造商建议和过往经验进行定期维护。

指导来源	
本指南指导委员会共识。	

全站断电

描述:由于任意原因造成的工艺流程断电。断电是保护层分析场景中常见的初始事件,断电可能造成电驱动设备失效,包括工艺设备和工艺控制仪表。然而不同地点的断电失效可能存在很大差异,某些地点很少断电,某些地点由于气象事件例如飓风和雪灾等每年会断电数次,某些地点会在每天的用电高峰期经历轮流断电。因此,指导委员会不能给出一个通用的断电初始事件频率。如果断电频繁发生,则对第一层独立保护层的要求会较高,在这种情况下,另外的初始事件频率可能更适合该场景。关于高要求模式的信息请参见第3章。

局域性断电

描述:在单一电路中发生的断电,可由于诸多组件失效引起,例如断路器、开关、继电器、半导体、电线、电缆,以及电线接头等,这些组件的失效会造成连接于常规供电电路的某特定设备或多个设备的局域性断电。

引起的后果:电驱动设备的异常,包括未连接到紧急备用电源的控制器,会造成若干潜在后果。

表 4.10 局域性断电

初始事件描述
单一回路断电

LOPA 中建议使用的通用初始事件频率(IEF)
0.1/年

该初始事件所使用的通用初始事件频率(IEF)特别注意事项
上述初始事件频率适用于单一回路中完全或部分的局域性断电,该频率并不包括机器一般性断电频率,后者具有地域特征。

初始质量保证
在运行期间进行电力设备性能初始验证测试。

通用验证方法
局域性断电在工艺操作过程失败时可以暴露。 ● 失效发生或被检测到,或初步检查/诊断显示出征兆时,启动系统维修。 ● 保存维修记录。

指导来源
本指南指导委员会共识。电气及电子工程师协会(IEEE)标准 493(2007)表 3-3 给出了典型 480 V 简单放射状系统中电驱动组件的失效概率。

止回阀

止回阀是安装在管道中允许流体从某一方向流过而阻断相反方向流动的机械设备。有一系列阻止回流的内部机理,例如球塞、翻门、弹簧、圆盘等。关于更多止回阀的类型,请参见章节 5.2.2.3(见图 4.2)。

一般地,止回阀可以作为独立保护层,但也存在将止回阀作为控制设备的情况(例如阻止压缩机循环时的倒流),在这些情况下,止回阀可能在高的要求下工作,其失效会成为某些场景的初始事件(关于高要求模式的更多讨论参见章节 3.5.2)。

以下为单个止回阀和串联双止回阀作为控制设备的初始事件频率。

单个止回阀失效——止回阀在高需求模式下工作。

描述:止回阀在需要关闭时失效会产生足够引起需要关注后果的反向流,这里该止回阀每年经受多于一次的考验。如果该止回阀间歇服役并且每次使用前都经过测试,则其失效并不是初始事件,相反该止回阀能够作为独立保护层来考虑。

引起的后果:反向流的后果取决于具体的工艺,通常在工艺危害分析中已被识别。

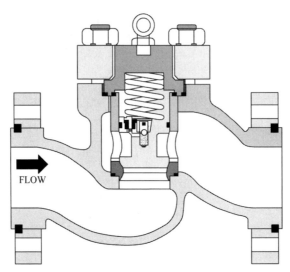

图 4.2　活塞式止回阀

表 4.11　单个止回阀失效

初始事件描述
单个止回阀失效
LOPA 中建议使用的通用初始事件频率(IEF)
0.1/年
该初始事件所使用的通用初始事件频率(IEF)特别注意事项
假设工艺物料为干净的蒸汽、水，或其他不会堵塞的物料。这种情况下止回阀很少被用作控制设备，此处的初始事件频率是将其作为控制设备给出的。针对止回阀的检验、测试与预防性维修程序通常并不与其他设备一样健全，因此分析师需要注意在使用本数据表提供的初始事件频率前要确保合适的检验、测试与预防性维修已经到位。
初始质量保证
• 在安装前确认止回阀的材料。 • 安装止回阀后确认流向。 • 验证正确安装前回顾操作准备要求。
通用验证方法
• 根据操作强度和过往检查经验进行例行预防维修。 • 可通过背压进行在线或线下测试。内部检查可以发现结垢、堵塞、黏附或腐蚀等机理造成的失效前兆。 • 保存维修和维护记录。
指导来源
本指南指导委员会共识，以及《瑞典核能站组件可靠性数据》(RKS/SKI 85-25, p.79, Bento et al. 1987)。数据通过 FTA 方法转化为初始事件频率和需求时的失效概率。更多内容参见附录 D。

串联双止回阀失效——此表 4.12 应用于双止回阀中任一个可以工作时后果便可被阻止的场景。该初始事件适用于止回阀在高要求模式下工作的情况。

描述：双止回阀系统在需要关闭时失效会产生足够引起关注后果的反向流，这里该双止回阀系统每年经受多于一次的考验，即在高要求模式下工作。该双止回阀系统应作为初始事件来考虑，应使用其失效频率，而不是独立保护层。关于高要求模式的附加细节参见章节 3.5.2。

止回阀在压力差下工作，系统内需要有足够的压差来合理控制两个止回阀。某一个止回阀可能长期处于失效状态(即未暴露的失效)，但在被当作单个单元时，该双止回阀系统仍能够通过压力测试。针对每个止回阀的独立测试可能并不总是实际的，而如果并没有进行对每个止回阀的独立测试，那么应采用单个止回阀的初始事件频率。

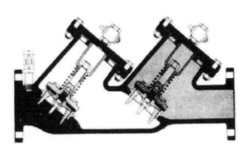

图 4.3　双止回阀防反向流设备
(U. S. EPA 2003)

当使用冗余系统时，应考虑一般原因导致的失效。两个阀门可能采用了相同或类似的设计，因此具有相似的由设计不合理性、加工缺陷或铸造材料错误带来的风险。此外两个阀门工作在相同的工艺条件下，结垢或堵塞会同时影响两个阀门。一般原因导致的失效可能性可以通过使用不同种类的止回阀、选择不同的维护间隔，以及充分的堵塞和结垢检查来降低(见图 4.3)。

引起的后果：反向流的后果取决于具体的工艺，通常在工艺危害分析中已被识别。

表 4.12　串联双止回阀失效

初始事件描述
串联双止回阀失效
LOPA 中建议使用的通用初始事件频率(IEF)
0.01/年
该初始事件所使用的通用初始事件频率(IEF)特别注意事项
• 假设工艺物料为干净的蒸汽、水，或其他不会堵塞的物料。这种情况下止回阀很少被用作控制设备，此处的初始事件频率是将其作为控制设备给出的。
• 针对止回阀的检验、测试与预防性维修程序通常并不与其他设备一样健全，因此分析师需要注意在使用本数据表提供的初始事件频率前要确保合适的检验、测试与预防性维修已经到位。

初始质量保证

- 在安装前确认止回阀的材料。
- 安装止回阀后确认流向。
- 验证正确安装前回顾操作准备要求。

通用验证方法

- 根据操作强度和过往检查经验进行例行预防维修。
- 可通过背压进行在线或线下测试。内部检查可以发现结垢、堵塞、黏附或腐蚀等机理造成的失效前兆。
- 保存维修记录。

指导来源

本指南指导委员会共识,以及《瑞典核能站组件可靠性数据》(RKS/SKI 85-25, p. 79, Bento et al. 1987)。数据通过 FTA 方法转化为初始事件频率和需求时的失效概率。细节请参见附录 D。

冷却水失效

CCPS LOPA(2001)给出了冷却水失效的初始事件频率范围。然而冷却水失效实际上是一个或多个初始事件造成的结果,每一个初始事件都有各自不同的初始事件频率,并且对风险管理中独立保护层的要求可能不尽相同。例如,冷却水失效可能是未关阀等人员失误造成的,也可能是冷却水泵或相关管道的失效造成的,还可能是控制回路失效造成的。这些独立的原因引起冷却水失效,其各自的初始事件频率在本章中对应的数据表中都已列出。这里建议冷却水失效场景应通过检查每一个引起冷却损失的具体初始事件来分析。

4.3.4 物料泄漏初始事件

过程工业中的物料泄漏事件会引起有害物质泄漏和能量释放,从而导致重大后果。物料泄漏事件是 LOPA 评估中最常见的初始事件。某些物料泄漏初始事件(IEs)会直接导致泄漏,却没有能够防止泄漏发生的独立保护层(IPLs)。这种情况下,该类事件的唯一独立保护层可能是限制事件影响的相关措施。常见的起缓解作用的保护层(例如安全壳和消防系统)可能在某些场景下有效。但其他场景中要求的减灾系统是很复杂的,并且评估这些系统需要采用先进的后果建模技术及定量风险评估技术。复杂的削减层通常针对某一特定场所,因此,不在本书涉及范围内。

在章节 4.3.4.1 中,论述了一些常见初始事件,其可能导致物料泄漏。类似管道泄漏和容器破裂这些相对发生频率较低的物料泄漏初始事件,将在章节 4.3.4.2 中论述。

4.3.4.1　常见物料泄漏初始事件

泵主密封泄漏

*描述：*一些泵采用与泵壳体连接起来的外部驱动装置(电机、蒸汽透平涡轮机、膨胀器等)提供动力。泵轴穿过密封机构，运行时，不会发生流体外泄的情况。密封机构可以是单独的填料密封、单独的机械式密封或使用两个或多个密封系统的复杂多密封系统(密封件之间的空间带有增压以防泄漏)。密封类型选择根据多种因素，包括温度、压力、转速和接触密封件的材料特性。

所有简单的单密封系统通常有一定泄漏速率。正常情况的泄漏速率非常低，有时视为短暂排放控制程序的一部分。选择泵体密封的一个关键因素是该密封的泄漏容忍程度。

过程安全中所关注的泵体密封泄漏率是会对工作人员构成人身危害，或产生可能发生火灾/爆炸火灾的条件。当泵的密封组件失效或因磨损达到功能失效疲劳点就会发生这样的泄漏。泵密封常见泄漏点是插入式安装部件、压盖密封垫和轴封填料。

泵泄漏的原因既包括设计和安装因素，也包括环境因素。设计和安装问题包括结构材料选择不当、安装误差和轴承失效。

环境因素会反过来影响泵的密封寿命，这些环境因素包括：热工作环境、冲蚀工作环境例如泥浆、腐蚀性工作环境、高压工作环境和闪蒸工作环境。选择结构材料是非常重要的，要求不仅能耐受所有泵送流体，还能耐受用于冲洗管线的清洗剂或溶剂。对泵密封寿命有显著影响的另一个因素是泵的正常操作点与泵运行曲线上的最佳效率点(BEP)的接近程度。工作于在靠近最佳效率点(BEP)75%~115%区域的泵比远高于或远低于此范围运行的泵，将显著延长密封寿命。

有些场合使用的机械密封系统包含不止一个密封件。这种设计包括一个主密封和一个次级密封(或外侧密封)，其密封件之间的空间加压或可排放至安全区域。对于任何一种布置方式，主密封的密封液或者泄漏至工艺流体中，或者泄漏的工艺流体排放至安全位置，而不会因物料泄漏导致物料泄漏到周边环境中。目前已开发了多种类型的设计，更多信息请参考 API 682 (2002)。该设计方式允许在密封件之间区域设置监测系统，以便检测出主密封件的泄漏。

本指南委员会提出的初始事件频率(IEF)适用于主密封，不论主密封配置属于单机械密封还是双机械密封。(与任何初始事件频率一样，能够采集足够数据的某一现场才能证实其更有价值；请参考附录 C 特定场所设备失效概率的数据收集附加指导意见。)外侧的辅助密封不可能与内侧主密封具有同样的完整性，如果随着内侧密封失效，隔离液被污染或枯竭，可能加快其失效。因此，没有泄漏检测的双机械密封系统未必能将物料泄漏风险降低一个数量级。密封系统带有有效的泄漏检测系统和响应机制的辅助泵，可以作为防止主密封失效的一个独立保护层(IPL)，在第5章涉及此部分内容。

当考虑某一泵密封泄漏的保护层分析(LOPA)场景时，了解所关注后果的严重程度是非常重要的。密封泄漏通常在开始时表现为渗漏。如果渗漏可能导致更为严重后果，例如导致人员伤亡的重大火灾，那么健全的检测程序可以显著降低发生大泄漏的可能性。对失效类型的准确理解是合理定义关注后果的必要条件，这是选择合适的初始事件频率(IEF)的关键。见表4.13。

*引起的后果：*通常情况下，泵密封泄漏的后果是轻微的，泵内介质通过主密封持续泄漏至环境，但如不制止，可能会随着时间推移，后果进一步扩大。

表4.13 泵密封泄漏

初始事件描述
泵密封泄漏
LOPA中建议使用的通用初始事件频率(IEF)
1/年
该初始事件所使用的通用初始事件频率(IEF)特别注意事项
• 正确标定泵的使用标准将提高密封寿命。 • 泵基础设计、管道设计与安装、泵对中都会显著影响泵的密封寿命。
初始质量保证
集装式密封，安装前进行泄漏测试。
通用验证方法
• 操作人员日常巡检期间，做好外观检查记录，包括检查表或记录在数据库中。 • 如果要求，通常执行的短暂排放监控应符合环保法规要求。 • 维护和操作经验支持所使用的故障率。
指导来源
本指南指导委员会共识。

无密封泵失效(物料泄漏)

*描述：*无密封泵按压力边界属于此类别。屏蔽泵和磁力驱动联轴器是这类泵的代表，其可能本质上代表了更可靠的解决方案用于防止物料泄漏。来自无密封泵的工艺流体，有关其物料泄漏的初始事件(IE)频率可能高于密封泵1到3个数量级。然而，实际失效概率与工艺流体和操作条件密切相关，所以，本指南编撰小组委员会无法推荐一个通用失效率。应该认识到，当工艺流体性质对设备要求苛刻时往往选用无密封泵。工艺流体、工艺条件、泵的设计、材质等因素综合在一起会严重影响失效率，实际操作经验是更好的数据来源。虽然

无密封泵的物料泄漏可能具有较低的总体失效率，但由于工艺条件恶劣的本质，无密封泵的使用也可能产生其他设计方面和操作性方面的问题，这些问题也需评估和管理。

泵主密封完全失效

描述：由于泵主密封（和副泵密封，如果有）机械失效，导致泄漏发生。机械密封的一个或多个"O"形圈的灾难性失效会导致流体通过产生的环形孔大量泄漏至环境中。识别泵密封失效机理有助于界定能阻止事件发展的有效独立保护层（IPLs）。见表4.14。

引起的后果：通常情况下，工艺物料大规模的、持续性的通过多个泵密封件泄漏至环境中。

替代设计选项：灾难套管是泵壳体与轴之间狭长开口，在发生灾难性密封失效情况下，可限制泄漏速率。通常情况下，灾难套管的环形开口有千分之几英寸宽。由于泄漏面积小，使得密封失效后果最小化。

表 4.14　泵主密封完全失效

初始事件描述
泵主密封完全失效
LOPA 中建议使用的通用初始事件频率（IEF）
0.1/年
该初始事件所使用的通用初始事件频率（IEF）特别注意事项
这个场景反映了泵主密封完全失效的频率。实际的失效频率可能与本数据表中的通用值不同，取决于保养和轴承及轴承润滑系统的鲁棒性。
初始质量保证
集装式密封，安装前进行泄漏测试。
通用验证方法
• 操作人员日常巡检期间，在检验清单上记录外观检查结果，或记录在数据库中。 • 短期排放监控符合环保法规，测试的文档在使用寿命期间一直保留或按照使用规则监管。 • 维护和操作经验支持所使用的故障率。
指导来源
本指南指导委员会共识。

软管失效、泄漏和破裂

描述：软管与其连接的设备导致的泄漏视为软管失效。假定软管类型适合于其工作的特定环境（使用典型的钢编织管或充分满足使用完整性的其他材料）。暴露于高振动条件下，会增加软管失效概率。在某些使用环境下，尤其在更高风

险的环境，某些企业更换成更高等级的软管，或失效频率更低的软管，用以降低软管失效的可能性。见表4.15。

引起的后果：软管内容物及非隔离的上游和下游工艺设备内容物发生泄漏。

表 4.15 软管失效、泄漏和破裂

初始事件描述
软管失效、泄漏和破裂
LOPA 中建议使用的通用初始事件频率(IEF)
泄漏 0.1/年，破裂 0.01/年
该初始事件所使用的通用初始事件频率(IEF)特别注意事项
此场景适用于由于使用年限、外部损伤、磨损等引起的泄漏或软管完全失效。(由于个 人造成的软管连接不牢固引起软管泄漏，参见表4.3~4.5中的人员失误概率。)通过极小化作用于软管的应力来实现软管最佳性能。在高应力使用环境中，软管暴露于强烈振动、压力循环、弯曲、拖曳或磨损环境，通用数值可能不适用。
初始质量保证
已验证结构材料，使用前软管已检验。
通用验证方法
• 每次使用前对软管进行外观检查，检查项目包括：切口、裂纹、磨损、漏筋、软管的刚度或硬度、色彩变化、封皮鼓包、打结或扁平变形、泄漏或增强层破损等。 　• 有些应用环境，每次使用前必须进行压力测试。
指导来源
本指南指导委员会共识，以及《过程设备可靠性数据指南》(CCPS 1989 年)，第 187 页。平均灾难性破裂频率是 $0.57/10^6$h(或 0.005/年)。

弹簧式安全阀过早打开

描述：误动作或安全阀过早打开将导致泄漏(该失效模式不包括渗漏导致的泄漏)。

引起的后果：工艺物料带压泄漏至外部环境或受控排放系统内。见表4.16。

> 注：如果操作压力过于接近安全阀启动的设定压力，更有可能引发安全阀误开。应在安全阀的设定压力与正常操作压力之间保留足够的裕量，降低误动作频率。

表 4.16 弹簧式泄压阀过早打开

初始事件描述
弹簧式安全阀过早打开

LOPA 中建议使用的通用初始事件频率(IEF)
0.01/年

该初始事件所使用的通用初始事件频率(IEF)特别注意事项
• 安全阀过早打开可能导致重大事故或其他有关后果。 • 该事件可能造成安全、环境和经济方面的影响。 • 正确安装泄放装置,且设定点应高于正常操作压力。

初始质量保证
装置通过了制造商认证,或安装前通过了主管部门设备认证机构的测试。

通用验证方法
• 根据服役情况及过往可靠性,以适当的重复率,由认证机构测试安全阀。 • 在厂区巡检期间进行外观检查;根据工艺严重程度建议采用更为频繁的检验、测试与预防性维修方式(ITPM)。 • 书面记录调整前测试数据条件以及调整后测试数据条件。在恢复工作状态前,应复原 安全阀原初始工作条件。

指导来源
本指南指导委员会共识,以及《过程设备可靠性数据指南》(CCPS 1989 年),分类号 4.3.2,实际频率范围:0.00024/年至 0.042/年。

4.3.4.2 管道及容器物料泄漏失效初始事件

CCPS LOPA(2001)为许多物料泄漏事故列出了初始事件频率建议值。自 *CCPS LOPA* 出版后,许多从业者已经发现对某些具体的物料泄漏事故而言,LOPA 可能并不是最适当的分析方法。当某一特定 LOPA 场景的主要后果是因完整性失效而导致物料泄漏时,例如管道和容器泄漏(不管泄漏实际影响如何),可能没有能被识别出来的防止泄漏发生的独立保护层(IPL)。在这种情况下,此危险场景最佳解决方法是通过适当的设计和结构材料的选择、品质保证,以及一个有效的检验、测试与预防性维修(ITPM)程序。

当物料泄漏事故造成重大后果时(例如人员受伤、死亡、财产损失或环境影响),缓解性的保障措施会成为有效的独立保护层(IPL),包括泄漏检测、安全壳和消防系统。另外,分析这些事故类型时,使用条件修正因子有时是某公司 LOPA 规定的组成部分。相关条件修正因子使用指南请参考《LOPA 中使能条件与条件修正因子指南》(CCPS 2013 年)。

本章节论述的物料泄漏初始事件不需要其他因素(例如超压)就可以导致泄

漏。泄漏和破裂在正常工艺条件下是随机发生的，其通常是由于材料或施工缺陷、疲劳，以及腐蚀/冲蚀等多种原因造成的结果。

后续数据表中的数值依据《定量风险评估指南（第二版）》（CPR 2005年）中的数据，该书也被称为"紫皮书"。该失效概率信息被持续收集，并根据更新的数据，定期修改其推荐失效概率。当使用这些数据时，假定已采取充分的保护措施去防止可预见的失效机理。这些值不适用于未被有效资产管理计划涵盖的设备。

后续数据表中的数值代表化工过程行业所预期的典型失效概率，并已被用于定量风险评估方法的初始值。结构材料的选择会显著影响多种工艺类型中的设备失效概率。工艺设备易受振动、腐蚀、侵蚀、脆裂或极端温度范围影响，因此工艺可能需要规定非常具体的结构材料。这些数据表中的数值可能不适合于极端工作环境下的设备。另外，此类数据表中取值不建议用于评估玻璃钢容器、储罐和管道的失效概率；对于玻璃钢设备的有关指导性意见，本指南小组委员既不能提供充足数据，也无法确定维护标准。

在数据表中所建议的失效概率仅仅反映了管道、罐或容器的随机完整性的失效频率。这些数据不包括其他相关设备的失效概率，例如搅拌器密封、观察视镜或仪表。更为重要的是，这些数据不反映因设备误操作导致的失效概率，例如：

- 装料过满；
- 超压；
- 抽真空；
- 失控反应；
- 内部爆燃；
- 外部损伤。

上述类型的失效频率往往高于管道、罐和容器的完整性失效频率。除了考虑本章节和后续数据表中论述的随机物料泄漏外，上述失效事故类型需要在单独的保护层分析（LOPA）场景中评估。

管道失效率以每米为基准核计的。为了给管道指定适当的初始事件频率（IEF）值，首先要界定系统，以便确定与某一特定事故相关联的管道长度。然后，管道长度乘以相应的每米失效率，可以得到某一给定系统的总失效率。管道系统的失效率也会受管道接头数量影响；垫片发生泄漏比焊接接头发生泄漏的可能性更大。

下列表包括表4.17~表4.23。具体如下：

表4.17　常压罐：灾难性失效

表4.18　常压罐：10mm直径的持续性泄漏

表4.19　压力容器：灾难性失效

表 4.20　地上管道：完全断开的失效(管道规格：≤150mm，6in)

表 4.21　地上管道：完全断开的失效(管道规格：>150mm，6in)

表 4.22　地上管道：泄漏(管道规格：≤150mm，6in)

表 4.23　地上管道：泄漏(管道规格：>150mm，6in)

常压罐：灾难性失效

描述：设备所固有的材料和(或)制造缺陷是失效诱因。失效率假定采用了适当的技术规格，同时假定相应的检验、测试与预防性维修(ITPM)程序已经到位。

CCPS LOPA(2001)提供了失效频率范围是：10^{-3}/年 ~ 10^{-5}/年。最新数据(灾难预防委员会 CPR 2005 年)表明，常压罐的随机灾难性失效频率是 10^{-5}/年，在之前提出范围的边缘。因设备误操作，例如超压或装料过满等，引起的失效率，没有在表 4.17 建议的初始事件频率(IEF)取值中体现。导致这些后果的事故将在另外的保护层分析(LOPA)场景中评估。

引起的后果：罐内容物料立即泄漏。

表 4.17　常压罐：灾难性失效

初始事件描述
常压罐：灾难性失效
LOPA 中建议使用的通用初始事件频率(IEF)
0.00001/年(或 10^{-5}/年)
该初始事件所使用的通用初始事件频率(IEF)特别注意事项
初始事件频率是基于非振动工作环境下单壁常压罐，其结构材料和压力等级适用于此环境。
初始质量保证
遵照相应规范管辖范围内的建议。例如 API 650(2013)和 API 620(2008)(或 EN 14015：2004［BS 2005］，欧洲)等标准是设计和施工有益的参考。
通用验证方法
<ul><li>根据特定的行业标准、当地规范和以往的历史检验数据，确定内部/外部定期检测的频率。</li><li>其他技术，例如 X 射线、超声波测厚、磁粉探伤、声学测量和着色渗透检测等也可以用于检测初始条件。</li><li>现场审核检验报告，根据检验结果调整检验频率，如果有腐蚀、侵蚀或应力开裂迹象进行修理。</li><li>根据来自基准数据的壁厚测量，制定修建性详细规划包括剩余寿命计算。</li></ul>
指导来源
本指南指导委员会共识。参照《定量风险评估指南(第二版)》(CPR 2005)又名"紫皮书"18E(CPR 2005)，第 3.6 页，表 3.5，常压罐物料泄漏(LOCs)频率：5×10^{-6}/年。

常压罐：10mm 孔径持续泄漏

描述：设备所固有的材料和(或)制造缺陷是失效诱因。失效率假定采用了适当的技术规格，同时假定相应的检验、测试与预防性维修(ITPM)程序已经到位。

引起的后果：罐内容物料由单点失效源持续泄漏，假定泄漏孔直径为 10mm。

表 4.18　常压罐：10mm 孔径持续泄漏

初始事件描述
常压罐：10mm 孔径持续泄漏
LOPA 中建议使用的通用初始事件频率(IEF)
0.0001/年(或 10^{-4}/年)
该初始事件所使用的通用初始事件频率(IEF)特别注意事项
初始事件频率是基于非振动工作环境下单壁常压罐，其结构材料和压力等级适用于此环境。
初始质量保证
遵照相应规范管辖范围内的建议。例如 API 650(2013) 和 API 620(2008)(或 EN 14015：2004 [BS 2005]，欧洲) 等标准是设计和施工的有益参考。
通用验证方法
● 根据特定的行业标准、当地规范和以往的历史检验数据，确定内部/外部定期检测频率。 ● 执行外观检查和内部检测。其他技术，例如 X 射线、超声波测壁、磁粉检测、声学测量和着色渗透检测等也可以用于检测初始条件。 ● 现场审核检验报告，根据检验结果调整检验频率，如果有腐蚀、侵蚀或应力开裂迹象进行修理。 ● 根据来自基准数据的壁厚测量，制定修建性详细规划包括剩余寿命计算。
指导来源
本指南指导委员会共识。参照《定量风险评估指南(第二版)》(CPR 2005) 又名"紫皮书" 18E (CPR 2005)，第 3.6 页，表 3.5，常压罐 10mm 孔径直接持续泄漏至大气环境时，其物料泄漏(LOCs)频率为：(1×10^{-4}/年)。

压力容器：灾难性失效

描述：设备所固有的材料和(或)制造缺陷是失效诱因。失效率假定采用了适当的技术规格，同时假定相应的检验、测试与预防性维修(ITPM)程序已经到位。

CCPS LOPA(2001)提供了失效频率范围是：10^{-5}/年至 10^{-7}/年。最新数据(灾难预防委员会 CPR 2005 年)表明，显示常压罐的随机灾难性失效概率是 10^{-5}/年，在之前提出范围的边缘。压力容器会受许多相关的失效模式影响，例如循环变化的操作压力和温度、腐蚀、侵蚀及振动等。这些因素会影响压力容器的总失效概率。

引起的后果：立刻发生泄漏，且容器内容物料在10min内全部泄漏。

表4.19　压力容器：灾难性失效

初始事件描述
压力容器：灾难性失效

LOPA中建议使用的通用初始事件频率(IEF)
0.00001/年(或10^{-5}/年)

该初始事件所使用的通用初始事件频率(IEF)特别注意事项
初始事件频率是基于非振动工作环境下单壁常压罐，其结构材料和压力等级适用于此环境。

初始质量保证
遵照相应规范管辖范围内的建议。例如ASME第八章(2013)(或EN 13445无火压力容器[UNM 2002]，以及强制遵守欧洲压力设备条例97/23/EC [EC 1997])等标准是设计和施工的有益参考。

通用验证方法
• 根据特定的行业标准、当地规范和以往的历史检验数据，确定内部/外部定期检测频率。 • 执行外观检查和内部检测。其他技术，例如X射线、超声波测壁、磁粉探伤、声学测量和着色渗透检测等也可以用于检测初始条件。 • 现场审核检验报告，根据检验结果调整检验频率，如有腐蚀、侵蚀或应力开裂迹象进行修理。 • 根据来自基准数据的壁厚测量，制定修建性详细规划包括剩余寿命计算。

指导来源
本指南指导委员会共识。参照《定量风险评估指南(第二版)》(CPR 2005)又名"紫皮书"18E (CPR 2005)，第3.3页，表3.3，固定式容器的物料泄漏频率。过程容器和反应器所列数值是：5×10^{-6}/年。

地下管道

地下管道的失效率可以根据多种因素变化。包括：管道直径、管道壁厚、结构材料、地面移动程度、腐蚀/侵蚀的影响。例如，球墨铸铁的地下输水管道的失效频率是$10^{-4}/(y \cdot m)$(NRCC 1995)。对比之下，欧洲燃气管线事故数据库(EGIG 2011)收集了自1970年以来的输气管道系统的数据。超过40年的数据收集结果表明管道平均失效率：$3.5 \times 10^{-7}/(y \cdot m)$。该值与直径大于150mm(6in)地上管道，在表4.21中所推荐的$10^{-7}/(y \cdot m)$的失效率相当。本指南委员会无法对地下管道的失效率提供一个通用推荐值。建议企业根据现场特定数据，或可以代表正在评估的管道系统的其他数据来源，选择适合企业实际情况的失效率数据。

地上管道：完全断裂失效（管道规格：≤150mm，6in）

描述：设备固有的材料和（或）制造缺陷是失效诱因。失效率假定采用了适当的技术规格，同时假定相应的检验、测试与预防性维修（ITPM）程序已经到位。

引起的后果：管道内容物料立即带压泄漏。

表4.20　地上管道：完全断裂失效（管道规格：≤150mm，6in）

初始事件描述
地上管道：完全断裂失效（管道规格：≤150mm，6in）
LOPA中建议使用的通用初始事件频率（IEF）
0.000001/(y·m)或10^{-6}/(y·m)管道
该初始事件所使用的通用初始事件频率（IEF）特别注意事项
场景在非高振动环境下且支撑良好的管道完全破裂。由于随机失效的机械问题或冶金问题造成破裂。
初始质量保证
• 管道完整性管理（PMI）、X射线检测及压力试验等多种手段，确保材料初始质量。 • 配管规格、设计、安装和质量保证措施遵循相关行业标准。
通用验证方法
• 根据具体行业标准、地方法规以及以往历史检验数据，推荐的检验频率可能会有所不同。 • 进行定期的外部检测，寻找开裂或腐蚀迹象，尤其在保温层下。 • 壁厚测量也可以用于监测管道完整性，以及检测因腐蚀或侵蚀导致的壁厚损失。 • 可以采用很多方法监测管道现状，例如外部壁厚测量、超声波探伤、腐蚀挂片检测、保温层下腐蚀检测、应力开裂的超声波横波检测。
指导来源
本指南指导委员会共识。参照《定量风险评估指南（第二版）》（CPR 2005）又名"紫皮书"18E（CPR 2005），第3.7页，表3.7，管道的物料泄漏频率。有记录的实际频率范围是：$3 \times 10^{-7} \sim 1 \times 10^{-6}$/(y·m)管道。

地上管道：完全断裂失效（管道规格：>150mm，6in）

描述：设备固有的材料和（或）制造缺陷是失效诱因。失效模式包括管道失效和垫片失效。失效率假定采用了适当的技术规格，同时假定相应检验、测试与预防性维修（ITPM）程序已经就位。失效率数据表明，某一大口径管道的泄漏频率比某一小口径管道的泄漏频率至少低一个数量级。

引起的后果：管道内容物料立即带压泄漏。

表 4.21   地上管道：完全断裂失效(管道规格：>150mm，6in)

初始事件描述
地上管道典型失效状态：完全断裂失效(管道规格：>150mm，6in)

LOPA 中建议使用的通用初始事件频率(IEF)
0.0000001/(y·m)或 10^{-7}/(y·m)管道

该初始事件所使用的通用初始事件频率(IEF)特别注意事项
场景在非高振动环境且支撑良好的管道完全破裂。由于随机失效导致机械问题或冶金问   题造成破裂。

初始质量保证
• 管道完整性管理(PMI)、X 射线检测及压力试验等级等多种手段，确保材料初始质量。 • 配管规格、设计、安装、和质量保证措施遵循相关的行业标准。

通用验证方法
• 根据具体行业标准、地方法规及以往的历史检验数据，推荐的检验频率可能有所不同。 • 进行定期的外部检测，寻找开裂或腐蚀迹象，尤其在保温层下。 • 壁厚测量也可以用于监测管道完整性，以及检测因腐蚀或侵蚀而导致壁厚损失。 • 可以采用多种方法监测管道现状，例如外部壁厚测量、超声波探伤、腐蚀挂片检测、保温层下腐蚀检测、应力开裂的超声波横波检测。

指导来源
本指南指导委员会共识。参照《定量风险评估指南(第二版)》(CPR 2005)又名"紫皮书"18E(CPR 2005)，第 3.7 页，表 3.7，管道物料泄漏(LOCs)频率。有记录的数值是：$1×10^{-7}$/(y·m)。

地上管道：泄漏(管道规格：≤150mm，6in)

*描述：*设备说固有的材料和(或)制造缺陷是失效诱因，通过有效直径(最大 50mm)约为公称直径 10%孔径发生泄漏。该初始事件(IE)包括因机械或冶金失效所导致的法兰和相关垫片泄漏。失效模式包括管道失效及垫片失效。失效率假定采用适当的技术规格，同时假定相关的检验、测试与预防性维修(ITPM)程序已经就位。某一管道系统失效率同时受管道接头数量影响；垫片比焊接连接更可能发生泄漏。

*引起的后果：*工艺流体从管道系统泄漏位置泄放至周边环境。

表 4.22 地上管道：泄漏（管道规格：≤150mm，6in）

初始事件描述
地上管道：泄漏（管道规格：≤150mm，6in）

LOPA 中建议使用的通用初始事件频率（IEF）
0.00001/（y·m）或 10^{-5}/（y·m）管道

该初始事件所使用的通用初始事件频率（IEF）特别注意事项

场景属于非强振动环境、腐蚀/侵蚀环境或热循环应力环境且支撑良好的管道单点泄漏。
- 由于机械问题或冶金问题的随机失效导致破裂。泄漏有效直径是公称直径的10%（最大50mm）。
- 由于机械、冶金方面的问题或垫片泄漏的随机失效导致泄漏。

初始质量保证

管道完整性管理（PMI）、X 射线检测和压力试验等级等多种手段，确保材料初始质量。
配管规格、设计、安装、和质量保证措施遵循相关的行业标准。

通用验证方法

根据具体行业标准、当地法规及以往历史检验数据，推荐的检验频率可能会有所不同。
- 进行定期外部检测，寻找开裂或腐蚀迹象，尤其在保温层下。
- 壁厚测量也可用于监测管道完整性，并检测因腐蚀或侵蚀导致的壁厚损失。
- 可以采用很多方法监测管道现状，例如外部壁厚测量、超声波探伤、腐蚀挂片检测、保温层下腐蚀检测、应力开裂的超声波横波检测。

指导来源

本指南指导委员会共识。参照《定量风险评估指南（第二版）》（CCPR 2005）又名"紫皮书"18E（CPR 2005），第3.7页，表3.7，管道物料泄漏频率。其频率范围是：$2\times10^{-6} \sim 5\times10^{-6}$/（y·m）管道。

地上管道：泄漏（管道规格：>150mm，6in）

描述：设备固有的材料和（或）制造缺陷是失效诱因，导致有效直径（最大50mm），约为公称直径10%的孔径发生（最大50mm）泄漏。失效模式包括管道失效及垫片失效。失效率假定采用了适当的技术规格，同时假定相应的检验、测试与预防性维修（ITPM）程序已经就位。

失效率数据表明，某一大口径管道发生泄漏的频率至少比某一较小口径管道发生泄漏的频率低一个数量级。某一管道系统的失效率同时受管道接头数量的影响；垫片比焊接连接处更可能发生泄漏。

引起的后果：工艺流体从管道系统泄漏处泄放至周边环境。

表 4.23　地上管道：泄漏（管道规格：>150mm，6in）

初始事件描述
地上管道：泄漏（管道规格：>150mm，6in）

LOPA 中建议使用的通用初始事件频率（IEF）
0.000001/（y·m）或 10^{-6}/（y·m）管道

该初始事件所使用的通用初始事件频率（IEF）特别注意事项
场景属于非强振动环境、严重腐蚀/侵蚀环境或强热循环应力环境且支撑良好的管道发生泄漏。因机械问题或冶金问题的随机失效导致破裂。
泄漏有效直径是标称直径的 10%（最大 50mm）。
因机械问题、冶金问题或垫片泄漏的随机失效导致泄漏。

初始质量保证
管道完整性管理（PMI）、X 射线检测和压力试验等级等多种措施，确保材料初始质量的一些方法。 　配管规格、设计、安装、和质量保证措施遵循相关的行业标准。

通用验证方法
根据具体行业标准、当地法规和以往的历史检验数据，推荐的检验频率可能有所不同。 定期进行外部检测，寻找开裂或腐蚀迹象，尤其在保温层下。 壁厚测量也可用于监测管道完整性，并检测因腐蚀或侵蚀导致的壁厚损失。 可以采用多种方法监测管道现状，例如外部壁厚测量、超声波探伤、腐蚀挂片检测、保温层下腐蚀检测、应力开裂的超声波横波检测。

指导来源
本指南指导委员会共识。参照《定量风险评估指南（第二版）》（CPR 2005）又名"紫皮书"18E（CPR 2005），第 3.7 页，表 3.7，管道物料泄漏（LOCs）频率，有记录的频率是：5×10^{-7}/（y·m）。

盒式或夹紧式法兰

某些行业中，盒式或夹紧式法兰用于管道泄漏的临时维修。由于这些临时措施的泄漏模式或破裂模式的概率未知，因此无法给出盒式法兰或夹紧式法兰失效时初始事件频率（IEF）的通用值。如果盒式或夹紧式法兰处于使用状态，企业可以根据现场具体数据或其他适当数据，规定企业内部使用的初始事件频率（IEF）。

4.4　外在事件

外部事件会导致事故，并应在定性风险评估与定量风险评估中加以考虑。外部事件包括：

- 闪电；
- 洪水；

- 飓风；
- 龙卷风；
- 地震；
- 地面沉降(落水洞)；
- 泥石流；
- 来自临近工厂影响(连锁反应)；
- 与工艺过程无关的小型和大型的外部火灾；
- 飞机失事坠毁；
- 其他外部影响。

在 *CCPS LOPA*(2001)中，提供了小型和大型外部火灾频率的示例值。然而，火灾频率和其他外部事件频率变动很大，并基于多种因素，例如天气、地点或其他非常具体的某个设备参数。因此，本指南编撰委员会无法规定外部事件的通用初始事件频率(IEF)。

4.5　如果数据表中没有你备选的初始事件应怎样做?

本指南小组委员会审查了许多备选初始事件场景(IES)，并确定了符合独立保护层(LOPA)分析标准的初始事件(IE)。本指南小组委员会同时明确了是否有足够的有效数据支持所列出每一初始事件，包括通用标准和校验方法。许多企业，包括参与本书编写的某些企业，所使用的初始事件在第 4 章并未列出。如果某企业期望使用本书未包含的初始事件，建议如下：

- 用于支持初始事件频率(IEF)的数据，其来源应有案可查和可依，或来源于现场具体数据。更多数据收集指导意见，请参考附录 B 和附录 C。
- 由于该体系支持某一给定初始事件(IE)的初始事件频率(IEF)，应满足用于实施和维护该体系的一般性要求。作为最佳实践，鼓励企业公开其备选初始事件及其支持数据，以便可以同行审查该数据/标准，并从使用新初始事件数据中受益。

5 独立保护层举例及其需求时失效概率

5.1 独立保护层(IPLs)综述

一个独立保护层可以是一种设备、系统，或者是能够阻止我们不希望场景出现的一种行为，而不管初始事件或者其他保护层是否有关于此场景[*CCPS LOPA* (2001)]。独立保护层的效果依据它需求时的失效概率来量化。需求时的失效概率是 0 到 1 之间的无量纲数。当需求时的失效概率值降低时，事故场景继续发展并导致关注后果发生的可能性就越低。这个场景发展可能性降低也被称作"风险削减因子"。风险削减因子通过需求时的失效概率来计算，它将一个小数转化为一个整数(例如，PFD 值 0.1 相当于 RRF 为 10)。

独立保护层的有效性和独立性可以验证和审计，以确保在保护层分析中的假设被在操作环境中实施。保护措施不满足被作为独立保护层要求时，仍然可以作为整个风险降低方案和良好工程实践中的一部分。

5.1.1 对独立保护层的通用要求

独立保护层规则：如在《安全与可靠性仪表保护系统指南》(*Guidelines for Safety and Reliable Instrumented Protective Systems*)(CCPS 2007b)中指明的及第 3 章中讨论的，独立保护层应满足以下要求。

独立于其他独立保护层和初始事件；
- 能在一定程度上预防或减轻关注的结果；
- 有充分的完整性能够完全预防场景后果发生；
- 在给定工况、给定时间内能可靠动作；
- 能被审计以确保管理系统能够支持独立保护层就位和有效；
- 设置安全访问系统保护并控制或减少独立保护层受损风险；
- 由需要审核、批准和文档更改的变更管理所覆盖；
这些核心的独立保护层属性对建立保护层分析是有帮助的。

5.1.2 独立保护层相对于保护措施区别

> 所有的独立保护层都是保护措施，但是不是所有的保护措施是独立保护层。

独立保护层和保护措施有较大区别。保护措施是任意设备、系统或可以中断事件发展过程或可以减轻其后果的行动。由于缺少数据、独立性或有效性不确定或者其他因素，这样的保护措施的有效性就不能量化。如果不能满足第3章所描述的核心属性，则该保护措施就不能作为一个独立保护层。

LOPA分析中，保护措施应处于备选升级状态，当最初的保护层分析结果不能完全满足风险目标要求，则使保护措施满足条件成为独立保护层以满足风险目标要求。此外，独立保护层在维修期间不能作为有效保护层时，保护措施可以被暂时当作保护层使用。

总结"保护措施与独立保护层区别"，最好的方法就是去寻找不同类型的独立保护层和保护措施。即使一个独立保护层被证明是完全独立的，也有因很难预测或者检测到共因失效原因的失效情况，如果独立保护层和保护措施是相同形式。例如，所有仪器是由同一个技师在同一时间进行了检测，他用了同一错误的设备，或一贯出现的相同错误。在这种情形下，类似设备的可靠性将减小。

5.1.3 对独立保护层的基本假定

按照第2章所总结的，一个有效独立保护层，需要企业维护好其管理系统确保独立保护层满足目标值(需求时的失效概率)。这个基础系统能很大程度地影响独立保护层的可靠性，和对初始事件的影响一样。详细的介绍请参考第2章。

5.2 LOPA中特殊的独立保护层

本章以下部分是对诸多备选独立保护层的简单介绍，包括每种独立保护层的描述和举例说明独立保护层适用或不适用的场景。当然，每一个候选的独立保护层也被期望在需求时的失效概率被分配前能满足一个独立保护层的要求。还有就是指导委员会不能给备选独立保护层提供一个通用值。使这些保护措施成为可能的独立保护层，保护层分析人员或使用者可以采用其他的定量风险评估方法来分配适当的需求时的失效概率(参考第6章关于这些方法的讨论)。

本章贯穿了备选独立保护层的数据表。每一个独立保护层数据表对备选独立保护层提供了一个简短的描述，列出了与每个独立保护层相关的标准，并且指出了一个通用验证方法验证独立保护层的需求时失效概率的可靠性。这些需求时的失效概率用于特定情况时通常是保守的。然而，有资料表明，实际的独立保护层需求时的失效概率值高于数据表中的值，应该使用实际值。也可以通过特定现场数据收集或使用更多的定量风险评估来验证更低的需求时的失效概率可能被用到。请参阅附录 B 和 C 关于特定现场设备和人行为操作数据完善的其他内容。每个特定现场应该确保选择的初始事件频率值适用于现场设施。

在某些情况下，需求时的失效概率值是基于已公布的数据；在这种情况下，应提供参考数据来源。有些情况下，通用的需求时失效概率值和数据维护的指导是来自本书指导委员会中一个或多个公司的调查研究结果。就所有情况而言，小组委员会的指导在通用数据和每个数据表中提供的指导达成了共识。

包括一些参与本书编写的企业，第 5 章没有列出独立保护层的使用案例。在第 6 章中介绍了一些相关的例子，参见章节 5.3"如果数据表中没有你备选的独立保护层(IPL)应怎样做?"

5.2.1 被动型独立保护层

被动型独立保护层不需要采取动作实现风险削减。如果工艺或机械设计是正确的，且能正确地建造、安装和维护，这样的独立保护层可以实现预计功能。被动型独立保护层如：储罐围堰，防爆墙或防护体，防爆燃或爆轰阻火器。

这些保护措施是为了阻止不希望发生的后果蔓延，如大面积泄漏、爆炸或火灾，或火焰前端传播至管道连接。如果设计充分，这种被动保护措施可以被作为独立保护层并且会显著降低事件频率和后果严重性。

通常，被动型独立保护层仅适用于定义的后果中没有出现该独立保护层的场景(就是说，只有独立保护层失效导致严重性后果的情况才能认为该独立保护层有效)。如果定义的后果已经考虑了被动保护措施，则该被动独立保护层不能作为该场景的保护层分析。例如，如果结果定义为"可燃液体泄漏到围堰内，导致围堰内火灾场景，"结果已经表明现场设有围堰且可以有效防止泄漏液体蔓延。这种情况下，围堰不能作为该场景的独立保护层。相反另一种场景，如果结果定义为污染物泄漏至外部环境中，围堰不能有效阻止污染物蔓延，则把围堰作为独立保护层是合理的。

一个被动型独立保护层可以成功阻止某特定关注后果，这也可能会产生其他潜在后果。这些潜在后果也需要分析。使用上面的例子，围堰可能将有效地防止污染物蔓延，然而，围堰内可能产生的池火或产生的蒸气云也需要进行分析。

一些被动型独立保护层，例如阻火器，使用原理简单，但易受污染、堵塞、腐蚀及其他不可预测的环境条件影响。评估这些设备需求时的失效概率时应考虑这些影响条件。

其他被动型独立保护层，在设备设计时就考虑预防的后果(如围堰和防爆墙)，可以有低需求时失效概率值(高可靠度)。然而，应该谨慎评估特殊应用情况，以准确合理地确定需求时失效概率值。

静态干式阻火器

干式阻火器(图5.1)是一个内置的被动保护装置，允许气体流动，但阻止火焰通过。它通过迫使火焰前端穿过狭窄通道进行减速并冷却，从而阻止火焰蔓延。应选择适当类型的阻火器避免特定后果发生。阻止的后果包括以下几类：

- *爆燃*：当易燃气体在设备或管道点燃时，发生爆燃。燃烧的蒸汽加热和点燃下一段燃料，产生火焰前端通过设备/管道在次音速下传播。防爆燃阻火器可以在管道内部或末端使用。

- *稳定爆轰*：爆炸发生在火焰前端从亚音速向超音速加速的过程，产生冲击波。火焰锋从爆燃过程向爆轰过程过渡时的时间点被称作爆燃转变为爆轰。

- *不稳定爆轰*：紧接着爆燃转变为爆轰的火焰前锋压力比稳定爆炸的压力更高，这一般是一个短暂状态，被称为不稳定爆轰。由于更高的冲击压力，这种过渡情形更加严重。在一些情况下，火焰前锋可能会在稳定爆轰与不稳定爆轰间重复过渡；这个可能涉及到"急加速爆轰"。防稳定爆轰的阻火器可能对不稳定爆轰不起作用。

表5.1~表5.4包含了以下4个阻火器的应用：管尾防爆燃阻火器、管道防爆轰阻火器、管道稳定爆轰阻火器、不稳定(过载)爆轰阻火器。

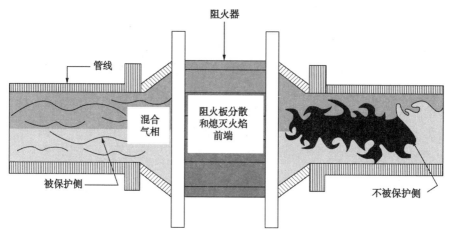

图5.1 阻火器工作原理

管尾爆燃阻火器

描述：管尾爆燃阻火器(图5.2)被安装在管道尾部或者是大气排气口排放。它通常放置在易燃或可燃蒸汽设备和大气之间。它允许排放易燃或可燃物而阻止

外部火焰进入被保护设备的通道。这些设备可用来防止闪电和其他瞬时点火源。

为了确保有效性，爆燃阻火器需要通过公认的认证机构协议和规范并进行检测和认证。如果在不同公认组织所规定或认同下使用，该设备应该被验证，以确保所需的性能在其他情况下得以实现。

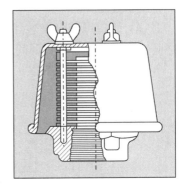

图 5.2 管尾爆燃阻火器

管尾爆燃阻火器被暴露在环境外，在有雪和冰的情况下，保持它的清洁是重要的，设备应定期检查巢穴、碎片、聚合物或其他堵漏材料，以及阻火器腐蚀的部件可能影响性能。

相关数据见表 5.1。

预防的后果：合理的设计、安装及维修、管尾阻火器将能阻止外部火焰进入被保护的设备和防止在设备内的爆燃过程。爆燃阻火器不能防止爆轰。被保护设备外的可燃气体点火不能通过爆燃阻火器。

表 5.1 管尾爆燃阻火器

独立保护层描述
管尾爆燃阻火器，通常安装在可燃性气体和潜在点火源之间。
LOPA 中使用的通用需求时失效概率(PFD)
0.01
该独立保护层使用通用需求时失效概率(PFD)的注意事项
● 爆燃阻火器安装位置和方向根据各制造商的建议进行。 ● 该设备不强制限制过度节流过程且处理任何污染问题。 ● 该设备已经被认证和测试，在服务使用中。 ● 管尾爆燃阻火器被暴露在环境外，在有雪和冰的情况下，保持它的清洁是重要的，设备应定期检查巢穴、碎片、聚合物或其他堵漏材料，以及阻火器腐蚀的部件可能影响性能。 ● 定期检查聚合物或其他封堵材料以及阻火器内部元件的腐蚀。
通用验证方法
● 检验、测试与预防性维修频率依据制造商的建议且基于先前的审查结果。 ● 该设备涉及日常维护和检查进度。检查包括确定设备是否堵塞和腐蚀，是否会影响它防止爆燃的能力。 ● 如果怀疑已经阻止了火焰，或者工艺扰乱可能会破坏其完整，应立即检查该设备。
依据及通用验证方法
本指南指导委员会达成的共识。参考《爆燃和爆轰阻火器》(Grossel 2002)。

管道爆轰阻火器

描述: 管道爆轰阻火器(图 5.3)被安装在潜在点火源和易燃或可燃的气体来源之间。当可燃气与点火源间距离太短以至于不能允许火焰前锋加速过渡到爆炸时, 可以使用爆轰阻火器。

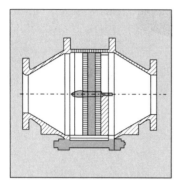

图 5.3　管道爆轰阻火器

为了确保有效的使用效能, 根据公认的组织来测试和证明爆轰阻火器的技术规格。在与公认组织认同或批准的情况不同时, 通过验证使用设备来确保在可选情况下实现预期的效能。在适当的操作下, 该设备按照各供应商的建议来安装, 其中包括水平, 垂直等取向来定位。

爆燃阻火器不能无限制的容忍, 由于他们可能已经损坏, 不能有效的进行二次防御, 所以阻火器的部件通常需要被挑战。设备的可靠性可以检测通过实施一个设备对阻止火源持续时的挑战来提高。温度检测也可以促进维护以便于设备可以在事故处理后依旧像新的一样。数据表表明了在有效关闭或隔离响应时, 管道爆轰阻火器的通用的需求时的失效概率值为 0.01, 当温度指示和有效响应不可用时, 建议通用的需求时的失效概率值使用 0.1。

相关数据见表 5.2。

表 5.2　管道爆轰阻火器

独立保护层描述
爆燃阻火器在潜在点火源和包含可燃或易燃蒸气的设备之间。

通用需求时的失效概率在保护层分析中的使用值
0.1 没有温度监测和停车或隔离响应
0.01 有温度监测和停车或隔离响应

该独立保护层使用通用需求时失效概率(PFD)的注意事项

- 管道之间潜在的点火源和阻火器远远低于爆炸初始阶段的爆炸缓冲过渡距离, 且不包含管道配件可能造成的爆炸。
- 爆燃阻火器按照供应商的建议安装在合适的位置。
- 该设备不过多限制物料流动, 且处理与污染有关的问题。
- 用热电偶进行温度监测来直接接触设备热侧可以在设备出故障时进行操作识别。使用温度监测可以增加设备的可靠性。
- 设备在使用时以被认证和测试。爆炸阻火器的建造符合老标准(pre-1990s)不能保证来阻止爆燃通道。

通用验证方法

- 检验、测试与预防性维修的频率按照供应商的建议和先前测试结果来设置。
- 包括设备日常维护计划和定期的设备检查。
- 检查包括确定设备是否堵塞，和腐蚀是否有防止爆燃的可能。
- 如果发现火焰停止或工艺故障，应该立即检查设备，否则可能破坏其完整性。

依据及通用验证方法

本指南指导委员会达成的共识。参考《爆燃和爆轰阻火器》(Grossel 2002)。

预防的后果：合理设计安装及维护，管道爆轰阻火器可以阻止亚音速火焰前锋从相关通道进入被保护设备，阻止在被保护设备内发生爆轰。爆轰阻火器将不能阻止爆炸。

稳定管道爆轰阻火器

描述：稳定管道爆轰阻火器被安装在管道内潜在点火源与易燃气体之间。当火焰前锋由燃烧到爆炸时，不能排除对管道和设备配置的使用。例如，通风系统头可以使潜在的可燃性气体形成热氧化剂来保护稳定管道爆轰阻火器。

为确保有效性，爆轰阻火器已根据协议和认证组织的规范进行了测试与认证。如果使条件不同于它上市或批准认可组织，设备的使用应该被认证以确保期望的性能在在可选条件下实现。正确操作下，设备安装按照供应商的建议包括其线与具体定位(水平或垂直)。

爆燃阻火器不适合应用于一个确定发生爆炸的场景。在一个爆炸稳定发生的场景，相信此阻火器可以作为一个独立保护层，应该有特定的阻火器专为稳定爆轰设计。

爆燃阻火器无法抵御无限期的火焰，且阻火器部件通常需要在遇到意外后重新放置，因为可能被损坏，也可能在遇到第二次挑战时失效。设备的可靠性可以通过检测设备发生意外并响应进而防止火焰冲击这种方法来提高。温度检测可以促进维护设备在发生故障之后像新的一样。表5.3表明了在有效关闭或隔离回应时，管道爆轰阻火器的一般需求时的失效概率值为0.01，当温度指示和有效响应不可用时，建议一般需求时的失效概率值使用0.1。

相关数据见表5.3。

预防的后果：合理的设计，安装及维修，一个稳定管道爆轰阻火器将能阻止超速火焰进入被保护的设备和防止在设备内进行爆炸。

表 5.3   稳定管道爆轰阻火器

独立保护层描述
稳定管道爆轰在潜在点火源和包含可燃或易燃蒸气的设备之间，不能排除从燃烧到爆炸的过渡过程。

LOPA 中使用的通用需求时失效概率(PFD)
没有温度监测和停车或隔离时的响应时间为 0.1，有温度监测和停车或隔离时的响应时间为 0.01。

该独立保护层使用通用需求时失效概率(PFD)的注意事项
• 设备被安装在合适的位置且按照供应商的建议放置。 • 该设备不过多限制物料流动，且任何可能造成工艺介质污染的问题都已被解决。 • 用热电偶进行温度监测来直接接触设备热侧可以在设备出故障时进行操作识别。使用温度监测可以增加设备的可靠性。 • 设备在使用时以被认证和测试。

通用验证方法
• 检验、测试与预防性维修的频率按照供应商的建议和先前测试结果来设置。 • 包括设备日常维护计划和定期的设备检查。 • 如果发现火焰停止或工艺故障，应该立即检查设备，否则可能破坏其完整性。 • 检查包括确定设备是否堵塞，和腐蚀是否有防止爆燃的可能。

依据及通用验证方法
本指南指导委员会达成的共识。参考《爆燃和爆轰阻火器》(Grossel 2002)。

不稳定爆轰阻火器

描述: 不稳定爆轰阻火器被安装在管道内潜在点火源与易燃气体之间。当由燃烧过渡到爆炸时，不稳定的爆炸状况可能发生。

为确保有效性，稳定爆轰阻火器已根据协议和认证组织的规范进行了测试与认证。如果使用条件不同于它上市或批准认可组织，如果使用条件不同于指定好的，那么备用设备将在可选条件下进行验证。设备安装按照每位供应商的建议包括其与具体定位(水平或垂直)。

不稳定爆轰阻火器能够阻止爆燃，稳定爆炸和不稳定爆炸。爆炸在达到稳定之前需要通过一个不稳定体系。稳定爆炸也能通过不稳定区域过渡而来。如果某爆炸在灭火之前一直不能稳定，或是由稳定转为不稳定，则可以通过不稳定爆轰提供保护。如果通过供应商对不稳定爆轰阻火器进行严格测试，按照指定的应用进行正确设计，这些设备的失效概率值将低于其他阻火器。

爆燃阻火器不适用发生爆炸的情况，还有一些稳定爆轰阻火器不适用于不稳定爆轰的场景，之前有阻火器作为独立保护层为不稳定爆轰发生是使用，应该确定这种阻火器为不稳定爆轰情况专门设计。

爆燃阻火器无法抵御无限期的火焰，且阻火器部件通常需要在遇到意外后重新放置，因为可能被损坏，也可能在遇到第二次挑战时失效。设备的可靠性可以通过检测设备发生意外并响应进而防止火焰冲击这种方法来提高。温度检测可以促进维护设备在发生故障之后像新的一样。表5.4表明了在有效关闭或隔离回应时，管道爆轰阻火器的一般需求时的失效概率值为0.001，当温度指示和有效响应不可用时，建议一般需求时的失效概率值使用0.01。

相关数据见表5.4。

预防的后果：一个不稳定爆轰阻火器将能阻止超速火焰进入被保护的设备和防止在设备内进行爆炸。

表5.4　稳定管道爆轰阻火器

独立保护层描述
不稳定爆轰阻火器安装在潜在点火源和包含可燃或易燃蒸气的设备之间。
LOPA中使用的通用需求时失效概率（PFD）
如果通过供应商对不稳定爆轰阻火器进行严格测试，按照指定的应用进行正确设计，这些设备的失效概率值将低于其他阻火器。建议失效概率值为：
0.01 没有温度监测和停车或隔离时的响应
0.001 有温度监测和停车或隔离时的响应
该独立保护层使用通用需求时失效概率（PFD）的注意事项
• 设备安装按照每位供应商的建议包括其连线与具体定位（水平或垂直）。
• 该设备不过多限制物料流动，且任何可能造成工艺介质污染的问题都已被解决。
• 用热电偶进行温度监测来直接接触设备热侧可以在设备出故障时进行操作识别。使用温度监测可以增加设备的可靠性。不稳定爆轰阻火器针对每一特定物流组成需要具体经验来确定。
通用验证方法
• 检验、测试与预防性维修的频率按照供应商的建议和先前测试结果来设置。
• 输入需要的供应商，以确定实现和维护不稳定爆轰避雷器的高可靠性所需的维护活动和频率。
• 包括设备日常维护计划和定期的设备检查。
• 如果发现火焰停止或工艺故障，应该立即检查设备，否则可能破坏其完整性。检查包括确定设备是否堵塞，和腐蚀是否有防止爆燃的可能。
依据及通用验证方法
本指南指导委员会达成的共识。参考《爆燃和爆轰阻火器》（Grossel 2002）。

溢流线

溢流线是被动的独立保护层，可以使物料在储罐溢流时从溢流线溢出。一些溢流线很简单，打开排净管道即可。然而，打开泄放管道也会使气体从罐中带出，这只适用于无毒物料泄放。为了防止气体从罐中泄放，一些溢流线设置了惰性流体回路，例如，矿物油。这种流体可以防止液体排出而避免物料泄漏。当密

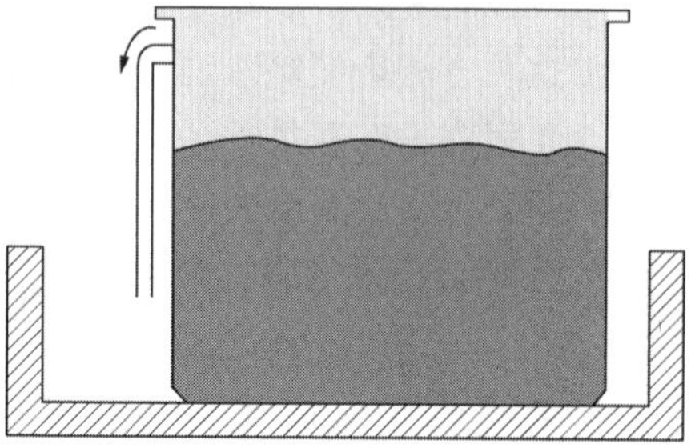

图5.4 设有阻碍流体流动的
溢流线示意图

封流体不易冻结或蒸发，在罐内所产生的蒸气不会污染或聚合物不会堆积时，这样的系统可靠性是最好的。也可以在溢流线上设置一个气体屏障用来防爆破。见图5.4。

溢流线是有效的独立保护层，以保护罐溢流所产生的不良后果。然而，一个有效的溢流操作会因流体从罐中排出产生次后果。它恰恰可以为保护层分析（LOPA）提供一个场景。

相关数据见表5.5~表5.7。表5.5~表5.7提供了3种类型的溢流：

表5.5 无阻碍流体流动的溢流线

表5.6 设有保护液体或爆破片的溢流线

表5.7 保护液体存在冻结可能性的溢流线

描述：简单的溢流线流体流动没有阻碍。没有可能导致流体流动限制的阀门，爆破片，或密封腿。该类溢流线尺寸满足储罐最大进料速率。

预防的后果：适当尺寸的溢流线可以防止罐或容器因溢流导致的超压。

表5.5 没有阻碍流体流动的溢流线

独立保护层描述
无阻碍流体流动的溢流线
LOPA 中使用的通用需求时失效概率（PFD）
0.001
独立保护层分析中通用的需求时的失效概率的特殊注意事项
该溢流线不设置阀门因为阀门可能被误关，没有水封因为可能冻结或堵塞，没有爆破片因为可能导致操作失败。 • 该堵塞失效率假设溢流线是清洁服务且不容易污染或聚合。 • 溢流线设计时应考虑便于检查，防止由于雪、冰、鸟巢或其他碎片堵塞的情况。 • 溢流线没有垂直超过容器或罐的顶部，这样可能造成在液压和动压之和大于容器所能承受的最大允许的工作压力（MAWP）。
通用验证方法
• 根据以往的记录和环境检查的条件决定的现在的检查频率。 • 检查完成，以确保溢流线没有堵塞或被污染，且不会阻碍新增溢流。 • 进行检查来验证没有堵塞溢流线。
依据及通用验证方法
本指南指导委员会达成的共识。参见《安全与可靠性仪表保护系统指南》（CCPS 2007b），第288页，表B.4。

设有保护液体或爆破片的溢流线

描述：这种类型的溢流线包含一个被动的、不挥发的、清洁流体，例如矿物油，泄放至泄放位置没有设置阀门。见图5.5。这种密封流体不易冻结或污染。密封流体可以作为一种屏障，以阻止气体从罐中泄出而进入环境。溢流线上设置爆破片作为气体屏障也包含在该独立保护层的数据表中。相关数据见表5.6。

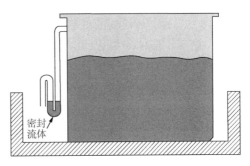

图5.5　含密封液或爆破片的溢流线示意图

预防的后果：尺寸恰当的溢流线可以防止由于物料过满而造成的罐或容器超压。

表5.6　含密封液或爆破片的溢流线

独立保护层描述
保护液体和爆破片的溢流线
LOPA中使用的通用需求时失效概率（PFD）
0.01
该独立保护层使用通用需求时失效概率（PFD）的注意事项
● 溢流线不设置阀门因为阀门可能被误关，没有水封因为可能冻结或堵塞。 ● 该失效率假设溢流线属于清洁服务且不容易污染或聚合。 ● 溢流线设计时考虑便于检查，防止由于雪、冰、鸟巢或其他碎片堵塞的情况。 ● 溢流线没有垂直超容器或罐的顶部，可能造成在液压和动态压力之和大于容器所能承受的最大允许的工作压力（MAWP）。 该设施包括爆破片，破裂标准，和数据表中提供的数据，爆破片开启的压力必须足够低，才不会使容器内物料过度充盈而超压。
通用验证方法
● 检查频率基于厂商的建议和以前的检查结果。 ● 检查应显示无堵塞情况。 ● 密封腿，密封面应适当持平。 ● 对爆破片来说，压力等级标记检查和爆破片是完整的。
依据及通用验证方法
本指南指导委员会达成的共识。参见《安全与可靠性仪表保护系统指南》（CCPS 2007b），第288页，表B.4。 需求时的失效概率要比无障碍溢流线高出一个数量级，否则会有潜在堵塞可能。

保护液体存在冻结的可能性的溢流线

描述：这种类型溢流管线是从增加罐/容器硬件来形成密封腿。这个数据包含了一个带保护流体的溢流线，如果不进行适当管理保护流体，会造成溢流线冻结或堵塞。应该有办法可以防止冻结（如伴热）。该独立保护层也可能在溢流路径中包含一个或多个阀门，也可以作为切断流体流动使用。

若系统有被污染可能，则不能提供通用的独立保护层需求时的失效概率值。这个系统的性能将高度依赖于具体的服务功能，保护流体的特性，管道被污染可能性，保证持续完整性的现场操作步骤及隔离阀在操作期间保持在开启位置。

预防的后果：尺寸恰当的溢流线可以防止由于溢流而造成的罐或容器超压。

表 5.7 保护液体存在冻结可能性的溢流线

独立保护层描述
保护液体存在冻结的可能性的溢流线

LOPA 中使用的通用需求时失效概率（PFD）
0.1

该独立保护层使用通用需求时失效概率（PFD）的注意事项
溢流线大小合适，有可能像水封腿一样阻碍或关闭阀门。 • 假设设计合理且有注意维护，可以防止造成冻结或错误关阀的情况。 • 此系统的设计为允许定期检查。 • 需求时失效概率高于简单溢流设施的需求时失效概率，因为失效率增加与可能由于人员失误，机械故障，或者天气等因素有关。 • 溢流线没有垂直超过容器或罐的顶部，可能造成在液压和动态压力之和大于容器所能承受的最大允许的工作压力（MAWP）。

通用验证方法
• 检查频率基于厂商的建议和以前的检查结果。 • 检查完成后，应保护保护溢流线无堵塞，无污染。 • 检查完成的阀门和密封腿上溢流线以确保正确的操作。 • 密封液的水平合适。 • 在寒冷的天气检查是为了确保能防止冻结或有可能发生冻结的方法或过程。

依据及通用验证方法
本指南指导委员会达成的共识。参见《安全与可靠性仪表保护系统指南》（CCPS 2007b），第 288 页，表 B.4。

堤坝、护坡、围堰

描述：提坝、护坡及围堰是限制液体物料流动的系统，通常由土墙、地基组成，能够容纳泄漏的物料，防止蔓延到其他领域。见图 5.6。这也可以减少物料

的蒸发，降低点火机会，限制对设备、人员和环境的影响。围堰等限制系统是备选独立保护层，如果它能阻止关注事件后果发生，当其他具体要求满足时，其需求时的失效概率值取0.01是合适的。堤坝、护坡及围堰作为独立保护层时，这些限制系统应该在最后场景后果中是失效的。如果产生后果中没有触及限制系统(如小容器失效导致的物料泄漏)，则不能认为该限制系统是有效的独立保护层。

图5.6　储罐围堰示意图

对于容器失效，限制系统设计一般能容纳罐中可能的最大泄漏液体量，并充分考虑余量(参考 NFPA 30 [NFPA 2008a])。这个超出高度余量由当地的规定设置。对于容器灾难性破裂，限制系统应该有承受液压波动的能力，尽可能减小液体溅出堤坝墙。如果设有泄放阀，泄放阀可设置成铅封关或锁定在正确位置以确保阀门处于关闭状态。相关数据见表5.8。

*预防的后果：*液体物料泄漏至限制系统内，可以阻止流体流至限定区域外。限制系统可以有效防止特定场景的结果。例如，对低沸点流体泄漏，限制系统可以防止重大过程安全后果，但对于高沸点的压缩气体或液体，这样的系统可能就不是一个有效的独立保护层。

表 5.8　堤坝、护坡及围堰

独立保护层描述
堤坝、护坡及围堰
LOPA 中使用的通用需求时失效概率(PFD)
0.01
该独立保护层使用通用需求时失效概率(PFD)的注意事项

现场设置的管理系统可以保证限制系统安装的泄放阀处于正确关闭位置，并且该阀包括在阀门检维修计划内。

● 对于容器失效，限制系统设计一般能容纳罐中可能的最大泄漏液体量，并充分考虑余量(参考NFPA 30 [NFPA 2008a])。

● 在溢流场景中，限制系统作为独立保护层时，溢流物料量大于限制系统的最大可接收能力，(例如，管道泄漏)，系统能力应足以保证在泄漏物料量在超出系统容量之前被检测到泄漏发生。

● 限制系统的高度应能承受液体波动作用，伴有少量液体飞溅出围墙外。

续表

通用验证方法	
• 外观检查需要证实限制系统的完整性，且确保适当的阀门位置。	
• 定期进行机械或人为检查系统封闭性或围挡效果。	
• 定期评审管理系统可以保证泄放阀门有效管理。	
依据及通用验证方法	
本指南指导委员会达成的共识。	

堤坝、护坡及围堰远处集液池

堤坝、护坡及围堰可以限制危险液体溅出，也可以用于向地下罐排放易燃液体燃料。如果被液体点燃，池火会加热储罐而导致其失效。因此，堤坝、护坡及围堰对池火和沸腾液体膨胀蒸汽云爆炸(BLEVE)场景后果来说不是有效的独立保护层。堤坝、护坡和围堰通常较浅，需要较大的区域以达到需要的体积。在风的作用下较大表面积增加了蒸发率，蒸发的物质可能对下风向有影响(可燃物或有毒物质扩散)。远程集液池的设计就是为了解决这些问题，它可以引导有害液体进入一个小表面积的集液池。该集液池一般位于远离储罐的地方，使得储罐得以保护。集液池的墙面有时设计成高出地面以降低液池表面风速或降低可能发生的池火热辐射对周围设备的影响。较小的表面积允许使用最少的消防泡沫进行灭火。

集液池在保护层分析中作为备选独立保护层，如果已满足所有特定条件，需求时的失效概率值 0.01 是合适的。集液池作为独立保护层关键是要确保向集液池的流动路径保持清洁，泄放阀没有关闭或其他使流体逆流的障碍。通常，在堤坝内液体流动的沟渠或集液池上会放置一些格栅板，并定期检查以防止树叶和其他杂物堵塞格栅。

集液池大小应该满足容纳从围堰流出的最大流体体积量(假定满罐泄漏)，还要有足够消防水余量。消防水或消防泡沫高度通常按照当地规范或行业标准如NFPA 30(2008)设置。对于溢流液体量可能超过储罐围堰最大收集能力时(例如管线泄漏)，围堰的收集能力应足以保证在其失效之前泄漏被检测到。设置围堰是用于控制泄漏液体蔓延，并将其导流至排液沟，在重力作用流向集液池。对于容器灾难性破裂场景，围堰系统应能承受液压波动的影响，尽量减少液体飞溅至围墙上方。围堰设有密封和膨胀节可以防止收集的液体化学物质影响。

相关数据见表 5.9。

*预防的后果：*限制任何泄漏至围堰内的液体流出围堰之外，控制液池蒸发，防止液体在设备下方点燃。集液池可以通过小表面积减小液体挥发量，以及对下风向的影响。

表 5.9　堤坝、护坡及围堰远处集液池

独立保护层描述
堤坝、护坡及围堰远处集液池

LOPA 中使用的通用需求时失效概率(PFD)
0.01

该独立保护层使用通用需求时失效概率(PFD)的注意事项
现场设置的管理系统可以保证带远处集液池的限制系统的泄放阀在阀门检维修计划内,并处于恰当位置。 ● 将集液池中雨水通过泵输送到排水系统以维持集液池收集能力。 ● 任何用于收集或引流的管道或集液池应保持畅通,不能有保温材料碎片或树枝、树叶等杂物。 ● 考虑容器灾难性破裂,围堰系统与集液池的总集液能力应能收集从储罐泄漏出的最大液体量,以及消防水或消防泡沫的余量(参考 NFPA 30 [NFPA 2008a])。 ● 在溢流液体量大于围堰最大收集能力时(例如管道泄漏),若将围堰作为独立保护层,围堰能力应足以确保在围堰失效前泄漏被检测到。 ● 围堰系统应能承受液压波动的影响,尽量减少液体飞溅至围墙上方。

通用验证方法
● 外观检查以保证限制系统及其引流管线、集液池、格栅板完好。 ● 定期机械或人为检查限制系统或障碍物。

依据及通用验证方法
本指南指导委员会达成共识。

机械停车止动装置

*描述:*机械停车止动装置(图 5.7)是一个可以限制元件,如活塞、阀门或机械设备行程的装置。举个例子,阀门完全关闭会导致不良后果发生(比如,在应用焚烧炉加热管和一些环状反应器系统过程中),可以在阀门内焊接一个机械装置确保阀门不会完全关闭。机械停车装置是受永久保护的,不能移除、移位或重置。机械停车装置是一类与人员的或仪表的独立保护层不相关的不同保护层。一些机械性停车装置是可调节的;这些可靠性不太高,因为操作人员很容易移动或重置它们。可调节的行程限制设备在表 5.48 中讨论。

相关数据见表 5.10。

*预防的后果:*机械停车止动装置可以防止元件运动超出限制范围,避免事故发生。

机械制动

图 5.7　机械制动

表 5.10　机械停车止动装置

独立保护层描述
机械停车止动装置

LOPA 中使用的通用需求时失效概率(PFD)
0.01

该独立保护层使用通用需求时失效概率(PFD)的注意事项
• 机械停车设备在初次设计和验证之后不能调整或滑动(比如说现场焊接机械停车设备)。 • 机械停车设备的安装位置需充分考虑和记录,当设备置换时,机械装置不会被无意消除。

通用验证方法
• 对装置实际位置进行定期测量以确保装置保持在恰当位置。 • 对组件进行检查以确保其持续完整性。 • 对腐蚀/侵蚀/磨损的运行情况进行目检,并校验装置位置。

依据及通用验证方法
本指南指导委员会达成的共识。

容器上的防火涂层和保护层

储罐、塔器和建筑物的防火层可以降低对受保护设备或建筑物的热传递,因此推迟了因过热引起设备故障的时间。保护涂层不会因为消防水冲击而被洗掉,也不会因水浸泡而失去隔热作用。

如果防火涂层可以维持足够长时间直到燃料烧尽(因此在关注后果发生前火已经灭了),那么防火涂层可以作为一个独立保护层。如果燃料没有耗尽,减缓受热引起的失效的同时可能为其他独立保护层争取了时间,即使防火涂层本身没有作为独立保护层。如果防火涂层可以为灭火系统或人员响应的有效独立保护层提供足够的缓冲时间,这样的例子就是可能的。

描述:防火涂层和保护层通过降低设备传热速率实现保护。考虑泄放阀保护,防止沸腾液体膨胀蒸汽云爆炸(BLEVE),或防止由于外部热量进入反应系统导致放热反应失控时,适当的防火涂层是非常有用的。如果已知可能发生外部火灾的燃料量,则可以预估火灾持续时间。如果防火涂层可以将已知物料量火灾产生的热辐射降低到不会造成容器超压的程度,或不会将容器内物料加热到可能引起反应失控的温度,那么防火涂层可以作为一个有效的独立保护层。这个计算可以参考 ANSI/API 521(2008)。

相关数据见表 5.11。

预防的后果:正确涂刷和维护防火涂层可以允许外部燃料有充分燃烧时间,防止容器超压或反应失控。

注：如果因为假设了防火涂层和保护层的存在而减小了 LOPA 分析场景中泄放设施的尺寸，那么防火涂层和保护层不能作为独立于泄放设施的独立保护层。而是将它作为独立保护层的一部分。

表 5.11　容器上防火涂层和保护层

独立保护层描述
容器上防火涂层和保护层

LOPA 中使用的通用需求时失效概率（PFD）
0.01

注：如果在计算作为独立保护层的安全阀尺寸时，假定有防火涂层，那么组合安全阀和防火涂层的独立保护层需求时的失效概率为 0.01（泄放管道上没有截断阀）。

该独立保护层使用通用需求时失效概率（PFD）的注意事项

ANSI／API 521(2008)允许使用防火涂层来代替火灾工况时的泄压设备，当工程分析表明泄放设施提供的额外保护在减少容器灾难性破裂概率效果甚微的时候。仅含蒸气或高沸点液体的容器作为特殊例子提到。

● 在有些例子中，只有有限的燃料可以维持燃烧一定时间（燃烧时期）。可以通过保守估计燃料量，并结合文献中的燃料燃烧速率计算火灾持续时间。（如，Mudan，1984）。

● ANSI／API 521(2008)还提供了容器热量传导的计算方程式，基于防火涂层的导热性和厚度，可以用来计算加热容器内物料蒸发且蒸气压到达容器的最大允许工作压力（MAWP）或泄压阀设定值所需的时间。当加热时间（已刷防火涂层）大于火灾持续时间，火灾持续时间基于燃烧速率和燃料量计算出，那么防火涂层就是一个可以预防由于火灾引起的超压和容器破裂的独立保护层。

● 装置区或储存区设备可能会包含在高温下反应放热或迅速分解的物料。

● 这可能会导致容器的压力或温度超过最大允许工作压力（MAWP），且常规的压力泄放设施在这里可能起不到保护作用。

● 可能需要进行适当的热稳定性测试以建立保守的安全温度控制范围。

● 如果防火涂层可以阻止容器在可燃烧燃料消耗完之前达到危险温度，那么它在保护层分析中可以作为一个有效的独立保护层。

通用验证方法
常规目检和定期机械/人员检查。

依据及通用验证方法
本指南指导委员会达成的共识。同时参考 CCPS LOPA(2001)。

双包容系统

描述：在管道和容器中可以找到双包容系统的例子。该包容系统包含一个完整的外包容层，在第一层包容系统外面又增加了第二个包容层，如果第一个包容层失效，那么第二个包容层可以减小系统完全失效的可能性。尽管外包容系统可以很有效，但它不能作为保护层分析的一个独立保护层。双包容系统在很大程度上取决于检测泄漏至两包层之间缝隙物料的方法，以及应对泄漏的执行程序。双包容系统可以作为包含泄漏检测和泄漏应对的独立保护层的一部分。对于这个独立保护层，参考与双包容系统相关联的报警或联锁适合的失效数据。

安全壳体

描述：像双包容结构一样，评估安全壳体很高程度决定于具体的结构设计，出入口控制，泄放口控制，以及壳体内存物。尽管安全壳体可以降低结构外部的风险，但也会增加其内部操作的风险。因此，安全壳体没有一个通用的需求时的失效概率值。每个安全壳体设计都需要进行单独评估。可能需要更多的定量风险评估技术确保设计和控制可以有效的将风险控制在可容忍水平内。可以参考第6章定量风险分析方法的讨论。

抗爆建筑设计 *描述*：这种建筑设计要承受预测的超压场景，限制爆炸后果严重性。每个建筑设计都需要进行独立评估确保建筑能有效应对各具体关注场景。可能有必要进行后果分析，采用爆炸模型预测可能最大超压和冲击波持续时间，并将这些数据与现有建筑设计标准对比。常见的风险评估方法都会假设人员处于一个维护良好，可以被完全保护的抗爆建筑物内，该抗爆建筑设计考虑了可能受到的最大超压影响。因此，保护层分析时，就没有必要评估爆炸对个体的影响了。

抗爆墙或抗爆屏障

描述：这些障碍被用来转移或承受预测的超压和/或碎片的伤害，从而降低爆炸后果严重性。抗爆墙或屏障通常不作为保护层分析中的独立保护层。类似于防爆建筑设计，它可能适用于爆炸模型分析中，并将模拟结果与建筑设计标准对比。

5.2.2 主动型独立保护层

主动型独立保护层通过采取一些保护行动来阻止场景的发生，确保了工艺的功能安全。这种保护行动本质上可能仅仅是机械的，也可能是仪表、人员和机械设备的组合型式。

5.2.2.1 安全控制、报警和联锁(SCAL)作为独立保护层

LOPA是一个事件产生一个关注的结果的分析过程。该分析诠释了自动化技术在各场景的检测和响应中所扮演的角色。因此，LOPA促进了作为IEs和仪表保护措施的仪表系统的识别。SCAI是利用仪表和控制来实现工艺的安全保护，同时用于达到和保持一个安全的工艺运行状态。SCAI通过遵循一个特定的关注的场景来提供风险的削减(ANSI/ISA 84.91.01-2012)。

SCAI是仪表保护系统(IPS)的一个子集，应用该仪表保护系统来解决各种各

样涉及环境、经济和过程安全的风险。在图 5.8 中所示，有很多能够对 SCAI 进行进一步分类的选项。

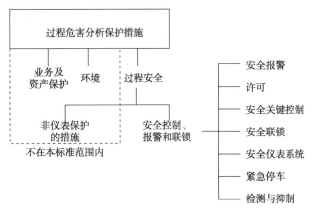

图 5.8　安全控制、报警和联锁关系过程危害分析

不管它们怎么命名，SCAI 是复杂的 IPLs，该 IPLs 包含在需求的时候需要正确操作的复合器件。SCAI 包括传感器、逻辑解算器、最终元件和其他相连设备，比如人机界面、接线、工艺连接和公共设施。在安全报警发生时，SCAI 的成功运行需要人员介入——该操作人员需要熟知工艺条件并采取规定动作，如采用手动操作或启动手动停车。在 SCAI 适用的情况下，SCAI 能够达到规定功能和指定风险削减的能力是受安装的设备性能和操作人员响应能力的限制。基于这个原因，设备的选择是以设备本身在操作环境下所预期的性能为基础的，但是 SCAI 是通过系统的累加性能来判断的。

SCAI 通常应用在电气、电子或可编程的电子系统。此外，SCAI 也涉及气动、机械或液压系统操作的设备。SCAI 使用那些在操作环境下已经证明过能够提供预期风险削减等级的技术和设备。

《安全与可靠性仪表保护系统指南》(CCPS 2007b)详细地讨论了 SCAI 设计和管理需求，同时描述了管理系统需要实现的性能目标要求。这一部分章节提供了有关这些要求和参考 IEC 61511（2003）具体条款的简短概述，同时限制了那些没有遵从 IEC 61511（2003）标准的仪表保护系统的风险削减目标。这些限制是基于影响 IPS 在其生命周期内性能的系统误差的可能性。IEC 61511（2003）中的功能安全管理系统超越了典型的过程安全管理实践，同时需要对可能影响 SIS 运行的动作进行严格的评估、验算、验证和变更管理。

SCAI 能够通过使用多种设备来实现，同时设备类型和设计及管理实践会影响他们最终达到的性能。例如：

• 基本过程控制系统(BPCS)：设备设计和管理的主要意图是维持工艺在正常操作范围内运行，比如，PID(比例-积分-微分)控制和顺序控制。基本过程控制系统(BPCS)在执行正常操作功能时的失效是事件发生的主要原因。参考表4.1，作为 IE 的基本过程控制系统(BPCS)控制回路失效的讨论。

• 安全仪表系统(SIS)：设备设计和管理的主要意图是确保 SIS 能够在需要的时候采取可靠的行动。在流程工业领域，应用于控制、报警和联锁的条款在设计与管理方面与国际标准 IEC 61511 (2003)相一致。

本节仅提供了跟设备和实践相关的有限指导，读者可以参考下列有关 SCAI 的出版物：

• *Guidelines for Safe and Reliable Instrumented Protective Systems*(*CCPS 2007b*)
《安全与可靠性仪表保护系统指南》

• *Guidelines for Safe Automation of Chemical Processes*(CCPS 1993)
《安全自动化化工过程指南》

• *ANSI/ISA* 18.2 – *Management of Alarm Systems for the Process Industries*(ANSI/ISA 2009)
《流程工业报警系统管理》

• ANSI/ISA 84.91.01 – *Identification and Mechanical Integrity of Safety Controls, Alarms, and Interlocks in the Process Industry*
《流程工业中的安全控制、报警和联锁的识别和机械完整性》

• *ISA TR*84.00.04 – *Guidelines for the Implementation of ANSI/ISA*-84.00.01-2004(IEC 61511 Mod, ISA 2011)
《ANSI/ISA-84.00.01-2004 的应用指南》

• *IEC* 61511 – *Functional Safety* – *Safety Instrumented Systems for the Process Industry Sector*(IEC 2003)
《功能安全——流程工业的安全仪表系统》

评估 SCAI 作为一个可能的 IPL 时，小组成员需要检查 SCAI 如何阻止场景的进一步发生(如，监测到什么状态，设定点是多少，在此过程会采取什么行动，需要多快的动作和工艺如何响应它的动作)。与其他 IPL 一样，在同样场景中，SCAI 与初始事件和其他用于风险削减的 IPL 相独立。

SCAI 的技术参数参考下列要求：

• 功能上的要求是必须能够阻止场景的进一步发生。
• 配置、安装和维修要求达到和维持所需求的性能。
• 失效模式意味着，检测出这些失效模式，并且预期的系统和操作人员会对这些检测出来的失效进行响应。

- 当 SCAI 中出现故障时，需要补偿措施来维持安全操作。

- 安全的对 SCAI 进行旁路(包括超驰或手动操作)时所需要的条件及旁路过程中所需的合适的补偿措施。

- 安全复位 SCAI 所需的条件。

具有代表性的是，SCAI 设有传感器来检测工艺状态、逻辑解算器来决定何时动作、最终元件来执行工艺动作。决定和响应动作可以是手动的(如，报警时操作人员进行响应)或自动的(如，通过联锁或 SIS)。不论怎样，操作人员应当懂得 SCAI 何时动作、这个动作如何影响操作、操作人员响应这个动作的最佳处理办法及当 SCAI 中检测到故障时，操作人员应当做什么。这些信息都应当包含在操作程序中。

每一个 SCAI 设施都有特定的失效模式和能够影响整个 SCAI 性能的故障率。当作为 IPLs 时，对 SCAI 的设计和管理需要达到至少一个数量级的风险削减(PFD ≤ 0.1)。基于典型的基本过程控制系统(BPCS)设计构架和管理系统，应用在基本过程控制系统(BPCS)设备中的 SCAI 通常限制在一个数量级的风险削减(PFD = 0.1)。本章节数据表中的文件和验证要求提供了评估 SCAI 风险削减的筛选标准。根据 IEC 61511 (2003)标准进行设计和管理的 SIS 能够提供更好的需求(如，PFD<0.1)。

这是一个很好的应用 SCAI 设备的实践，比如它能针对故障采取行动达到安全的状态而不是让故障发展为危险的状态。典型的故障有信号消失、超量程、通信中断、电源故障、仪表风故障和其他设施失效。如果打算在没有 SCAI 设备服务的情况下让工艺保持持续运行，我们需要这种临时操作的风险进行评估，同时需要采取一些解决风险的补偿措施。停用周期可以通过设备设计和维修计划来进行跟踪并削减至尽可能低的等级。

启用一个新的或修改过的 SCAI 之前，需要先进行验证。验证能够证明安装好的 SCAI 是按照说明书的要求运行的，同时也证明了程序和文件能够有效支持自身的长期管理。

设备清单需要进行维护更新，这样就可以通过独特的名称来对 SCAI 设备进行识别，比如标签号，它可以追溯到 IPTM 的需求，即必须确保设备在其整个生命周期内的完整性和可靠性。IPTM 程序包括各种各样的工作，比如检验、校准、预防性维修、维修/更换和验证测试。

SCAI 需要定期的 ITPM 来确保设备在其整个生命周期内的完整性和可靠性。每隔一段时间必须要进行检测和验证测试来达到目标的 PFD。在严苛的服役条件下，需要更高频次的外观检查。人员依据程序文件来执行检查和验证测试，该人员应当拥有能够识别出校前测量/校后测量条件及验证设备的完整性和可靠性的能力。记录包括校前测量/校后测量条件、测试人员、何时测试、使用的程序文件和设备，以及校准记录。

风险削减实际上达到的等级一般通过 ITPM 和人员可靠性数据来证实。与 SCAI 相关的记录用于确认设备在所有预设操作模式下的运行都是按规定进行的。故障跟踪和分析对于验证 LOPA 假设和提供持续改进来说十分重要。以往使用的历史记录和证据证明设备能够提供需求的风险削减。

同其他 IPLs 相比，SCAI 的变更需要用到 MOC 来记录，并且进入 SCAI 设备是受控的。通过对一些可能影响到 SCAI 的变更进行评估，来决定验证测试变更后的 SCAI 功能的需求。进入工程师界面也是受控的，这样能够减少人员误动作并且防止系统误动作。因此需要这些措施来降低人员误动作导致 SCAI 丧失功能或降级的潜在可能性。

当使用可编程电子系统时，MOC 和安全可进入会变得更具挑战，因为在普通的系统中通常有多重的功能。软件的使用也使得变化更容易出现同时也更难以检测。因为有系统授权的人员在相同的进入点使用多重功能，因此人员误动作可能性会增加。例如，一个 MOC 是同意变更进入整个程序的一行编程授权。人员误动作可能性随着系统的大小和复杂性的增加而增大。SCAI 内置软件的变更需要硬件和应用软件完整的功能测试。可以通过检查应用软件的变更来确定变更造成的影响。任何受影响的逻辑要进行功能测试来确保它能正确操作。

SCAI 足够强健来承受环境压力并提供需求的完整性和可靠性。一些应用于控制程序的技术可能并不适用于 SCAI，由于这些技术没有足够的应用历史、不充分的可靠性/完整性，或者不可预知的失效形式。例如，在本书出版时，ISA 100.11a（2011）中定义的无线技术并没有被认为是一种可以接受的能够执行 SCAI 功能的技术手段，但无线技术可以用作监测、状态或诊断通信。

5.2.2.1.1　SCAI 系统的类型

SCAI 被认为是复杂的系统，因为它成功动作需要多种组件参与。SCAI 的范围包括仪表和控制设备、接线、人机界面、内部和外部数据通信、电源供应、公共设施（比如仪表空气或液压）和人员对发出的声光报警进行响应（图 5.9）。

LOPA 分析是用于识别出削减一个场景发生可能性的必要功能。对 SCAI 来说，识别出的功能被分配到一个系统中，这个系统是通过一种特定的方式来设计和管理，使其能够提供特定的功能和所需的风险削减。仪表系统经常承担其他任务，比如非安全功能、诊断、复位、维修和监测、手动停车。从根本上来说，SCAI 阻止场景发生的能力受到执行该 SCAI 的仪表系统设计和管理上的约束。

在 LOPA 分析中，假设每一个 IPL 是由单独的系统来执行的。功能的实现可以通过一个单回路控制器或一个完整的系统来完成。实际上，仪表功能被当作一

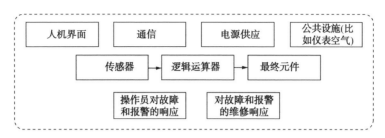

图 5.9　SCAI 范围

个回路用于强调设备边界，这个设备边界包括所有实现特殊保护功能的组件。当多重功能应用在一个完整系统或多个相互连接的系统时，应当评估所有的共享设备，找出这些设备如何影响整体的目标性能。这些普通的组件可能会限制已达到的风险削减，远低于简单的 LOPA 计算。

本节中，SCAI 被分为 4 种系统类型：报警、控制、联锁和 SIS。在 LOPA 分析过程中，包含在这些系统内的特殊回路被识别出来；设计验证确定了这些回路能够提供需求的 PFD；非独立的系统应当进行评估，以确保在相似或共享的硬件、程序和 ITPM 程序元素中给出的仪表系统的风险削减可置信度是适合的。

安全报警回路

描述：一个安全仪表回路使用仪表和控制来触发报警，依靠人员对整个报警进行响应，同时还包括了操作人员使用的界面和最终控制元件，用来完成必要的操作。例如使用基本过程控制系统（BPCS）或 SIS 设备进行配置的安全报警回路在图 5.10 中进行展示。参考 ANSI/ISA 18.2（2009）a 和 IEC 61511（2003），可以获得关于仪表和控制设计方面更多的指导。

安全报警回路的硬件和软件的变更是受控的，通过使用 MOC 程序来实现。在有可能产生异常工况的工艺操作模式期间，安全报警回路必须在完成行政审批并且采取必要的补偿措施之后，才能对其进行旁路（禁用或变更设定值）。行政审批也许会包含正式的 MOC，事件追踪时旁路程序的应用，符合操作程序等等。

单独的安全报警回路并不是 IPL，因为报警不能直接采取一系列的动作使工艺操作回复到安全状态。IPL 的其中一部分是人员响应。5.2.2.5 小节中讨论了关于人员响应作为 IPL 一部分的额外注意事项。IPL 既有人员响应又使用安全报警或者其他指示作为触发条件来进行响应，其通用的 PFD 值在表 5.46 中给出。

安全控制回路（正常操作控制）

描述：一个安全控制回路包括仪表和控制，通过仪表和控制的正常操作来保障工艺控制，并且通过这个操作的正常动作能够阻止场景持续向其他失效工况发展。如果这些控制不是依照 IEC 61511（2003）来进行设计和管理的，它们通常不

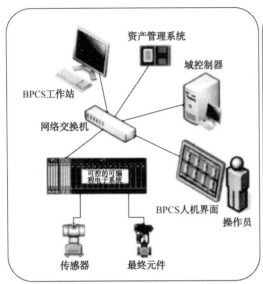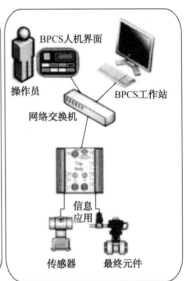

图 5.10　使用 BPCS 和 SIS 作为安全报警回路的示例

能满足 SIS 系统的 IPLs 的需求。一个 BPCS 回路的风险削减目标(没有遵从 IEC
61511[2003])不能大于 10(IEC 61511 Clause 9.4.2)。在 LOPA 分析中,当基本
过程控制系统(BPCS)回路满足成为 IPL 的需求时(例如,独立性、可靠性等),
10 或 PFD＝0.1 的风险削减因子可以作为一个数量级的值来使用。

　　安全控制回路的操作对正常运行工艺条件下的响应可以是连续的(如 PID 控
制)也可以是间歇的(如顺控)。对安全控制回路来说,正常运行工艺条件下的工
艺需求通常是不断变化的,安全控制回路会根据这个变化来采取动作以保证工艺
在正常操作工况下的平稳运行。

　　相关数据见表 5.12。

　　举一个例子,一个温度控制回路可以通过正常的操作来控制容器的温度。过
多的热量可能导致压力上升,并可能会超过设备压力等级。如果单元的冷却水供
应中断,可能会阻碍温度控制的有效性。一个基本过程控制系统(BPCS)压力控
制回路能够泄放超出的压力同时防止容器超压。如果一个压力控制回路的运行能
够有效防止容器压力超出安全操作界限,那么该压力控制回路可以是一个有效的
IPL。示例如图 5.11 所示。

　　预防的后果: 安全控制回路防止一个事件场景从初始事件发展成为一个严重
的后果。

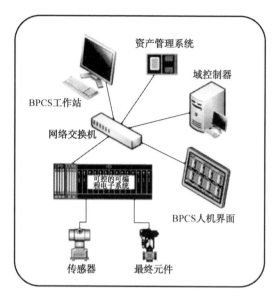

图 5.11　基本过程控制系统(BPCS)安全仪表控制回路举例

表 5.12　安全控制回路

独立保护层的描述
安全控制回路
LOPA 中使用的通用需求时失效概率(PFD)
0.1
该独立保护层使用通用需求时失效概率(PFD)的注意事项

- 一个安全控制回路的组成包括控传感器、控制器、最终控制元件和相关的设施和接口。它的运行通常用来完成工艺(或管理)控制。它的运行可以是连续的或者间歇的,能够对正常运行时的工艺偏差进行响应,同时它的动作能够有效实现和保持工艺的安全运行。

- 设备(或回路)失效可以在工艺运行、自动诊断或者 ITPM 动作过程中显现出来。连续运行的工艺发生安全控制设备可检测失效,此风险需要进行评估,并采取补偿措施来避免增加的风险。

- 安全报警回路的硬件和软件的变更是受控的,通过使用 MOC 程序来实现。在可能产生异常工况的工艺操作模式期间,安全报警回路必须依照程序文件进行旁路(变更为手动操作)。由于手动操作是基于操作人员对工艺参数变化的响应,如果安全控制回路允许手动操作,请参考 5.2.2.5 小节关于考虑操作人员动作成为 IPLs 的指导意见。

- 人员依据程序文件来执行安全控制回路设备的检查、测试和维修,该人员应当拥有能够识别出校前测量/校后测量条件和验证设备的完整性和可靠性的能力。

- 检查频率可以按照制造商的建议和以往的检查历史来确定。

- 文档应包括校前测试/校后测试条件、检查人员、何时检查、使用的程序和设备及校准记录。

- 对自动/手动切换或者旁路记录进行定期检查,能够检测出预期的功能是否已经有所损坏。

● 依据及通用验证方法

本指南指导委员会达成的共识，参考 ANSI/ISA 84. 00. 01-2004（IEC 61511 Mod）（ANSI/ISA 2004.）和《安全与可靠性仪表保护系统指南》（CCPS 2007b）。

安全联锁

描述： 一个安全联锁包括仪表和控制，自动进行动作来响应正常操作的偏差，以实现和保持一个安全的工艺状态。安全联锁可以通过一个独立的回路控制器、离散的控制系统(如，开/关、延迟)，分布控制系统，可编程的逻辑控制器或安全控制器来实现。

一个应用在基本过程控制系统(BPCS)中的安全联锁的风险削减目标值一定不能大于10(IEC61511 Clause 9. 4. 2)。在 LOPA 分析中，10 或 PFD＝0. 1 的风险削减因子是作为一个数量级的值来使用的。当它依照 IEC 61511（2003)设计和管理时，安全联锁是一个 SIS 回路。

相关数据见表5. 13。

举个例子(图5. 12)，一个温度控制回路可以正常的通过操作来控制容器的温度。过多的热量可能导致压力上升，并可能超过设备压力等级。单元冷却水中断可能会阻止有效的温度控制。一个安全联锁能够通过一个隔断阀自动泄放容器内的压力同时防止容器超压。如果这个动作能够有效防止容器压力超出安全操作界限，这个安全联锁可以是一个有效的 IPL。

预防的后果： 安全联锁防止事件场景从初始事件发展成为一个严重的后果。

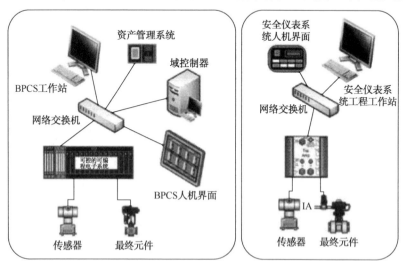

图5. 12　BPCS 和 SIS 的安全联锁举例

表 5.13　安全联锁

独立保护层的描述
安全联锁

LOPA 中使用的通用需求时失效概率(PFD)
0.1

该独立保护层使用通用需求时失效概率(PFD)的注意事项

- 一个安全联锁包括控传感器、控制器、最终控制元件和相关的设施和接口。它通过响应正常操作的偏差来实现和保持安全的工艺操作状态。

- 设备(或回路)失效可以在工艺运行、自动诊断或者 ITPM 动作中显现出来。连续运行的工艺发生安全联锁设备可检测失效,此风险需要进行评估,并采取补偿措施来避免增加的风险。

- 安全联锁的硬件和软件的变更是受控的,通过使用 MOC 程序来实现。在可能产生异常工况的工艺操作模式期间,安全联锁必须在完成行政审批和采取必要的补偿措施之后,才能进行旁路。行政审批可能包括正式的 MOC,事件追踪时旁路程序的应用,符合操作程序等等。

- 人员依据程序文件来执行安全控制回路设备的检查、测试和维修,应当拥有能够识别出校前测量/校后测量条件和验证设备的完整性和可靠性的能力。

- 检查频率按照制造商的建议和以往的检查历史来确定。

- 文档包括校前测试/校后测试情况、检查人员、何时检查、使用的程序和设备及校准记录。

- 对自动/手动切换或者旁路记录进行定期检查,能够检测出预期的功能是否已经有所损坏。

依据及通用验证方法

本指南指导委员会达成的共识,参考 ANSI/ISA 84.00.01-2004 (IEC 61511 Mod)(ANSI/ISA 2004)和《安全与可靠性仪表保护系统指南》(CCPS 2007b)

安全仪表系统回路(SIS)

描述:SIS 回路包含有符合 IEC 61511 (2003)要求设计的仪表和控制,当工艺有需要的时候,这些仪表和控制能够采取动作来实现和保持工艺操作在一个安全的状态运行。除非它打算使用符合 IEC 61511(2003)要求的基本过程控制系统(BPCS)中的设备,那么执行这个 SIS 回路的设备必须是独立并且与基本过程控制系统(BPCS)设备不同,SIS 的安全完整性不能折中(IEC 61511 Clause 11.2.4),SIS 回路是在低需求模式下运行的典型设计,但是由于工艺和本身设备的频繁进步,也可以在高需求模式下操作。参考 3.5.1 和 3.5.2 小节中介绍了 LOPA 分析中更多有关操作模式的考虑的指导内容。

IEC 61511 (2003)通过停用装置的过程危害分析,提供了大量的覆盖 SIS 生命周期的需求内容。一些需求可能是非常详细的,并且如果没有特殊的设计实践,满足这些需求是很困难的。因此应当对标准进行详细的审查和理解。例如,当在 SIS 中使用 PES 时,需要诊断算法来检测输入、输出和主处理器失效;并确保它们的配置在失效后进入安全状态。

虽然有很多规范性的要求，IEC 61511（2003）仍然是最基础的标准，同时需要性能标准的建立，SIS 回路必须与安全完整性等级（SIL）匹配。有 SIL 需求的 SIS 回路通常使用一个风险分析的方法来确定，如 LOPA。举个例子，LOPA 分析能够确定出 SIS 回路所需要达到的符合设备风险容忍标准的 PFD 值。需求的 PFD 确定了 SIS 回路的目标 SIL 等级。以下列出了低需求模式下的 SIS 回路中 SIL 和 PFD 之间的联系。

安全完整性等级与 PFD 和风险削减的关联

SIL 等级	PFD 最小值	最大值	典型的风险削减额度
SIL 1	0.01	0.1	1 个量级
SIL 2	0.001	0.01	2 个量级
SIL 3	0.0001	0.001	3 个量级

对一个单独的 IPL 来说，当需求 SIL 2 和 3 时，分析应当考虑需求的 PFD 分别为 0.01~0.001 和 0.001~0.0001。根据所需的 SIL 等级，标准中有最小冗余或故障冗余的需求，以确保对系统误差来说设有充足的保护。使用独立的并且能够提供同样功能的传感器、控制器和最终元件作为冗余设备或信号路线，是达到 SIL 2 等级的必须条件，对于 SIL3 来说，还需要确保没有单点失效。

SIS 设备的访问受到了严格的限制，同时有在线验证测试程序。在验算和功能安全评估时，需要考虑系统的错误和故障；这些错误可能在设计、操作、维修和验证过程中发生。管理系统同其他措施和约束条件一样，目的是削减系统错误，这些系统错误可能从设计、建造、操作、监测和维修等其他方面限制系统性能。

SIS 回路的 PFD 通过体系架构的定量分析来验证，这种定量分析使用的失效率数据是以安装在操作环境下的 SIS 设备的性能为基础的（IEC 2003）。需要证明该 PFD 的值至少与其在 LOPA 中的目标值一致。另外，应当评估 SIS 满足 IEC61511（2003）的详细需求，特别是那些关于基本过程控制系统（BPCS）分离、失效容忍度、验证及验算的内容。

ISA84 委员会已经开发出了一系列的补充技术报告，用于提供关于各种与 SIS 类型和应用相关的实际案例和指导。其中的三个技术报告：ISA-TR84.00.02（2002），ISA-TR84.00.03（2012），和 ISA-TR84.00.04（2011）提供了 SIS 生命周期的补充概述。表 5.14 提供了合适的筛选标准来识别 SIS，但是它不能成为 IEC 61511 的代替品。

预防的后果：SIS 回路能够避免一个初始事件的后续事件的发生。

表 5.14　SIS 回路

独立保护层的描述
SIS 回路

LOPA 中使用的通用需求时失效概率(PFD)
SIL 1 – 0.1 SIL 2 – 0.01 SIL 3 – 0.001

该独立保护层使用通用需求时失效概率(PFD)的注意事项

SIL 的性能是依靠 SIS 回路在正常操作条件下给定的随机和系统失效概率来实现的。每一个 SIS 回路能够针对特殊的场景使工艺运行达到或维持一个安全的状态。SIS 回路中的传感器、逻辑解算器、最终元件和相互连接的设备是按照各自说明书中的规定运行的，这些元件已经在 PFD 计算中进行了考虑。想要达到 PFD <0.1，需要严格的设计和管理经验，以确保 SIS 回路在特殊的操作条件下能够实现目标的风险削减能力，包括足够的针对系统和共因影响的保护。除非打算使用符合 IEC 61511(2003)要求的基本过程控制系统(BPCS)中的设备，否则执行这个 SIS 回路的设备必须是独立的，并且有别于基本过程控制系统(BPCS)设备，且设备的 SIS 安全完整性不能妥协(IEC 61511 Clause 11.2.4)。对于 PFD 目标需要求高至 SIL 和 SIL3 的系统，操作和维修人机界面的设计应当把在建造、维修、检测和旁路过程中的人员失误的可能性降到最低。

● 设备(或回路)故障可以通过工艺操作、自动诊断和 ITPM 动作来发现。连续运行的工艺发生 SIS 设备的可检测失效，此风险需要进行评估，并采取补偿措施来避免增加的风险。

● SIS 回路的硬件和软件的变更是受控的，通过使用 MOC 程序来实现。在可能产生异常工况的工艺操作模式期间，SIS 回路必须在完成行政审批和采取必要的补偿措施之后，才能进行旁路。行政审批可能包括正式的 MOC，事件追踪时旁路程序的应用，符合操作程序等等。

● 设计、操作、结构管理和 ITPM 实践确保了安装的 SIS 回路的实际性能满足所要到的目标 SIL 等级。

通用验证方法

● 需要依据程序文件周期性的进行检查和验证测试，以满足需求的 PFD。

● 程序的执行人员，应当拥有能够识别出校前测量/校后测量条件和验证设备的完整性和可靠性的能力。

● 记录包括校前测量/校后测量条件、测试人员、何时测试、使用的程序文件和设备，以及校准记录。

依据及通用验证方法

本指南指导委员会达成的共识，参考 ANSI/ISA 84.00.01–2004（IEC 61511 Mod）(ANSI/ISA 2004)和《安全与可靠性仪表保护系统指南》(CCPS 2007b)

5.2.2.1.2　计算相同场景下一个 BPCS 的多重 BPCS 回路

在 *CCPS LOPA*（2001）文件中，提供了两种方法来考虑 LOPA 中应用的基本过程控制系统(BPCS)。第一种方法称为"方法 A"，假设一个单独的基本过程控

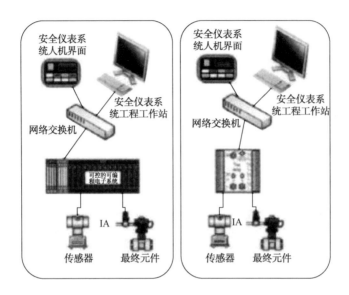

图 5.13　SIS 中使用 PES 和停车放大器的举例

制系统(BPCS)中央处理单元(CPU)故障会导致其他所有使用该中央处理单元(CPU)的基本过程控制系统(BPCS)回路故障。方法 A 中对于一个基本过程控制系统(BPCS)的 IPL 的关键标准是：(1)IE 与 BPCS 中的设备无关，(2)BPCS 的 IPL 的设计和管理是适合的，以便能够达到削减一个数量级风险的要求。

　　第二种方法称为"方法 B"，允许两个共用一个相同中央处理单元(CPU)的基本过程控制系统(BPCS)回路对于同样的危害场景是可置信的。自 *CCPS LOPA* (2001)版本后，关于基本过程控制系统(BPCS)设备作为 IPLs 的应用方面，已经提出了更多的思考和规范(图 5.13)。

　　这一章节介绍了关于评估方法 B 的特殊应用合适性的指导和标准，同时也描述了达到 IPL 要求所需的分析和验证的严格性。基本过程控制系统(BPCS)设备相关的典型设计和管理实践限定了基本过程控制系统(BPCS)设备本身的能力，即一个逻辑解算器达到一个数量级的能力(如控制器)(IEC 2003)。当在某一场景下，要求一个逻辑解算器超过一个数量级时，IEC 61511 (2003)要求控制器的设计和管理应当按照 IEC 61511 (2003)中 SIS 回路的要求来执行。

　　必须要满足许多重要的要求，才能确保较不保守的方法 B 能够达到要求的风险削减量。读者必须来阅读、理解和满足这些需求，以便当两个基本过程控制系统(BPCS)回路在同样的危险场景下使用一个相同中央处理单元(CPU)的场景是可置信的。

建议选择方法 B 的使用者考虑使用更先进的技术，比如事故树或其他定量分析技术，来确保潜在共因失效(包括系统错误)的可能性已经进行了充分的评估。如果共因失效或系统故障能够引起控制和安全保护的同时故障，那么 LOPA 团队应当仔细地检查这两个系统的独立性。

> 注意:
> IEC 61511 标准的更新版本目前已经发布了。标准委员会正在考虑限制在一个单独危害场景下 BPCS 可置信的总数和仪表可置信的总数。提醒读者理解标准的变更会对 LOPA 分析产生一定影响。

基本过程控制系统(BPCS)设备中应用低需求模式功能的情况发生时，应当要进行一些特殊的考虑。使用低需求模式功能的 SIS 设备作为安全联锁，从本质上来说是更为置信的，因为 SIS 设备采取了特殊设计和管理来达到这个目的。更进一步来说，某些特殊应用的方法需要安全联锁应用于一个独立的 SIS。当应用一些其他公认的实践时，不必遵从特定 LOPA 程序中所采用的规则。

目前使用的方法对比

方法 A 允许一个基本过程控制系统(BPCS)既能作为 IE 又可能作为 IPL(但是不能同时为这两者)，而方法 B 提供了一个使用额外硬件和更多严格实践的单一中央处理单元(CPU)，能够达到两个数量级的风险削减(一个 IE 和 IPL 或者两个 IPLs)的基础。

方法 A 采用了较为保守的方法，它考虑基本过程控制系统(BPCS)设备中任何一个发生故障，都会导致其他所有应用了该故障 BPCS 设备的回路发生失效。此方法在 LOPA 中应用，因为它的规则是清楚且保守的。它提供了一个高等级的保护针对于 IE 和 IPL 之间或两个 IPLs 之间的共因失效。

方法 B 假设：两个基本过程控制系统(BPCS)回路进行了良好的设计和管理，使其有足够低的共因失效概率来满足预估的 0.01/年的故障率，或两个数量级的风险削减(两个 IPLs)。方法 B 的使用要求：分析人员对于 BPCS 有良好的设计经验；拥有关于 BPCS 实际性能的充足而有效的数据；并且理解如何识别和解释共因失效。方法 B 也需要管理承诺来严格的执行这些实践，这些必要的实践能够将控制系统、共因失效和独立失误降低至一个足够低的等级。

使用方法 B 的注意事项

基本过程控制系统(BPCS)回路中的每一个设备拥有自身的故障率，这是因为设备本身的设计、制造、安装和 ITPM 程序等原因造成的。回路的性能与硬件、软件和能够引起基本过程控制系统(BPCS)回路产生非需求操作的系统故障有关。其性能的评估要求考虑设备失效率、系统架构和一些系统错误，如软件或人员误操作。可以使用章节3中的讨论方法来进行验证；比如，选址特殊数据方法，ITPM记录能够用于证明设备能够达到需求的性能。

基本过程控制系统(BPCS)回路的风险削减能力受到它本身硬件和软件设计的限制。大部分商业用途的基本过程控制系统(BPCS)逻辑解算器和报警系统没有设置输入/输出卡件(I/O)或者中央处理单元(CPU)的在线冗余。一些设置冗余的，通常是设置一个备用处理器，只有当内部诊断(通常不是它们本身的冗余)检测到问题(如，热备或热切换处理器)的时候才进行动作。这样就限制了中央处理单元(CPU)的性能。

大部分商业用途的BPCS逻辑结算器内设有的内部诊断会受到覆盖范围的限制。与此相反，SIS中使用的PES需要设置输入和输出卡件的诊断来检测开关接触，设置主处理器的诊断来检测处理器的卡机或锁死。如果PES的性能等级需满足指定SIL等级的SIS回路的可靠性需求，那么这些诊断是很有必要的。硬连接逻辑解算器不需要这些诊断，比如延迟或停车放大器，它们有着很低的故障率和定义良好的故障模式。硬连接逻辑解算器是分离的且不同于其他控制系统，并且不易受到网络安全风险和数据高速通道失效的影响。

仪表和控制系统的正确运行需要多重设备正确地发挥功能。每一个设备潜在故障的累加影响经常导致单个设备要达到至少1个数量级的安装性能需求，同时该需求优于系统性能所需。例如，如果希望基本过程控制系统(BPCS)回路达到PFD=0.1，那么基本过程控制系统(BPCS)控制器通常需要PFD ≤ 0.01。工业和制造业的数据显示了一个典型的BPCS硬件(比如DSCs/PLCs)的随机硬件故障率，其范围为$10^{-5}/h \sim 10^{-6}/h$(ISA TR84.00.04−2011 Appendix F. 2.1 [ISA 2011])。这个故障率范围显示了典型的基本过程控制系统(BPCS)受限于PFD = 0.1的要求。

如果两个回路共享一些设备，包括逻辑解算器或中央处理单元(CPU)，那么由这两个回路构成的系统必须要进行评估和判定它们有≤0.01/年的故障率，从而保证这两个回路的原有性能。这个判定包括了对系统内的设施之间发生共因失效及系统发生高概率错误的考虑。如果一个系统没有按照IEC 61511 (2003)的规定来进行设计和管理，那么就必须进行基于现场的实际分析来证实这个系统达到< 0.1/年的失效概率。

与IEC 61511 (2003)相似，方法B设计提供了独立性和容错能力，并由一个强健的管理系统来支持，这个管理系统包括文件编制、访问控制、验证、校验和审计。强健设计和管理可以降低基本过程控制系统(BPCS)失效的概率，但却增加了行政费用，同时也约束了操作人员和工艺工程师对于那些与该基本过程控制系统(BPCS)回路相同的逻辑解算器控制参数和应用程序的优化。

很多时候,基本过程控制系统(BPCS)逻辑解算器需要人员输入来执行它正常的操作任务,这样就增加了人员失误的可能性。基本过程控制系统(BPCS)内的逻辑解算器通常刻意的允许人员进行访问,这样操作人员有能力更改设定值、旁路报警、变更控制回路为手动模式、进行程序变更等等。大部分的基本过程控制系统(BPCS)逻辑解算器没有内置版本的追踪能力,很难监测出配置(或程序)的改变。大部分情况下,嵌入式的软件(如固件)和应用程序发生变化时不会得到验证和确认。

基本过程控制系统(BPCS)设备正逐渐与工厂和其他外部系统集成,比如,商业企业软件系统、制造维护管理系统、中央工程进入的远程链接或非正式访问等。它的开放性给流程工业带来了巨大的收益,但是它作为基本过程控制系统(BPCS)内的保护层来说更容易发生人员失误和故意破坏的行为。

因此,使用方法B需要严格的变更和进入许可管理,确保计算机的安全和软件/数据的完整。在一些设备中,对基本过程控制系统(BPCS)逻辑解算器的进入许可和MOC需求施加足够的管理控制是可行的。但是在另一些设备里,这样做可能会增加不可接受的操作约束。在使用方法B之前,确保有足够的分析和测试数据,证明特定工艺中的基本过程控制系统(BPCS)是按照如下方式进行设计和管理的,即两个基本过程控制系统(BPCS)回路组合能够达到<0.01/年的总体性能要求。

系统分析至少要包括如下内容:

• 评估BPCS的IE和IPL之间或两个基本过程控制系统(BPCS)的IPLs之间潜在的共因失效、共模失效和系统失效,来确定这些失效相对于性能要求的影响是足够低的。

• 覆盖系统内安全回路的书面规格书,比如仪表图、P&IDs、回路图和功能规格书。

• 验证通用数据的方法:评估基本过程控制系统(BPCS)的中央处理单元(CPU)、输入/输入卡件、传感器、最终元件、人员响应等以前的历史性能。(注意:细致的检查制造商资料,确保其所应用的场景与特定安装时相似。)

• 特定装置数据方法:验证、检查、维修和测试一个重要周期的数据来证明系统达到性能要求。

• 评估硬件和软件的进入安全措施。

• 硬件和软件变更和版本控制的管理,包括设定值、配置和操作员超驰控制。

这种分析与出现在LOPA中的分析对比来说,需要更多的经验和对基本过程控制系统(BPCS)硬件和软件设计更详细的理解。因此，需要一个有能力进行这样分析的人来进行额外的验证和功能评估，以确保基本过程控制系统(BPCS)的完整性和可靠性是足够的。

使用方法 B 的设计考虑

CCPS LOPA（2001）阐述了不超过两个基本过程控制系统(BPCS)回路共用一个普通的中央处理单元(CPU)对相同的场景通常来说是可置信的，由于潜在的共因失效和系统误差。IEC 61511（2003）规定了一些限制条件。8.2.2 章节把 BPCS 作为一个 IE，9.4.2 章节和 9.4.3 章节讨论了基本过程控制系统(BPCS)作为一个 IPL 一部分时的使用方法。这些限制条件考虑了基本过程控制系统(BPCS)两大方面的内容：

- 硬件的随机失效率的设计和管理没有遵从 IEC 61511（2003）；
- 与典型的基本过程控制系统(BPCS)设计和管理相关的系统误差。

相同 LOPA 场景下，如果希望第二个拥有单一中央处理单元(CPU)的 BPCS 回路能够达到要求的可置信度（要么基本过程控制系统(BPCS)作为 IE 和 IPL，要么作为两个基本过程控制系统(BPCS)IPLs，前提是 IE 不是基本过程控制系统(BPCS)），那么需要确保如下的内容：

- 如果两个基本过程控制系统(BPCS)回路共用一个中央处理单元(CPU)，方法 B 的设计和性能考虑应当满足先前的 5.2.2.1.2 章节已经讨论过的内容。
- 传感器独立于 IE 和一些其他 IPL 中的传感器。
- 最终元件独立于 IE 和一些其他 IPL 中的最终元件。
- 相对比要求的性能而言，变更程序的可进入控制和管理能够降低人员误动作概率（例如，不正确的配置，程序错误，未获批准的旁路）至一个足够低的水平。

另外，特定装置数据方法来验证时，应当收集足够的实际测试数据、校准数据和失效数据，同时数据应当拥有足够的质量来验证 PFD 能够实现要求。

图 5.14 阐述了两个独立控制器的使用，与 IEC 61511（2003）第二部分图 2 中所展示的内容一致。这个配置示例没有将两个基本过程控制系统(BPCS)回路中的通信合并。这种配置是一种更可靠的设计，因为它是物理意义上的分开和独立，因此它为数据丢失和无意的软件更改提供了更高等级的保护。控制和安全 I/O 的隔离也为 SCAI 提供了更高的可靠性。

《安全与可靠仪表保护系统指南》(CCPS 2007b)解释了控制器可以在功能上独立，及时安全系统共享该控制器的信号。图 5.15 展示了由一些独立控制器组成的配置，这种独立控制器采用普通的高速数据通道来进行安全的通信。如果该系统被合适的设计和管理，同时每一个基本过程控制系统(BPCS)S 回路都能达

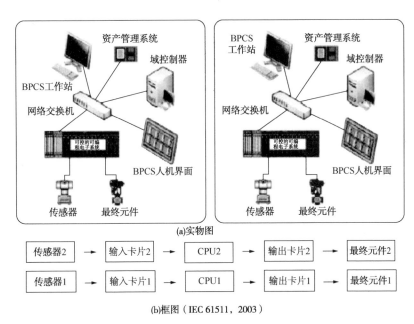

(a)实物图

传感器2 → 输入卡片2 → CPU2 → 输出卡片2 → 最终元件2

传感器1 → 输入卡片1 → CPU1 → 输出卡片1 → 最终元件1

(b)框图（IEC 61511，2003）

图 5.14　两个拥有独立控制器的 BPCS 回路在相同场景下的置信度

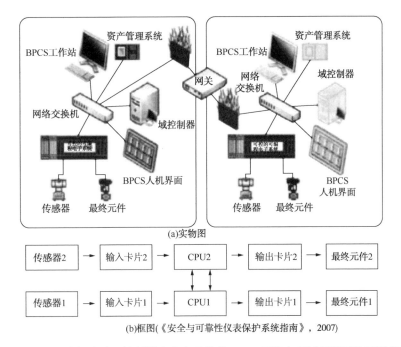

(a)实物图

传感器2 → 输入卡片2 → CPU2 → 输出卡片2 → 最终元件2

传感器1 → 输入卡片1 → CPU1 → 输出卡片1 → 最终元件1

(b)框图(《安全与可靠性仪表保护系统指南》，2007)

图 5.15　两个拥有独立控制器和安全通信的 BPCS 回路在相同场景下的可置信度

到合适的安全控制、安全报警和安全联锁条件，这个系统对于两个基本过程控制系统(BPCS)回路来说有可能达到0.01PFD的目标值。使用一个由原来的且热备的控制器构成的基本过程控制系统(BPCS)配置不足以达到两个独立的控制器可置信度，因为有潜在的共因失效的可能性。例如，一个热备的控制器共用一个普通设备的主控制器，比如底板、固件、诊断器和传递机构。

其他基本过程控制系统(BPCS)配置在图5.16中展示。这种配置是从 *CCPS LOPA*(2001)中的图11.5中改编而来的。这种架构通常不支持两个独立基本过程控制系统(BPCS)回路可置信度。

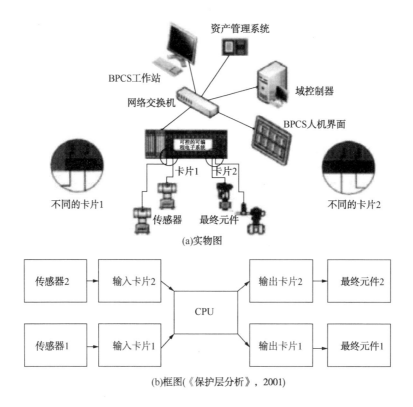

(a)实物图

(b)框图(《保护层分析》，2001)

图5.16 两个BPCS回路共享一个CPU不能支持
多重BPCS回路在相同场景下的可置信度

CCPS LOPA(2001)指出基本过程控制系统(BPCS)的中央处理单元(CPU)相比于现场设备来说，拥有至少两个(或更多)数量级的性能优势。自 *CCPS LOPA*(2001)发布以来的十年间，收集的数据并没有提供该论点的有效支持。数据显示了一个典型BPCS中央处理单元(CPU)的失效率为>0.01/年(PDS DataHandbook

［SINTEF 2010］)，因此基本过程控制系统(BPCS)的中央处理单元(CPU)的性能与许多其他的电子、机械或可编程电子设备一样。所以，很难用方法 B 来验证图 5.16 中的配置，因为方法 B 要求两个合并在一起的回路总的失效率应当低于 0.01/年。

当现场设备连接了独立的输入和输出卡件时，逻辑程序通过一个共用的中央处理单元(CPU)来执行。由于基本过程控制系统(BPCS)的中央处理单元(CPU)是单点失效，那么中央处理单元(CPU)必须证明它本身的失效率低于 0.01/年，从而使由两个回路组成的基本过程控制系统(BPCS)能够达到<0.01/年的失效率。正如之前讨论过的，基本过程控制系统(BPCS)逻辑解算器通常拥有>0.01/年的失效率，因此它们不能支持两个基本过程控制系统(BPCS)回路在相同的场景下的情况。

基本过程控制系统(BPCS)回路能够通过使用设有防火墙保护的互连系统来实现，该防火墙保障了安全数据和逻辑、独立的分布式控制系统(DCSs)、可编程控制器(PLCs)、报警系统或独立的回路控制器。当两个基本过程控制系统(BPCS)共用设备或支持能够引起互连基本过程控制系统(BPCS)危险失效的系统时，这个互连系统应被当作一个独立的系统来分析。如果基本过程控制系统(BPCS)的风险削减目标值>10，IEC 61511（2003)中的 9.4.3 条需求 BPCS 按照 SIS 系统的标准来进行设计和管理。

> 注：制造商表明在相同的场景下，相关的个体设施不足以证明两个 BPCS IPLs 或一个 BPCS IPL 和一个 BPCS IE 之间没有独立性。

由于基本过程控制系统(BPCS)的中央处理单元(CPU)和 I/O 卡件之间潜在的共因失效率，相比于图 5.16 来说，图 5.17 中展示的配置甚至达到了更差的性能(更高的失效率和更低的风险削减)。这种架构对两个可置信的基本过程控制系统(BPCS)回路来说通常是不可接受。它同 CCPS LOPA（2001)保持一致，即建议回路之间共用输入和输出卡件的基本过程控制系统(BPCS)的第二功能没有有效的可置信度。

从本质上来说，图 5.16 和图 5.17 中所示的两个基本过程控制系统(BPCS)回路的整体性能受到基本过程控制系统(BPCS)的中央处理单元(CPU)完整性的限制，基本过程控制系统(BPCS)的中央处理单元(CPU)的失效率通常被设计成在 0.1/年至 0.01/年之间。两个回路中任一配置达到可置信度需要系统按照 IEC 61511（2003)的标准来进行设计和管理。系统(或者一个相似基准的系统，该系统是其他系统参考的模型)的定量检验必须要确保硬件的完整性，同时也要确保

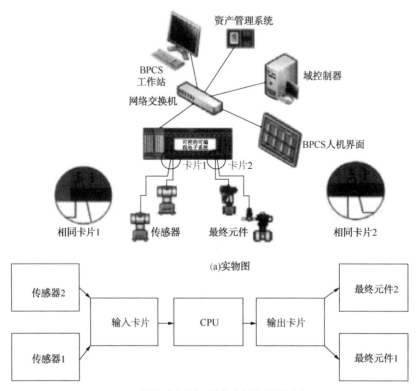

(a)实物图

(b)框图(《安全与可靠仪表保护系统指南》，2007)

图 5.17　共用 CPU 和 I/O 卡件的两个 BPCS 回路不支持
多重 BPCS 回路在相同场景下的可置信度

使用定性的评估方法来识别出系统误差的来源，以便"共因"能够在系统的设计、验证和管理阶段得到妥善的解决。

5.2.2.1.3　BPCS 中可置信交叉联锁

依照 IEC 61508（2010）进行设计并进行安全配置的 PLCs，在得到广泛应用之前，交叉使用是化工厂里的最习惯的做法。在基本过程控制系统（BPCS）逻辑中，交叉使用包含 SIS 逻辑的响应。基本过程控制系统（BPCS）逻辑解算器中，交叉使用逻辑使用基本过程控制系统（BPCS）中的传感器，但是它也可以使用 SIS 中的传感器。根据以上指定工艺条件的敏感性分析得知，交叉使用逻辑触发基本过程控制系统（BPCS）最终控制元件，同时也可以触发 SIS 最终元件。

最初，当一个通用型的 PLC 作为 SIS 逻辑解算器来使用时，应用交叉使用来解决不可知失效发生的可能性。通用型的 PLCs 是工业级的逻辑控制器，没有进行安全的配置(例如，没有看门狗计时器、开关诊断、在线冗余通道等)。基本过程控制系统(BPCS)设备中的交叉使用逻辑提供了一些保护措施来避免 PLC 硬件故障和内置应用软件的错误。

许多公司基于其他方面的收益选择交叉使用基本过程控制系统(BPCS)中的逻辑。交叉使用提供了内置软件和应用程序的多样性，降低了 SIS 中的系统误差导致事态进一步发展的可能性。交叉使用也确保了基本过程控制系统(BPCS)逻辑解算器能够利用其本身的控制元件作为停车条件，实现安全重启。

从 LOPA 的角度来说，交叉使用功能的风险削减量是受到限制的，因为传感器和最终元件同时实现了控制和安全功能。如果分析人员希望使用基本过程控制系统(BPCS)交叉使用逻辑的风险削减可置信量，需要使用定量风险分析方法来对共因失效的可能性进行合理的分析。当交叉使用逻辑的可置信度已经给出时候，由于共因失效概率的存在，风险削减因子通常远 < 10。交叉使用功能在LOPA 中不能作为 IPL，因为基本过程控制系统(BPCS)和 SIS 之间有潜在的共因失效和误差的可能性。交叉使用逻辑可以在其他 IPLs 服务周期以外的时间提供一个补偿量。

5.2.2.1.4　SIS 中的控制和报警

SIS 中也可以放置一些控制和报警，但是它们需要按照 IEC 61511 (2003)的要求进行管理。任何共享 SIS 回路和控制(或报警)回路的设备都要依据 IEC 61511 (2003)的要求来进行设计和管理。IEC 61511 (2003)提供了相应的指标来支持连续和高需求模式系统的失效分析。

当 SIS 中有控制投用时，会产生一些明显的争议，如下：

* 复杂程度增加，导致需要更多的资源来进行设计和管理

* 增加了共因/共模失效(硬件、软件和人员)的可能性

* SIS 逻辑解算器在执行控制回路和 SIS 回路功能时的局限性(例如，逻辑计算器的完整性、诊断需求、处理速度、内存、自检等)

* 控制系统软件和配置更新的局限性，因为需要保护 SIS 避免内存未经允许或无意地写，同时也避免无意的下载(包括防病毒)。

* 增加了变更控制模式的限制，由于应用于整个系统的 SIS 需要 MOC 来管理。

严格地将管理系统维持在一个高需求水平下是相当困难的。一旦 SIS 中投用了更多的非安全功能，那么就有更多的 I/O 需要管理，同时进入/变更非安全设备从而影响 SIS 运行的可能性更高。

为了削减共因失效和人员误操作的可能性，一些组织规定控制属于基本过程

控制系统(BPCS)逻辑解算器，IPLs 能应用在一个独立的 SIS 中；这些用户不能作为 IPLs 来为基本过程控制系统(BPCS)回路(控制、报警或联锁)提供可置信度。相较于基本过程控制系统(BPCS)设备来说，一些用户更多的是选择使用 SIS 设备中的安全报警，特别是仪表的最后一道保护能够阻止严重后果事故场景的发生。其他的用户使用安全操作运行限制报警是通过一个独立的报警系统实现的，而不是其他用于正常运行控制的回路或其他 SCAI 的逻辑解算器。

5.2.2.1.5　计算相同场景下的多重 SCAI

独立性评估就是对设备、程序和个人进行一种保证 SCAI 性能的检查。当在相同的场景有多重 SCAI 时，有共因或系统误差导致多重系统失效的可能性。当 IE 包含仪表和控制及 SCAI 用于阻止事件发展的时候，这种可能性也会出现。IE 和 SCAI 之间共同(或相似)的元件显示出了不充足的独立性，同时它们很难用简单的 LOPA 原则去进行评估。

当评估 SCAI 的独立性和风险削减能力时，需要注意以下三个关键问题：

(1)是否有初始事件和 SCAI 共用一些设备？

需要慎重考虑图 5.9 中列出的元件及它们的失效如何影响初始事件和列出的 SCAI。

(2)初始事件和列出的 SCAI 中所使用到的一些设备部件是否在设计、安装、配置和制造方面是类似的？

相似的设备引出了共因失效的可能性，当一个工艺需求发生的时候，该共因失效能够引起多重系统的运行故障。需考虑共因失效如何能够影响预估的危害场景频率。例如，一个危害场景能够通过安全报警来发现，需要操作人员采取高等级的工艺操作，需要 SIS 采取更高等级的动作使工艺达到一个安全的状态。如果两个 SCAI 都使用了相同的技术来检测等级，有可能两个 SCAI 都会发生故障，因为它们有相同的维护失误和建造问题。

(3)设计和管理实践是否确保了人员不能同时执行一些无意义的变更、旁路和禁用仪表的操作？这些操作可能导致初始事件和 SCAI 故障的发生。

人员的相互影响和潜在的误操作可能性可能影响一些 SCAI 对工艺的保护。应当对普通的人员和人机界面进行分析，决定管理系统是否是足够的强健，以至于能够减少系统误差的可能性至一个相对于目标的风险削减和风险场景频率来说足够低的等级。

5.2.2.2　泄放系统

泄放系统是通过快速打开足够排放面积来泄放压力或真空来保护系统，这样使系统的压力保持在可接受的范围内。减压系统通常包括一个或者多个泄压设施同时也包括相关的减排系统(比如火炬或者洗涤器)。

泄压设施在化工、石化、炼油及发电等行业已经成功应用超过一个世纪。泄压设施包括安全阀、爆破片和其他能够有泄压作用的设施。持续通风和破真空设施经常被用于防止容器内发生真空。不同泄压设施依靠不同的物理原理使它们能正常工作。了解这些设施的工作原理和失效模式是很重要的，对于特殊的应用要在考虑选择一种有足够的可靠性。

5.2.2.2.1　隔离阀在泄放系统中的作用

许多泄压系统 IPL 的单独泄压装置拥有 0.01 或更好的 PFD 值。然而，指导委员会担心，除非工厂有完善的系统确保切断阀保持开放，否则假设忽略与内联块相关联的错误率是不适当的。因此 0.1 作为保守 PFD 被用作泄压设备上游或下游切断阀泄压设备的默认值(除非是三通阀门，在任何阀位无法阻碍流量)。一些企业有健全的管理体系，可以确保阻止泄压设备上游或下游的切断阀处于正确位置，定期对管理系统进行检查，以确保适当控制阀门位置。一些企业还需要 X 射线分析泄压设备上游或下游的切断阀来确定泄压路径是开放无阻的。这表明，健全的管理体系以保证阀门的控制管理，企业可以保证泄压系统性能的失败率。

5.2.2.2.2　独立性和安全阀设计基础

保护层分析的基本原则是 IPLs 是独立的，也就是说，每个独立保护层在不依靠其他保护层操作下能够预防关注的后果。泄放设施的设计处理关注的场景是非常重要的。然而，泄放设施使用时假设另一个独立保护层至少部分是有效。在这种情况下，安全阀的有效性取决于其他设施的成功，并且两个组件不能被视为单独的独立保护层。

举例：低压到高压界面保护

举一个例子，泄放设施的设计是依赖于另一个设备可以成功运转中发现低压高压接口保护。当低压系统是连接到一个高压系统，低压保护系统超压可能是必需的。具体包括一个实例，这可能是一个问题。

- 压缩机系统从低压系统送至高压系统；
- 泵将液体从低压系统送至高压系统；
- 容器液封隔离高低压系统。

关注的是潜在后果是高压系统窜低压系统。低压系统可能超压，导致工艺物料泄漏。如图 5.18 压缩机 P&ID 所示。

这是一种常见的应用通过设置一个或多个止回阀防止从高压系统至低压系统逆流。此外，减压阀(PRV)常作为保护低压系统超压。再设计减压阀能力时有两种不同的方法可选择。

工况 1——根据 ANSI/API 521 (2008)允许通过止回阀的流量设计。

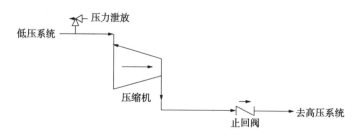

图 5.18　低压系统向高压系统示例

ANSI/API 521 减压和泄压系统导则(2008)描述：

"如果没有现场经验或企业内部指导，可以假设通过止回阀单孔直径流量等于止回阀最大直径额定流量的1/10。若安装了止回阀状态监测系统(如止回阀之间压力指示)，可以使用更低的流量值，确保泄漏概率低于低压侧泄压设施的能力。"

若遵循 ANSI/ API 521(2008)指导，根据 PRV 选型可以解决通过止回阀的少量逆流的问题。如果止回阀需求时没有发挥其功能(未关闭阀门或允许超过设计逆流的流量通过)，PRV 尺寸可能过小，低压系统将可能超压。图 5.19 是一个事件树，描述了应用 ANSI/ API 521 指导可能出现的各种情况。在这种情况下，泄压装置的正常运行依赖于止回阀能成功地阻止逆流。在这种情况下，安全阀不能独立于止回阀作为独立的保护层。IPL 最好的 PFD 为止回阀-泄压阀组合的PFD。这里，止回阀 PFD(PFD = 0.1)代表整个系统的 PFD。

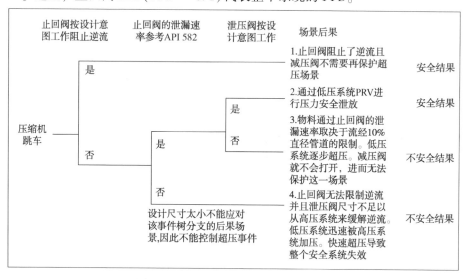

图 5.19　有限逆流泄压设备的事件树

工况 2——设计 PRV 预防无限制全通径逆流，假设止回阀失效关。

在本设计举例中，假设止回阀无法完全开启，尽量通过低压系统泄压来防止来自高压系统流体全部回流。图 5.20 展示了利用案例 2 设计时可能出现的各种情况的事件树。在此情况中，安全阀设计独立于止回阀。如果止回阀不能完全打开，安全阀仍可以防止系统超压。在这个情况下，泄压设备作为 IPL 仍然有效，且独立于止回阀。

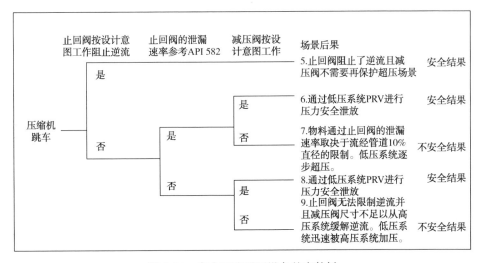

图 5.20   完全回流泄压设备的事件树

另一个依赖于安全阀尺寸的例子，在火灾事件中假设容器上涂有可以限制热量传导的防火涂层。如果安全阀只能防止已有防火涂层时产生的后果，那么防火涂层不能作为有效 IPL。然而，若防火涂层无需安全阀动作就可以减少热通量来防止严重后果，那么防火层可以作为一个有效的 IPL。

5.2.2.2.3   泄压设备；其他注意事项

保证泄压装置尺寸设计合理能有效防止关注后果发生，且能独立于其他 IPLs 动作固然很重要。为使安全阀作为有效的 IPL，合理的维护是必要的。许多国家和地方政府关于检验频率、测试方法，以及检验人员的资质认证审查都有具体要求。所以了解各地方规定规范并遵循其要求是很重要的。

泄压设备可以是防止超压的有效 IPL；然而，泄压操作可能会导致其他后果。成功触发泄放装置进行物流排放又可以作为另一 LOPA 评估场景。

下文中提供了各种用于泄压系统 IPL 的泄压设备及其配置参数。数据表中的 IPL 值基于干净、无污染的清洁服务，可能不适用于易堵塞或腐蚀情况。

相关数据见表 5.15～表 5.25，具体如下：

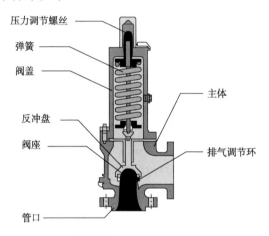

图 5.21　弹簧式安全阀

弹簧式安全阀

描述：这些装置由弹簧作用保持在关闭位置。当安全阀下的压力足以超过弹簧作用力时，阀门就会打开，物质通过阀门。一旦压力降低，弹力会迫使阀门关闭，泄压停止。弹簧式安全阀（图 5.21）已被证明是非常可靠的。然而，安装在有潜在污染物、聚合物或冻结可能的环境下的阀门可能需要更严格的检查和维护程序和/或额外的系统功能设计，如伴热，以维持可靠性。

后果：包含安全阀的 LOPA 分析场景通常是超压场景，并导致管道或容器破裂。一般的，出现管道或容器泄漏说明超压超过设计压力的 121%（更多内容参见附录 E 压力容器及管线超压注意事项）。

注：如果在计算安全阀尺寸时考虑了保护容器表面已涂刷防火涂层，那么安全阀和防火涂层总的 PFD 值为 0.01。

表 5.15　弹簧式安全阀

独立保护层的描述
弹簧式安全阀
LOPA 中使用的通用需求时失效概率(PFD)
设定压力下未能开启，0.01(100%级)
如果在泄压装置的上游或下游有一个隔离阀(切断阀)，建议 PFD 为 0.1，除非有管理系统保证阀门在维修之后可以回到适当的位置，并在操作期间保持稳定。
注：如果假设计算安全阀大小时考虑了容器表面已有防火涂层，那么防火涂层与安全阀的总 PFD 为 0.01。
该独立保护层使用通用需求时失效概率(PFD)的注意事项
● 考虑到使用场景，安全阀大小适用。 ● 进口和出口管线尺寸合理，满足泄放要求。 ● 安全阀保持清洁，耐腐蚀。 ● 在泄压前，没有流体冻住的潜在可能；如果冻住，那么阀门和管道需要安装和维护伴热设施。
通用验证方法
● 按照制造商的建议和/或适用标准设置 ITPM 频率，基于先前检查的结果进行调整。 ● 安全阀由经过认证的个人定期检验或拆除。 ● 检查入口和排泄管道，以确保没有堵塞或腐蚀从而阻碍正常操作。 ● 出现故障时进行内部检查(如腐蚀、内部部件损害或污垢/堵塞)。 ● 在重新投用前，安全阀返回至全新状态。
● 依据及通用验证方法
本指南指导委员会达成的共识。基于《泄压和排放处理系统指南》(CCPS 1998b) 第 2 章，以及最近公布的数据(Bukowski, Goble 2009)。

双弹簧式安全阀

描述： 此 IPL 包括两个弹簧式 PRV，每一个同时满负荷工作，必要时可以单独防止超压。双安全阀系统有一个常见显著的故障风险。安全阀都处于相同的工艺条件下，可能同时被污染或堵塞。此外，阀门的型号和/或制造商可能相同，可能会由同一个人同时维护。由于存在共因失效的原因，指导委员会不建议对双 PRV 系统的 PFD 使用两倍的失效概率值，这相当于肯定了两个单 PRV(PFD1×PFD2)的有效性，或 0.0001。而数据表中通用 PFD 在该失效概率基础上乘 10 作为双安全阀系统 PFD 值(0.001)。为了采用更低的 PFD，建议对设备、工艺条件

和管理系统进行完整评估，以确保管理潜在的故障常见原因。

此 PFD 适用于没有阀门的系统，可以将泄压设备与保护工艺隔离。如果关闭一个阀可以将一个设备与保护工艺隔离，那么建议复合系统的 PFD 为 0.01。如果关闭一个阀可以同时分离两个装置，那么建议复合系统的 PFD 为 0.1，相当于单个泄压设备可以由一个阀将工艺隔离(这不适用于无法阻碍任意流经的三通阀门)。如果管理系统健全且可以保证泄压设备上游或下游的截断阀保持在正确的位置，那么可以采用一个较低的 PFD 值。个体企业对其失效速率进行评估，反映其特殊的系统性能。

经常发生冻结可能会堵塞泄放路径。如果存在冻结可能性，那么通常需要对管道和泄压设备进行伴热。在这种情况下，双泄压系统的 PFD 可能受限于伴热系统的可靠性。在存在冻结可能情况下，建议分析师对适用于该特定系统的 PFD 值进行评估。

有些装置会安装两个相同设定压力的安全阀，其中一个作为备用安全阀。这样的装置，即使两个安全阀可以同时工作，但由于潜在震动可能会导致阀门受损，备用安全阀不能作为 IPL。数据表中的设备假设双安全阀总是在特定压力下工作，遵循 ASME 锅炉和压力容器规范(BPVC) VIII 部分的规定(ASME 2013)。

预防的后果：通常情况下，分析的后果是管道或容器破裂(更多内容参见附录 E)。

表 5.16　双弹簧式安全阀

独立保护层的描述	
双弹簧式安全阀	
LOPA 中使用的通用需求时失效概率(PFD)	
这些数值代表联合双安全阀体系的 PFDs 没有截断阀：0.001 有能够隔离一个安全阀的单向阀：0.01 有能够同时隔离两个安全阀的单向阀：0.1 如果健全的管理体系能保证阀门在维修后能够保持正常状态下继续工作，可提供一个改进后的 PFD 反映实际体系的性能。如果对设备、工艺条件、管理系统的完整审查能找出共因失效的原因，则应采用更准确的 PFD。	
该独立保护层使用通用需求时失效概率(PFD)的注意事项	
• 考虑到使用场景，安全阀大小。 • 进口和出口管线尺寸和机械结构设计合理。 • 安全阀保持清洁，耐腐蚀。 • 在泄压前，如果有流体冻住的潜在可能，需要考虑特定工况下的 PFD。	

续表

通用验证方法

- 按照制造商的建议和/或适用标准设置 ITPM 频率，根据先前检查的结果进行调整。
- 安全阀由经过认证的个人定期检验。
- 检查入口和排泄管道，以确保没有堵塞或腐蚀从而影响正常操作。
- 出现故障时进行内部检查(如腐蚀、内部部件损害或污垢/堵塞)。
- 在重新投用前，安全阀恢复至全新状态。

依据及通用验证方法

本指南指导委员会达成的共识，PFDs 的标准基于《泄压和排放处理系统指南》(CCPS 1998b)第 2 章，以及最近公布的数据(Bukowski, Goble 2009)。

潜在堵塞工况下的单弹簧式安全阀

LOPA 分析中非清洁服务系统的安全阀被认为是不可靠的，因为假设安全阀一定会被堵塞并因此无法正常工作。可以完善其 PFD 以匹配"清洁服务"安全阀，并提供足够的预防措施。然而，弹簧式安全阀在进行聚合物泄放时可能因聚合物堵塞为导致安全阀无效。

先导式安全阀

描述：此阀门通过一个小先导装置来开启(通常是一个小弹簧驱动阀)。见图 5.22 这对传统弹簧式安全阀的优势在于可以在接近设定压力下进行操作。然而，感应压力的先导管直径通常很小，这会增加堵塞或污染的可能。此外，如果有可压缩气体，两相先导阀需要同时处理液体和气体。

预防的后果：通常，预防的后果是管道或容器灾难性破裂。出现管道或容器泄漏说明超过设计压力 121%(更多内容参见附录 E)。

图 5.22　先导式安全阀

表 5.17　先导式安全阀

独立保护层的描述

先导式安全阀

LOPA 中使用的通用需求时失效概率(PFD)

设定压力下未能开启，0.01(100%级)

如果在泄压装置或者控制管线的上游或下游有一个隔离阀(切断阀)，建议 PFD 为 0.1，除非有管理系统保证阀门在维修之后可以回到适当的位置，并在操作期间保持稳定。

续表

该独立保护层使用通用需求时失效概率(PFD)的注意事项

- 考虑到使用场景,减压阀大小适用。
- 进口和出口管的大小正确,适合泄流。
- 安全阀保持清洁,耐腐蚀。
- 在泄压前,没有流体冻住的潜在可能;如果冻住,那么阀门和管道需要安装和维护伴热设施。

通用验证方法

- 按照制造商的建议和/或适用标准设置 ITPM 频率,基于先前检查的结果进行调整。
- 安全阀由经过认证的个人定期检验或移除。
- 检查入口和排泄管道,以确保没有堵塞或腐蚀从而阻碍正常操作。
- 出现故障时进行内部检查(如腐蚀、内部部件受损或污垢/堵塞)。
- 在重新投用前,安全阀返回至全新状态。

依据及通用验证方法

本指南指导委员会一致认为弹簧式安全阀的 PFD 是相似的。

图 5.23　平压阀

气体平衡/可调式气体平压阀

描述:泄压系统的基本要求包括需要高容量阀,可以很快开启排出来自管道的压力,然后迅速返回到正常状态(关闭),关闭期间不会造成额外的压力波动,平压阀(SRV)经常需要在一个非常短的时间内完全打开,这样快速释放全部气流。见图 5.23。

预防的后果:适当尺寸的平压阀可以防止储罐或容器由于高压波动的超压。

表 5.18　气体平衡/可调式气体平压阀

独立保护层的描述

气体平衡/可调式气体平压阀

LOPA 中使用的通用需求时失效概率(PFD)

0.01

如果在泄压装置的上游或下游有一个隔离阀(切断阀),建议 PFD 为 0.1,除非有管理系统保证阀门在维修之后可以回到适当的位置,并在操作期间保持稳定。

续表

该独立保护层使用通用需求时失效概率(PFD)的注意事项

- 阀门可能包括也可能不包括一组压力弹簧。
- 安全阀保持清洁，耐腐蚀。
- 平压阀尺寸适用于其应用的场景。
- 进口和出口管的大小正确且满足充分泄放要求。
- 模拟结果确认程序的响应时间是足够的。

通用验证方法

对堵塞或溢出污垢的检查频率取决于制造商要求和/或规定，也可根据以往的维修经验来执行。

依据及通用验证方法

本指南指导委员会达成的共识。

弯折销安全阀

描述：弯折销安全阀(BPRV)，也称为"提销"，是一个泄压设备，类似于弹簧式安全阀，但不会自动重闭。见图 5.24 泄压阀打开是通过承压件支撑销承载截面的弯曲而实现。承载销的弯曲类似于弹簧式安全阀的弹簧。弯折销通过ASME 锅炉和压力容器规范(BPVC)Ⅷ部分(ASME 2013)的认证。它可以有效地保护压力容器超压。

弯折销比许多其他类型的泄压设备更容易安装，不容易被错误安装。BPRV 也比弹簧式或先导式安全阀设计更简单。弯折销泄压设备没有特定的可靠性数据可用，但压力释放装置 ASME BPVC 第Ⅷ部分(2013)的失效概率可以代表弯折销装置的失效数据。数据表中提供的通用值适用于干净、无腐蚀性、无污染的操作工况。

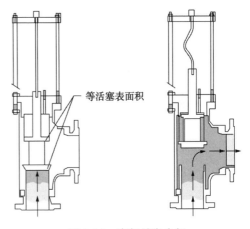

图 5.24　弯折销安全阀

预防的后果：弯折销泄压设备的正确操作可以防止容器或其他保护设备超压。通常，结果是管道或容器灾难性破裂。一般来说，出现泄漏说明压力超过设计的 121%(更多内容参见附录 E)。

表 5.19　弯折销安全阀

独立保护层的描述
弯折销安全阀

LOPA 中使用的通用需求时失效概率(PFD)

如果适当的检查，设定压力下未能开启，0.01(100%级)。

如果在泄压装置的上游或下游有一个隔离阀(切断阀)，建议 PFD 为 0.1，除非有管理系统保证阀门在维修之后可以回到适当的位置，并在操作期间保持稳定。

该独立保护层使用通用需求时失效概率(PFD)的注意事项

- 弯折销安全阀尺寸适用于其使用场景。
- 进口和出口管的大小正确且满足充分泄放要求。
- 安全阀保持清洁，耐腐蚀。
- 没有流体冻住潜在可能；如果冻住，那么阀门和管道需要安装和维护伴热设施。

通用验证方法

- 检验频率基于公司的经验和以往的检查结果。
- 小组委员会建议，安装 1 年内进行初次检查。
- 检查弯折销装置确保其行程、设置/设计限制恰当。
- 检查入口和排泄管道，以确保没有污染或腐蚀妨碍正常操作。
- 出现故障时进行内部检查(如腐蚀、内部部件损害或污垢/堵塞)。
- 弯折销安全阀返回服务之前应被重置。

依据及通用验证方法

本指南指导委员会达成的共识，弯折销安全阀没有特定的可靠性数据，但可用其他泄压设备失效概率代替弯折销装置的失效概率。

弯折销隔离阀

*描述：*弯折销隔离阀(BPIV)，见图 5.25。在概念上类似于 BPRV，但并不是通过排气来释放压力。超压导致隔离阀关闭，将保护系统与压力源隔离起来。BPIV 是在紧急关闭情况下使用的。BPIV 的 PFD 可用清洁服务环境下的弹簧式安全阀(无腐蚀，无污染)的失效数据代替。

*预防的后果：*正确操作弯折销隔离阀可以阻止更高的压力以防止容器或系统的超压。

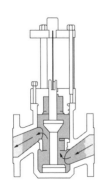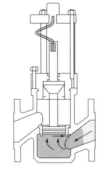

图 5.25　弯折销隔离阀

表 5.20 弯折销隔离阀

独立保护层的描述
弯折销隔离阀

LOPA 中使用的通用需求时失效概率(PFD)

如进行适当的检查,设定压力下未能开启,0.01(100%级)。

　　如在弯折销隔离阀的上游或下游有一个隔离阀(切断阀),建议 PFD 为 0.1,除非有管理系统保证阀门在维修之后可以回到适当的位置,并在操作期间保持稳定。

该独立保护层使用通用需求时失效概率(PFD)的注意事项

- 弯折销隔离阀用在清洁服务,对于特定服务需要耐腐蚀特性。
- 弯折销隔离阀需要在一定压力下关闭来保护下游装置。

通用验证方法

- 检验频率基于公司的经验和先前的检查结果。
- 小组委员会建议,安装 1 年内进行初次检查。
- 检查弯折销装置,以确保它的正常运行和适当的设置/设计极限。
- 阀门内部检查为了检测任何可能存在的物质积累,避免阀门不能完全关闭。
- 检查任何会妨碍阀门正常操作的腐蚀情况。
- 弯折销隔离阀重新投用前应恢复如初设置。

依据及通用验证方法

本指南指导委员会达成的共识,弯折销隔离阀的失效概率与弯折销安全阀相似。

爆破片

描述: 爆破片(RD)是一个由各种材料(即石墨、陶瓷、不锈钢等)组成的磁盘结构,见图 5.26。爆破片可以设计在指定压力范围内爆破。爆破片可以单独或结合安全阀使用。爆破片通常应用于以下情况:

- 工艺流体的性质(聚合、腐蚀、污染等)不适合使用安全阀,或者不适合单独使用安全阀的情况。

- 所需泄压量太大,仅采用安全阀不可行。

爆破片的主要缺点是它一旦发挥作用就无法再次使用;当爆破片破裂后,会排出大量物料。另外,爆破片可能会由于临时系统压力激增而破裂,这时就需要更换爆破片。

预防的后果: 爆破片可以防止

图 5.26 完整和破裂的爆破片

超压而引起管道或容器破裂。一般来说，出现泄漏说明压力超过设计值121%（更多讨论请参见附录E）。

表 5.21 爆破片

独立保护层的描述
爆破片

LOPA 中使用的通用需求时失效概率(PFD)
如果在泄压装置的上游或下游有一个隔离阀(切断阀)，建议 PFD 为 0.1，除非有管理系统保证阀门在维修之后可以回到适当的位置，并在操作期间保持稳定。

该独立保护层使用通用需求时失效概率(PFD)的注意事项
• 爆破片尺寸合适。 • 进口和出口管的大小正确且满足充分泄放要求。 • 爆破片保持清洁，耐腐蚀。 • 在泄压前，没有流体冻住的潜在可能；如果冻住，那么阀门和管道需要安装和维护伴热设施。

通用验证方法
• 初期检验频率依据服务装置的重要程度和以前的检验记录。 • 查看爆破片上的标签确认装置的规格。 • 检查进出管口的初始状态，例如污染或腐蚀，这会导致爆破片在高压下爆炸。 • 通常是就地检查，如果可以进行内表面全面检测，则做内表面检查。 • 如果爆破片不在预加力矩底座上，或者无法原地检查，则需要更换爆破片。 • 如果不能在原地检查或者超过了爆炸压力，则爆破片替换频率取决于维修记录。

依据及通用验证方法
本指南指导委员会达成的共识，参考《泄压和排放处理系统指南》(CCPS 1998b) 第 2 章。

带爆破片的弹簧式安全阀

描述：这个组合由弹簧式安全阀及其上游爆破片组成，见图 5.27。爆破片通常与安全阀一并使用；爆破片可以保护安全阀免受腐蚀、污染或堵塞介质影响，因此单独使用安全阀不可取。爆破片必须不易碎，进而防止安全阀堵塞和/或重力开启。在阻塞情况下，爆破片需要定期清洗，保持干净。爆破片的主要缺点是无法再次接通；使用减压阀/爆破片组合解决了这个问题。然而，弹簧式安全阀在进行聚合物泄放时可能因聚合物堵塞为导致安全阀无效。

> 警告：如果爆破片发生针孔泄漏，那么爆破片两边的压力可以得到平衡。若发生超压事件，爆破片不能缓解压力，PRV/RD 组合可能失效。爆破片和安全阀之间的压力监测能够及早发现并修正爆破片的泄漏。

预防的后果：通常结果是超压，导致管道或容器破裂。一般来说，出现泄漏说明压力超过设计值的 121%（更多讨论参见附录 E）。

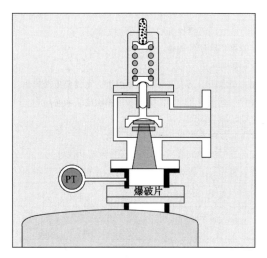

图 5.27 带爆破片的弹簧式安全阀

表 5.22 带爆破片的弹簧式安全阀

独立保护层的描述
带爆破片的弹簧式安全阀

LOPA 中使用的通用需求时失效概率(PFD)
如果在泄压装置的上游或下游有一个隔离阀(切断阀)，建议 PFD 为 0.1，除非有管理系统保证阀门在维修之后可以回到适当的位置，并在操作期间保持稳定。

该独立保护层使用通用需求时失效概率(PFD)的注意事项

爆破片和安全阀满足各自的特殊要求，参考表 5.15 和表 5.21。
- 检查爆破片的下游确保它的持续完整性。
- 使用压力传送器或有报警系统的开关或正常操作的压力表可以检查爆破片和减压阀之间的部分。堵塞情况下减压阀/爆破片的组合使用同样要求爆破片保持干净。
- 非薄膜片形式的爆破片用于避免因碎片带来的阻塞和/或安全阀的关闭。
- 特殊工况下耐腐蚀。
- 没有流体冻住的潜在可能；如果冻住，那么阀门和管道需要安装和维护伴热设施。

一些行业组织，例如那些氯气学会下面的一些组织，会根据内部指导进行设备组合。例如，氯气学会(2011)制定了一个爆破片是安全阀主体必须部分的标准。

通用验证方法

- 初期检验频率依据服务装置的重要性和以前的检验记录。
- 查看爆破片上的标签能确认装置的规格。
- 检查入口管和卸料管和爆破片。
- 如果爆破片不在预加力矩底座上，或者无法原地检查，则需要更换爆破片。
- 检查员应该记录爆破片和减压阀之间的压力从而证明检测了实时压力。
- 特定人员对安全阀定期清除和测试。
- 检查进气管和排泄管道确保没有阻塞和腐蚀阻碍正常运行。
- 出现故障时进行内部检查(如腐蚀、内部部件损害或污垢/堵塞)。
- 如果不能在现场检查或者超过了爆炸压力，则爆破片替换频率基于维修记录。
- 在工作前，安全阀返回至全新状态。

依据及通用验证方法

本指南指导委员会达成的共识，参考《泄压和排放处理系统指南》(CCPS 1998b) 第 2 章。

真空保护和/或卸压孔

描述：真空保护和/或卸压孔(VPRVs)也被称为保护孔或真空压力排气阀门，见图 5.28。这些设备用来防止超压(如在灌装时发生的气体排泄)，和/或防止真空(如液体被排除时进入空气)。其还可以减少气体排放，经常用于含有较低液体闪点的容器中。泄压孔也经常用于容器的气相空间。

泄压孔通常用于常压储罐、低压力容器或设备。泄压孔可以是弹簧或装载质量驱动的，通常使用法兰安装在容器的气相空间内。

当评估 IPL 的泄压孔时，要考虑设备的操作方式。如果容器的主要保护方式是缓解真空(如保护气)或缓解压力(如向排放系统泄放)，那么泄压孔可被视为 LOPA 中的 IPL。但是，如果泄压孔是容器的主要泄压手段，那么需要频繁操作泄压孔。泄压孔处于高需求模式，泄压孔故障将被视为初始事件，而不是 IPL。高需求模式请参考章节 3.5.2。

应定期检查泄压孔不受雪、冰、巢或其他碎片的阻塞。泄压孔可能会带阻火器，以防止外部火焰进入易燃的空间。如果阻火器与泄压装置安装在一起，那么阻火器应在清洁环境中工作，避免气相空间受污染。也需要定期检查阻火器的堵塞情况(阻火器的讨论参见章节 5.2.1)。

预防的后果：正确操作泄压装置可以防止超压和/或真空。比起超压，真空场景不太可能产生重大泄漏，更常见的是容器受损和轻微泄漏。

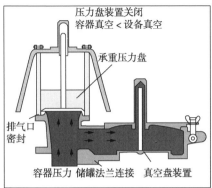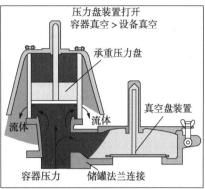

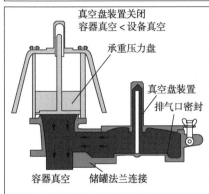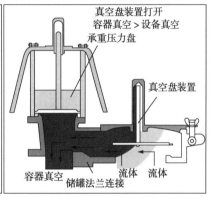

图 5.28　真空保护和/或卸压孔

表 5.23　真空保护和/或卸压孔

独立保护层的描述
真空保护和/或卸压孔

LOPA 中使用的通用需求时失效概率(PFD)

0.01

如果在安全阀的上游或下游有一个隔离阀(切断阀)，PFD 为 0.1，除非有管理系统保证阀门在维修之后可以回到适当的位置，并在操作期间保持稳定。

该独立保护层使用通用需求时失效概率(PFD)的注意事项

- 安全阀尺寸对特定情况适用。
- 阀门正确的运行，参考之一为 API 2000 (2009c).
- 进口和出口管的大小正确且满足充分泄放要求。
- 安全阀保持清洁，耐腐蚀。
- 设备运行需求低。
- 如果流体或气相部分的水分冻结，那么阀门和管道需要安装和维护伴热设施。

续表

通用验证方法

- 根据制造商建议制定检查频率，也可根据以往的检查记录。
- 检验频率是基于类似的服务，相关法规/标准及实际性能数据。
- 视察发现故障的征兆，设备恢复如初后返回服务。

依据及通用验证方法

本指南指导委员会达成的共识，弹簧式或重力式真空保护和/或减压阀没有具体的失效数据。美国机械工程师学会部分 Ⅷ（2013）减压阀的失效概率可以作为弹簧式和重力感应式安全阀的数据。安装和验证参考 API 2000（2009c）和 API 221（1991）。

破真空阀

描述：破真空阀也被称为真空泄压阀（VRV）或真空安全阀（VSV），见图5.29，是一个放置在大气或低额定压力容器中的设备，可以防止真空导致的破裂。

类似的概念也可用于防止液体回流代替气压排液管。液体线的破真空阀通常包含一个隔膜片，由工艺气体提供的压力压住小泄放孔。若供应压力降低，隔膜片回收，打开泄放孔，让外面的空气进入。

与 VPRV 一样，应考虑设备的操作方式。如果容器的主要保护方式为缓解真空（如保护气），那么破真空阀可被视为 LOPA 中的 IPL。但若破真空阀是该容器的主要泄压方式，那么破真空阀将被频繁操作。破真空阀处于高需求模式，破真空阀故障将被视为一个初始事件，而不是 IPL。高需求模式请参考章节 3.5.2。

预防的后果：破真空阀可以防止容器破裂和损坏。破真空阀也可以防止气体通过虹吸进入保护系统，如果系统压力下降，这有助于防止污染。比起超压，真空不太可能产生重大泄漏，更常见的是容器损坏和轻微泄漏。

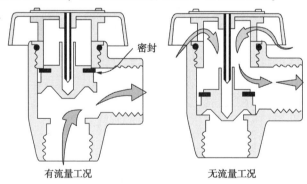

图 5.29　破真空阀

表 5. 24　破真空阀

独立保护层的描述
破真空阀

LOPA 中使用的通用需求时失效概率(PFD)
0.01

如果在破真空阀的上游或下游有一个隔离阀(切断阀),PFD 为 0.1,除非有管理系统保证阀门在维修之后可以回到适当的位置,并在操作期间保持稳定。

该独立保护层使用通用需求时失效概率(PFD)的注意事项

- 真空安全阀、真空泄压阀或破真空阀尺寸应满足于适用场景要求。
- 进口和出口管的大小正确且满足充分泄放要求。
- 运行要求无污染,且破真空阀无污染记录。
- 破真空阀需耐腐蚀。
- 设备运行需求低。
- 没有流体冻住的潜在可能;如果冻住,那么阀门和管道需要安装和维护伴热设施。

通用验证方法

- 根据以往的检查记录和制造商建议制定检查频率。
- 检验频率是基于类似的服务、相关法规/标准以及实际性能数据。
- 视察发现破真空阀出错的征兆,设备恢复如初后返回服务。美国石油协会 2000 (2009c)提供了可靠地指导方针。

依据及通用验证方法

本指南指导委员会达成的共识,参考《安全与可靠性仪表保护系统指南》(CCPS 2007b) 第 288 页,表 B4。

平底罐易碎顶部

描述: 大气和低压可燃液体储罐需要紧急泄放口,从而泄放暴露于火灾中造成的压力。为了达到这个要求,顶-壳的连接方式在罐体(圆形底部)受到膨胀作用力失效之前就会被冲破。这种类型的设计被称为"易碎顶部"。易碎顶部(图 5.30)的目的是提供一个大的泄放区域,防止储罐罐底缝隙泄漏。当其他泄放方式实际不可用时,易碎顶部可以提供紧急泄放。

用于设计地上可燃液体储罐的准则给出了很多顶-壳的连接方法。这些准则包括 API-650 (2013),API-2000(2009c),NFPA-30 (2008a),US OSHA 29 CFR 1910.106 (2005),UL-142(2007)。

预防的后果: 使用易碎顶部可以预防的后果是顶-壳连接的失效,这可能导致容器被推动,瞬间释放罐内物料。如果易碎顶部被打开,那么有另一个需要考虑的结果。罐底和罐体保持不变,但顶部可能会发生故障。这仍可能导致气相泄

漏或产生火球。因此，易碎顶部是否被认为是一个有效 IPL 取决于其是否可以防止具体的后果。易碎顶部可能会限制对环境和附近工艺设备的破坏，但对人受气云或火球的伤害保护可能不足。当易碎顶部作为 IPL 防止顶-壳连接失效时，应该评估顶部的失效。

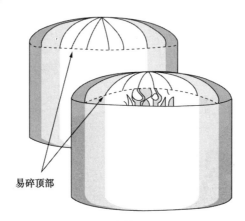

易碎顶部

图 5.30　平底罐的易碎顶部

表 5.25　平底罐易碎顶部

独立保护层的描述
平底罐易碎顶部
LOPA 中使用的通用需求时失效概率(PFD)
0.01
该独立保护层使用通用需求时失效概率(PFD)的注意事项

　　易碎顶盖提供一个泄放口防止平底储罐罐底的缝隙出现泄漏，从而使罐体离开原地并立即释放内容物。这对于紧急泄放有重大作用，而其他的泄放措施可行性不大。罐体设计合理且对于设施有基础保障。设计特色主要体现在以下几个部分：

- 罐顶缝隙在目标设定压力和低于储罐上升压力脱离原位。
- 前角环(或它的支撑结构)的规格不宜过大，因为这是期望在事件中首要损失的关键部件。任何提高顶部(规格)强度/刚度的因素都可能会增加顶压失败，进行评估并确保按原规定执行设计。
- 储罐底座、底圈、螺栓的数量、螺栓长度和直径的设计应足以使储罐本体在事故中保持原位不移动。
- 储罐基础应能支撑罐体，底座螺栓应保证罐体与基础连接稳固。

不能出现通道、管道或其他障碍物防止易碎顶完全打开并泄放必要的压力。

通用验证方法

- 周期性视察顶部焊缝，顶盖和锚环的腐蚀或开裂迹象。
- 视查底座、螺栓和混凝土是否有腐蚀或开裂的迹象，确保容器仍能安全地固定在基础上。
- 对于外部检查，检查员利用无干扰超声检测器检测壁厚、顶板厚度和泄漏孔，检查结果与原始的设计对比。检查标准参考其中之一：API(美国石油学会)标准 653（2009a）。
- 每五年(或者更频繁，取决于操作规程或者以往的检查结果)有资格的容器检查员进行外部视察及无干扰超声检测。
- 每十五年(或者更频繁，取决于操作规程或运行条件或者以往的检查结果)有资格的容器检查员进行内部完整检查。
- 视察、超声检测及内部视察结果以文件形式展现。

依据及通用验证方法

本指南指导委员会达成的共识，设计标准参考：API 标准 650 焊接钢容器存储石油 12 版（2013）；API 标准 653 容器检查、修复、改建和重建（2009a）；美国石油学会出版 937 对带有易碎顶盖储罐设计标准的评估（1996）。

爆炸隔离和泄放

化工工艺系统通常由若干设备及其相连接管道组成。一个设备的爆炸可能会通过这些管道传播到其他连接设备中。隔离是一种可以防止火焰传播并接触连接容器的方法。

主动隔离系统是利用来自压力、火焰、爆破片探测器的一个信号触发一个或多个隔离设备。被动隔离系统包括可以利用爆炸冲击波关闭隔离阀的机械阀门。一旦被激活，隔离设备迅速关闭防止火焰传播，以及爆炸冲击波传至其他连接设备。

NFPA（美国国家消防协会）654（2013）提出了应在何时设置隔离装置，以防止连接设备之间的爆炸传播。关于爆炸隔离阀及其更多使用指导参见 NFPA 69（2008 c）。

爆燃泄放是另一个防爆技术。由于相对于其他系统类型较简单、效率、成本低下，因此被广泛应用。爆燃孔可以用来保护工艺设备和结构。当泄放口在指定的压力下打开，释放燃烧气体和燃烧固体，这可以迅速防止工艺设备或建筑物的超压。

泄放口设计应至安全的位置。泄放管设计应尽可能短，通常截面与泄放面积一样大，以确保足够的泄放区域。应最小化管弯曲程度，因为弯曲会增加泄压时阻力。当泄放口无法泄放至建筑物外或安全位置，可以使用无焰通风设备。气体从无焰通风设备排出，粉尘被捕捉，火焰被冷却，这样没有火焰释放到外界环境中。

另一个可用的防爆系统是爆燃抑制系统。这个系统包括一个传感器，能非常灵敏地检测初期爆炸。一旦检测到爆炸，切断阀迅速动作用抑制剂包裹设备，在超压前扑灭火焰。这些复杂的系统为特定的应用所设计，爆燃抑制系统没有通用 PFD。

数据表 5.26~表 5.28 涵盖了三个典型的爆炸隔离/泄放应用：

表 5.26——爆炸隔离阀；

表 5.27——工艺设备爆炸板；

表 5.28——泄放孔盖板。

表 5.26　爆炸隔离阀

独立保护层的描述
爆炸隔离阀
LOPA 中使用的通用需求时失效概率(PFD)
0.1
该独立保护层使用通用需求时失效概率(PFD)的注意事项
参考 NFPA 69 防爆系统标准(2008c)。爆炸隔离阀可以缓解爆燃后果但不能阻止。
通用验证方法
● 根据制造商建议和以往的检查纪录制定检查频率。 ● 检查和测试可以在线或者离线操作，并对故障征兆(如污染、堵塞、黏附和腐蚀)进行内部检查。 细节参考 NFPA 69 防爆系统标准(2008c)。
依据及通用验证方法
本指南指导委员会达成的共识，固体处理系统参考 NFPA 69 防爆系统标准(2008c)NFPA 654(2013)。

表 5.27　工艺设备卸压板

独立保护层的描述
工艺设备卸压板
LOPA 中使用的通用需求时失效概率(PFD)
0.01
该独立保护层使用通用需求时失效概率(PFD)的注意事项
● 根据 NFPA 68(2007)或者其他设备材料使用标准设计的卸压板，能够防止尘埃/蒸气/气体爆炸引起的容器超压。 ● 联合管道系统根据标准设计的减压或防爆体系。 ● 爆炸被转移到安全地点，卸压板能防止内部爆燃，但无法阻止爆炸。

通用验证方法
• 检验频率基于制造商的建议和先前的检查记录。 • 检查面板确保安装良好且面板表面没有杂质累积。

依据及通用验证方法
本指南指导委员会达成的共识，卸压板没有具体的 PFD，但其原理与爆破片相似，因此给出了相同的 PFD 参考。参考 NFPA 68(2007) 与 NFPA 69(2008c) EN 14491(BS 2006)，或者其他合适的设计标准。

表 5.28　壳体卸压板

独立保护层的描述
壳体卸压板

LOPA 中使用的通用需求时失效概率(PFD)
0.01

该独立保护层使用通用需求时失效概率(PFD)的注意事项
卸压板被设计为： • 有足够泄放口防止最高温度情况下超压。 • 有经验的专家设计了合理的方法，使卸压板能有效迅速响应并缓解了事故。这需要考虑在事故中卸压板的冲量和背压，以及受力体(例如墙壁)的动态载荷。 • 在设备中有潜在真空，如果适用，这样的卸压板在实际工艺条件下依旧可靠。 • 防止人员和设备损害，包括用铰链和电缆防止卸压板爆炸，以及限制人员进入泄放区域。 • 管道系统有一个明确的路径，没有流动阻力，从而不会妨碍卸压板有效动作。 • 卸压板可以被定期的检查、维护。 设计参考：NFPA 68(2007)，欧洲 VDI 3673(2002) 和防爆指令 94/9/EC(2009)。

通用验证方法
• 目检频率取决于运行状态以及制造商的建议。 • 对卸压板进行日常维护，包括检查可能会影响泄放区域的污染物或腐蚀情况，以及具备迅速泄放的能力。 • 用于牢固卸压板的铰链或其他设备，需要检查损坏情况和金属疲劳性。 • 密封圈根据制造商指定的进行更换。 • 对于粉尘应用方面，设备更换影响的泄放区域更大，因此该应用应该包含在 MOC 工艺变更中。

依据及通用验证方法
本指南指导委员会达成的共识，基于与爆破片的 PFD 一致性。

爆炸隔离阀

　　描述：爆炸隔离阀(图 5.31)是一个快速动作的机械屏障，可以阻止潜在的火焰进入其他工艺设备。爆炸隔离阀会一直保持打开状态直到收到一个从压力响

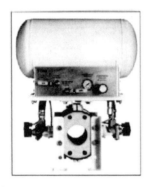

图 5.31　爆炸隔离阀

应器和/或检测热粒子、余烬和火焰的光学传感器发来的信号才关闭。一旦检测到信号，蓄气筒快速隔离管道。阀门在毫秒内迅速响应并关闭。这种快速反应阻止了热粒子、余烬、火焰，或管道内部压力通过。然而，在爆燃已经发生的地方，这不能起到预防作用。

NFPA 654（2013）说明了应何时提供隔离装置，以防止连接设备之间的爆炸传播。关于爆炸隔离阀及其使用请参见 NFPA 69（2008 c）。

预防的后果：爆炸隔离阀可以防止相互连接设备之间的火焰传播。

工艺设备泄压板

描述：卸压板（图 5.32）通过牺牲部分设备外壳来工作（类似于爆破片破裂），如果内部发生爆燃，容器内的压力迅速增加。卸压板是为了防止容器或管道由于内部尘埃/蒸气/气体爆燃超压。这是根据 NFPA 68（2007）或其他适当的标准基于特定的材料设计的。

图 5.32　卸压板和无焰孔

爆炸被泄放到安全环境中，安全泄放位置应被良好维护和控制。未能达到这个要求的卸压板不能作为防止人员伤害的 IPL。预测火球大小来确定爆炸泄放口的安全距离见 NFPA 68（2007）或其他适当标准方法。粉尘爆炸产生的火球比起蒸汽/气体爆炸更大。通过设计可以熄灭火焰并显著降低对工艺设备或附件的潜在影响。

预防的后果：在内部灰尘/蒸气/可燃气爆炸下，适当的卸压板可以保护容器或管道超压；然而，为了保护人类免受伤害，火焰和燃烧产物需要排放至一个安全位置。同时，卸压板不能设计成可以被爆炸冲击波抛出以免造成二次伤害。

壳体上的卸压板

*描述：*卸压板或卸压门开启将热的爆燃气体排出壳体或室内。爆燃泄放口在预定的压力下打开，称为爆破开启压力 p_{stat}。带压气体直接或通过排气管道排放到大气中，这会导致爆燃气体压力降低 p_{red}。卸压孔的目的是为了使压力 p_{red} 低于壳体或容器的破裂压力。

在设计带卸压板的封闭设备时，最重要的是卸压板在最低实际压力下开启，同时避免无意打开和泄漏（Grossel 和 Zalosh 2005）。卸压板的材料设计应足以承受正常操作压力。卸压板需要能被迅速打开，且不能对别的设备或人员构成威胁。

建筑结构或房间卸压口可以有各种各样的设计：

- 铰链门，窗户，卸压板；
- 剪切和拉紧紧固件；
- 摩擦闭合口；
- 易碎顶部或弱墙壁结构；
- 大面积板。

更多讨论参见 NFPA 68（2007）。

*预防的后果：*卸压板可防止封闭壳体或房间损坏。然而，卸压板启动会产生压力波和气体泄漏。如果卸压板将物料泄放至人员活动区域，则为无效的 IPL，因为这会影响附近的工人。如果卸压板泄放位置无人员活动，则它就是有效的 IPL。需要清楚卸压板的影响，以确定卸压板是否可以保护特定场景。

壳体卸压板示例见图 5.33，相关数据见表 5.28。

图 5.33　壳体卸压板示例

5.2.2.3　其他机械装置

本节讨论多种可作为有效的独立保护层(IPLs)的自力式机械装置。机械装置可由工艺物流驱动,能作为模拟装置(如压力调节器)或独立操作装置(如过流限制阀)使用。本节列出的可作为IPLs的机械装置在本书中其他章节未曾讨论。

过流限制阀

描述:过流限制阀是当物料流量达到预定流速或压差时,用来切断物料的机械装置。过流限制阀通常是自力式的,其阀体内部包含了全部机械结构。

过流限制阀的设计型式有多种。阀体尺寸从小管径(1/2英寸)到大型管道系统(10英寸或更大)均有广泛应用。通常设计类型包括:

- 弹簧式;
- 电磁式;
- 活塞式;
- 重力式。

过流限制阀有时会安装在无水液氨储罐和液化石油气(LPG)储罐的底部出口。内置过流限制阀可以安装在液氯和无水液氨罐车内部。这些装置可以防止在储罐附属管道或临近管道出现灾难性破裂情况下,储罐内容物料泄漏。过流限制阀还可以安装在工艺管道管线中。

过流限制阀不是能阻止容器内物料泄漏的IPL,而是,当物料泄漏时,它能限制物料扩大泄漏。过流限制阀是否能作为一个有效IPL,取决于关注的事故场景后果。如果小泄漏会引发严重后果,即使成功开启过流限制阀也不能阻止泄漏,则该过流限制阀不是一个有效IPL。这类过流限制阀通常不会设计成防止某种特定类型的泄漏场景,如下所述。

无论采用哪种关闭机制,阀门最终还是依靠流体流经阀体所产生的力进行关闭。除非流体流速超过过流限制阀的设计关闭速度,否则阀门不会关闭。很多事故案例都是因为小泄漏、法兰垫片失效或过流限制阀附近的小口径管线失效时,过流限制阀失效关不上所导致[参见美国环保局(EPA)和美国化学品安全委员会(CSB)2007年联合发布的事故通报]。

有计算方法(Freeman与Shaw 1988年)可用来估算流体流经过流限制阀的流速,需考虑管道布置、流体特性和泄漏场景。如果结果表明流体流速超过过流限制阀的设计关闭流速,则过流限制阀是可以阻止泄漏的有效措施。总之,如果关注的事故后果是高流量下的大泄漏,如全口径破裂,那么过流限制阀在设计合理,并被良好地安装和维护(包括定期检查或更换)的情况下可以作为一个独立保护层。

过流限制阀

描述：过流限制阀是当物料流速达到预定流速时，用来切断物料的机械装置，见图 5.34。管道破裂情况下，过流限制阀是一个可以避免容器内容物料灾难性泄漏的缓解性独立保护层（IPLs）。其主要失效机制包括阀堵塞、阀座腐蚀、阀内部机械损伤、振动诱发泄漏及阀故障。

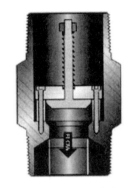

图 5.34　过流限制阀

过流限制阀设计本身存在很多考虑和局限性，应在保护层分析（LOPA）评估中予以考虑。如果所关注场景的后果是某种泄漏，过流限制阀则无法针对该场景提供保护，并且对因流速低而无法触发过流限制阀关闭的情况，需要增加额外的保护措施。有计算方法（Freeman 与 Shaw 1988 年）可以估算需求的流体流速，流速超过过流限制阀设定流速时可确保管线失效时及时关断。

预防的后果：过流限制阀可以避免因软管或管道失效造成的大量泄漏。

相关数据见表 5.29。

表 5.29　过流限制阀

独立保护层的描述
过流限制阀
LOPA 中使用的通用需求时失效概率（PFD）
0.1 某些清洁、无污染工况的系统中，深入分析后可调整为 0.01
该独立保护层使用通用需求时失效概率（PFD）的注意事项

- 过流限制阀必须合理设计用于关断，并且正确安装在储罐出口或管道上，确保管道意外失效，能够快速关断该阀下游流量。
- 关键是最大限度地降低过流限制阀下游背压，确保满足触发动作的流量要求。可以采用 Freeman 与 Shaw（1988 年）方法，用以验证某一给定工艺条件下的某种物料可能在触发过流限制阀关闭的某一流速下发生泄漏。
- 对于不可压缩流体，采用标准流体流量计算方法，例如发表在"Flow of Fluids"上的文章："Through Valves, Fittings and Pipe, Crane Technical Paper 410（Crane 2009）"，可用于验证过流限制阀关闭可能性。

过流限制阀应该：

- 能够阻止重大场景的发生；
- 表面清洁、无腐蚀、无污垢；
- 正确安装在无振动、低应力区域。

续表

通用验证方法
根据制造商建议和以往检验历史记录，设定检验和测试频率。请参考美国材料实验协会标准（ASTM F1802-04 2010），其中包括了天然气管道系统对过流限制阀的要求及测试方法。关注的失效机理包括阀堵塞、阀座腐蚀、阀内部机械损伤、振动诱发泄漏或阀门故障。

依据及通用验证方法
本指南指导委员会达成的共识：过流限制阀操作及设计原理类似于止回阀。因此，只要过流限制阀的管理程序（包括定期检验和测试）堪比检验、测试与预防性维修（ITPM）流程，则其可靠性特性与止回阀相同。

图 5.35　流量限制孔板

流量限制孔板

　　描述：流量限制孔板（有时也称为节流孔板）用于限制自某一来源流量过大的风险，属于没有移动部件的流道直径机械限制装置，见图 5.35。根据所需最大流速和预期上游压力确定流量限制孔板的尺寸，如果上游压力增加，该最大流量假定值可能不再有效。数据列表中提供的通用需求时失效概率（PFD）假定流量限制孔板工作于清洁工况，用于防止过大流量超速可能导致的不良后果。

　　预防的后果：流量限制孔板可以防止流量高于规定值，即通过孔板给定某一可能的最大压力降。

　　相关数据见表 5.30。

表 5.30　流量限流孔板

独立保护层的描述
流量限制孔板

LOPA 中使用的通用需求时失效概率（PFD）
0.01

该独立保护层使用通用需求时失效概率（PFD）的注意事项
● 孔板处于清洁、无腐蚀、无磨蚀工况，上游高压或其他任何情况下均可以有效限制流量，并使其低于额定流量。孔板的尺寸应在额定工况下合理计算。 ● 通过检验、测试与预防性维修（ITPM）管理和变更管理系统，防止限流孔板移位和更换（钻孔，孔径扩大）。

续表

通用验证方法
根据以往的检测情况确定定期检验的频率。目视检查孔板的腐蚀、磨蚀和污垢情况。测量孔板的开口直径确保尺寸适当。

依据及通用验证方法
本指南指导委员会达成的共识。

管道冲击缓冲罐

描述：该缓冲罐是在流量波动时，起减震器作用的一个内联容器，见图 5.36。表 5.31 中的要求时危险失效概率(PFD)假设管道系统在设计时已经考虑避免压力，使得该独立保护层(IPL)被用于低需求模式。如果压力波动频繁，则管道冲击缓冲罐可能实际运行于高要求

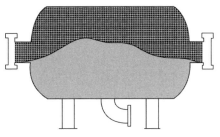

图 5.36　囊式冲击缓冲罐

模式，并应确定适当的初始事件频率(IEF)。详情请参见 3.5.2 节，在高需求模式的运行信息。

预防的后果：管道冲击缓冲罐可以防止突发流量变化导致压力波动(水击)所造成的潜在结果。

表 5.31　管道冲击缓冲罐

独立保护层的描述
管道冲击缓冲罐

LOPA 中使用的通用需求时失效概率(PFD)
0.01 防止压力冲击(水击)的失效数据

该独立保护层使用通用需求时失效概率(PFD)的注意事项
• 缓冲罐的尺寸应考虑到所有失效场景。
• 到位的日常流程保证气囊中保护气体维持适当的压力。

通用验证方法
根据制造商建议以及以往检测情况确定检验间隔。
• 检验应发现气囊即将失效。
• 更换气囊应根据制造商建议。

依据及通用验证方法
本指南指导委员会达成的共识。

起独立保护层(IPL)作用的止回阀

描述:止回阀(也可称作逆止阀、单向阀或瓣式止回阀)是一种通常仅允许液体或气体单向流过的机械装置,见图5.37。止回阀会自动工作并且没有阀柄和阀杆。其在某一特定压力下(有时亦称开启压力)才能在流体运动方向法线上开启。通过该止回阀存在较高压力差时更有效,而较低压力差的使用环境往往不太有效。不同的应用环境使用不同类型的止回阀:

• 瓣式止回阀应用于很多过程工业环境,并带有一个铰接式闸门(通常有一根弹簧保持其处于关闭状态,直到流体达到开启压力才能动作)。

• 旋启式止回阀属于一种蝶形止回阀,内部铰链上的一个阀瓣可以摆动,即可以紧贴阀座阻塞逆流,也可以离开阀座允许顺流。阀座开口横截面垂直于两端口之间的中心线或成一定角度。大型止回阀通常是旋启式止回阀。

• 球形止回阀是用一个球体作为移动部件来阻塞流体。某些球形止回阀中,球体由弹簧加载保持其关闭状态。球形止回阀为阻止形成逆流,利用圆锥形的锥面引导球体进入阀座,并且形成一个可靠密封。同样,某些止回阀在设计中使用阀芯代替了球体。升降式止回阀的工作原理与球形止回阀类似,所不同的是阀芯,有时也称为升降盘,会在上游压力较高时微微抬起,允许流体通过进入下游侧。一种导位装置可以保持阀芯轴向直线运动,因而阀门能够正确归位。升降式止回阀通常应用于液化天然气领域。

• 隔膜式止回阀采用弯曲的橡胶膜片固定,使阀处于常关状态。只有当上游侧压力大于下游压力侧时,阀门开启使流体通过。一旦失去该正压差,膜片自动弯曲并回到其最初关闭位置。

• 密封止回阀为防止逆流要求密封关闭。通常会使用负载弹簧、软阀座(聚合材料)提高其关闭状态下的密封性能。

在*CCPS LOPA*(2001年)中,由于缺乏支持其可靠性的数据,止回阀不属于有效的独立保护层(IPLs)。自那时起,在更多证实其可靠性的数据支撑下,对止回阀可靠性的认识有所提高,(更多信息,参见附录D,止回阀可靠性数据换算示例)。因此,技术规格正确,且设计、安装和维修得当,止回阀可以当作独立保护层(IPLs)。

止回阀是根据运行时不同程度的逆流或泄漏要求进行设计。存在多种止回阀泄漏率标准,例如涵盖热塑性塑料阀门的 DIN EN 917(DIN 1997年),涵盖低温阀门的 BS 6364(BS 6364 1984年),以及在化工,石油天然气,及石化行业使用最多的三大标准:API 598(2009b),ANSI/FCI 70-2(2006),与 MSS-SP-61(2009)。按照 ANSI/FCI 70-2(2006),止回阀可分类为不同等级,按分类等级升高且泄漏规格减少的标准,分为一到六级:

一级：称为防尘密封，但无实际厂验确认其性能。结构和设计意图与二、三、四级一样，但无实际厂验。

二级：双端口或平衡式单口阀，并带有金属活塞密封环和金属对金属密封阀座。测试介质为处于 45~60psig 压力下的空气。

—— 最大泄漏量为阀门全开量的 0.5%。

—— 测试压力可以是操作压差或 50psid(±3.4bar 压差)，以较低者为准，温度 50~125℉。

三级：与二级一样，针对同一类型的阀门。检测介质为处于 45~60psig 压力下的空气。

—— 最大泄漏量为阀门全开量的 0.1%。

—— 测试压力可以是操作压差或 50psid(±3.4bar 压差)，以较低者为准，温度 50~125℉

四级：单口或平衡式单口阀，带有非常紧密的活塞密封和金属对金属阀座。检测介质为处于 45~60psig 压力下的空气。

—— 最大泄漏量为阀门全开量的 0.1%.

—— 测试压力可以是操作压差或 50psid(±3.4bar 压差)，以较低者为准，温度 50~125℉

五级：与四级一样，针对同一类型的阀门。最大泄漏量限制：孔板直径每英寸与每平方英寸压差(PSI)5~10ml/(min·psi)。

—— 测试压力为操作压差，温度 50~125℉。

—— 检测流体是 100psig 或操作压力下的水。

六级：称为软阀座类别，属于软密封要求。软密封阀是密封阀座或者关断盘接触面由弹性材料制成，比如聚四氟乙烯(特氟龙)。阀门尺寸在 1~8 英寸时，最大泄漏量在 0.15~6.75ml/min 之间。

—— 测试压力低于 50psig 或操作压力。

—— 测试介质：空气或氮气。

当选定某种止回阀规格参数，在止回阀不再属于所关注场景的独立保护层(IPL)之前，必须考虑到其可容忍的逆流泄漏量。在某些场景中，如果规定某一总逆流量才能造成后果，那么止回阀较大的逆流泄漏量也属于可容忍范围。另一些场景中，如果某一微小的泄漏就会引发事故，那么只能选择较高密封等级止回阀，该等级规格参数仅允许极少量泄漏发生。如果止回阀被事先要求作为某一独立保护层(IPL)，那么该止回阀在设计时必须能够防止所关注的场景出现。

有些企业通过使用第二个止回阀，解决止回阀超量泄漏这一潜在问题。然而，使用两个串联的止回阀也同样面临问题。止回阀设计的操作原理是根据其压差，并且该系统应存在足够的压差，满足两个止回阀均可正常操作的要求。为验证止回阀操作正常，在系统设计中应使每个止回阀具备独立的现场功能测试能力，否则必须将两个止回阀拆除，进行台架测试。使用冗余设备时，与安装及维护相关的潜在共因失效问题也应予以关注。

某一止回阀与另一设备组合工作时，也应确保这两种设备均可以在系统中发挥有效功能。例如一个止回阀与一个安全阀组合在一起使用属于一种低压保护系统，防止来自下游的超压。如果安全阀设计时只考虑了一部分潜在逆流，并假设止回阀至少还部分有效，则止回阀与安全阀就属于自主的独立保护层(IPLs)。有关详细介绍，请参阅5.2.2.2.2节。

预防的后果：物料逆流，引发重大后果。

相关数据见表5.32。

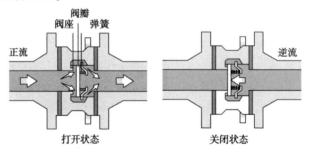

图 5.37　多瓣式止回阀

表 5.32　止回阀

独立保护层的描述
止回阀
LOPA 中使用的通用需求时失效概率(PFD)
0.1
该独立保护层使用通用需求时失效概率(PFD)的注意事项
• 止回阀应在低需求模式下使用；否则，参考3.5.2节，关于高需求模式下使用要求。
• 假设工作环境为清洁、无污垢和无预期腐蚀现象。
• 即使正确地检测和维护，止回阀也无法完全消除止回阀阀座泄漏现象。因此，为避免止回阀上游低压系统超压，用户必须增加隔离设施。
• 用户有必须规定该场景下止回阀可容忍泄漏速率，并定义该特定止回阀是否属于关注场景下的一个有效独立保护层(IPL)。

续表

通用验证方法

根据设备制造商建议及过往检测情况确定检验和更换间隔。

- 通过提供背压监测泄漏，在线和线下都可以进行该测试。
- 由于污垢、堵塞、腐蚀和部件磨损等情况引发的失效，此类失效发生前内部检测应能够检出。

依据及通用验证方法

本指南指导委员会达成的共识，根据《瑞典核电站组件可靠性数据手册》第 79 页（Bento et al. 1987 年），RKS/SKI 85-29。

减压调节器

描述： 减压调节器是一种能够调节液体或气体流量的阀门，液体或气体本身具有一定压力。通过利用下游某低压系统中的流体，这些装置可以降低来自上游某一源头的压力。见图 5.38。

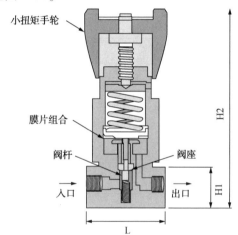

图 5.38　减压调节器

压力调节器作为控制设备用于维持压力恒定于一条直线上。在这种应用场合，压力调节器不是一个独立保护层（IPL），它只作为一种控制装置。如果某一压力调节器仅起备用作用，并当主控制设备失效时，可以防止高压，那么它才可作为一个独立保护层（IPL）。某些应用场合，使用双减压阀串联，第一个作为控制单元，另一个作为独立保护层（IPL）。通常，一个压力计应位于两个调节器之间，用于检测主控单元是否失效。

压力调节器一般自带用于手动调节的手柄，用于设定下游压力的期望设定点。一旦设定，该调节器通常不会再调整。

维护规程存在很大不同，并显著影响压力调节器的可靠性。有了良好的检验、测试与预防性维修（ITPM）规程，可以进一步改进需求时失效概率（PFD）。

预防的后果：避免与压力相关的工艺出现偏差。

相关数据见表 5.33。

表 5.33　减压调节器

独立保护层的描述
减压调节器

LOPA 中使用的通用需求时失效概率（PFD）
0.1，用于维持压力失效的情况

该独立保护层使用通用需求时失效概率（PFD）的注意事项
• 减压调节器应在低需求模式下使用；否则，参阅 3.5.2 节。高需求模式下的使用要求。 • 假设工作环境为干净、无污垢和无预期腐蚀现象。 • 弹簧张紧装置手动调整到正确的设定点。

通用验证方法
根据设备制造商建议、过往检测情况，以及类似工况下其他调节器经验数据，确定检验间隔。 • 在某些工况下，可根据工业标准规定维护频率。 • 可单独测量控制压力，进行测试。 • 通过外观检查发现因腐蚀，污垢、弹簧磨损、气囊气源等原因引发的早期失效。

依据及通用验证方法
本指南指导委员会达成的共识。

长明灯

描述：长明灯是用于主燃烧器的一个独立点火源。见图 5.39。当主燃烧器发生熄火，长明灯可防止未燃尽物料在明火设备处聚集。首先确保主燃烧器的失效原因不会影响长明灯的正常运行。（例如，如果主燃烧器和长明灯共用同一个燃料源，如果场景涉及燃料供应中断或燃料质量低劣，长明灯不属于有效的独立保护层。）

长明灯是一个被动的独立保护层（IPL）。属于连续运行装置，且其运行期间不响应任何联锁触发的保护动作。

预防的后果：随着易燃物料不断积累，随即被点燃，将造成装置内部爆炸。长明灯可以避免上述情况发生。

相关数据见表 5.34。

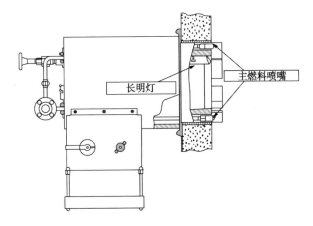

图 5.39　带有长明灯的燃烧器

表 5.34　长明灯

独立保护层的描述
长明灯
LOPA 中使用的通用需求时失效概率(PFD)
0.1
该独立保护层使用通用需求时失效概率(PFD)的注意事项
长明灯需配备独立的、质量良好的燃料源。
通用验证方法
• 配备独立的长明灯火焰监控设施,持续检验长明灯的工作性能。 • 长明灯监控仪表必须采用预防性维修措施。 • 如显示长明灯火焰熄灭或不正常,应对其进行及时检修。
依据及通用验证方法
本指南指导委员会达成的共识。

锁紧键/锁止系统

描述:锁紧键/锁止系统采用机械连接防止某装置(例如门把手或阀门)移动,该机械连接只能通过独特的钥匙释放。可以防止工作人员在顺序颠倒情形下操作阀门。锁紧键的锁止功能是硬件设计中不可或缺的组成部分,并且不能轻易取消,工人也无法使用易于获取的工具令其失能。见图 5.40。

预防的后果:锁紧键/锁止系统可以预防某初始事件,例如顺序颠倒情况下,打开某一阀门。

图 5.40   球阀加装锁紧键装置

> 注：通过确保某一独立保护层(IPL)的有效性，锁紧键/锁止系统可以改善该独立保护层(IPL)的需求时失效概率(PFD)，例如某一减压阀(PRV)。在这种情况下，锁紧键/锁止系统不是单独的独立保护层(IPL)；相反，它已包含在主独立保护层(IPL)的需求时失效概率(PFD)中。

相关数据见表 5.35。

表 5.35   锁紧键/锁止系统

独立保护层的描述
锁紧键/锁止系统
LOPA 中使用的通用需求时失效概率(PFD)
0.01
该独立保护层使用通用需求时失效概率(PFD)的注意事项
属于被动独立保护层(IPL)，用于防止阀门或门的误操作，此类误操作会在不同方面导致事故发生。锁紧键/锁止系统有效，须具备以下条件： • 完成锁止功能的机械部件坚固耐用； • 由另一机械装置解除锁紧键，且工人不易获取该钥匙，也无复制品； • 目视检查易于发现锁紧键/锁止系统位置不当或误操作。
通用验证方法
• 定期的检测，确保锁紧装置处于正确的位置且安全措施落实到位； • 经常性的进行审计，确保任何一把锁紧钥匙权限是可控的。
依据及通用验证方法
本指南指导委员会达成的共识。

带有密封失效检测及响应的机械泵多级密封系统

机械泵的一个多重密封系统是由主密封机构和次级密封机构组成的一个封闭体系，并带有阻碍性密封液，以及检测与响应主密封及次级密封失效的装置。"基于风险的泵密封选择补充指南"（ISO 21049/API 682 Goodrich 2010 年）概述泵密封系统的美国石油学会（API）标准，以及确定哪种系统合适的选型方法论。

几乎所有的密封均使用工艺液体或气体润滑密封端面，该设计的最终效果是防止泄漏。工艺液体和气体含有害，有毒或易燃物料，通常不允许泄漏到大气中或地面上。在这些应用场合，沿泵轴方向主密封之后，应设置一套次级"隔离性"密封。在这两级密封之间的空间内填充中性或兼容性的液体或气体，称之为"缓冲性"（非承压）或"屏障性"（承压）流体。

串联式密封（前后顺置）中，主密封通常会渗入非承压腔中的缓冲液，即俗称热虹吸罐中的缓冲液。如果该腔体压力或液位标示出显著变化，操作人员可以发现该主密封件已失效。常用压力/液位开关或变送器监测此类失效。通常，在与空气接触时，这种采用密封性流体的结构会产生危险或物态的变化。详细内容，请参见 API 682（API 2002 年）。一旦检测到泄漏，工艺过程可以立即终止，并在次级密封失效前进行维修。

双密封（通常背靠背部署）中，两级密封件之间的空腔内屏障性液体是承压的。如果主密封失效，中性液体将渗入泵流，而不是大气中。该密封结构通常是用于气体工况，或不稳定、剧毒、研磨性、腐蚀性或黏性液体。API 682（API 2002 年）提供了进一步的指导性意见。通常情况下使用氮气，因氮的惰性性质，当其与密封状态下的工艺物料混合时，具有兼容性。

可能影响主密封的因素也可以影响次级密封。请参阅 4.3.4.1 节，影响泵密封性能的因素，以及有关注意事项。

为确保其有效性，当主密封或次级密封失效时，多重机械密封系统需要一种泄漏监测手段，比如屏障性密封液的液位下降或压力降低。借助仪表或通过现场巡检指示器读数，应能够进行检测出密封状况，如密封液液位。借助于安全、控制、报警及连锁（SCAI）和（或）人工干预方式，也能够响应主密封泄漏。确定带有泄漏检测和报警的双端面机械密封系统总体的需求时失效概率（PFD）时，需要重点考虑与泄漏检测和泄漏响应相关的需求时失效概率（PFD）。请参考表 5.12 至表 5.14，安全、控制、报警与联锁（SCAI）的有关注意事项，以及表 5.46，警报下人员响应的有关注意事项。

主机械密封灾难性失效的初始事件频率(IEF)通常为每年 0.1 次；参考数据表4.14。一旦主密封已失效，多重机械密封具备充分的泄漏监测能力和充当独立保护层(IPL)的响应措施，以避免物料从次级密封泄漏到环境中去。这种带有泄漏检测和响应机制的多重机械密封系统，其主密封灾难性失效的初始事件频率(IEF)为每年 0.1 次，带有泄漏检测和响应机制的次级密封的独立保护层需求时失效概率(IPL PFD)为 0.1 PFD，那么该系统综合失效频率为每年 0.01 次。

带有泄漏监测与响应的多重机械密封系统

描述： 机械泵的一个多重密封系统是由主密封机构和次级密封机构组成的一个封闭体系，并带有阻碍性密封液，以及检测与响应主密封及次级密封失效的装置。

预防的后果： 带有泄漏检测和响应机制的多重机械密封系统(图 5.41)可以防止物料从泵密封处泄漏，避免安全壳破损后的相关后果。

相关数据见表 5.36。

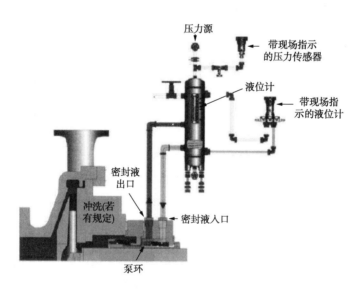

图 5.41 带有泄漏检测和响应的双端面机械密封

表 5.36　带有泄漏检测和响应的泵机多重机械密封系统

独立保护层的描述
带有泄漏检测和响应的泵机多重机械密封系统

LOPA 中使用的通用需求时失效概率(PFD)
0.1

该独立保护层使用通用需求时失效概率(PFD)的注意事项
● 泵机的多重机械密封系统至少包括两级密封,并且带有面向操作人员的一二级密封失效检测和指示装置。多级密封系统可以在线监测供应承压密封液的密封储罐液位或承压密封液压力,并据此检查其中某一级密封是否发生泄漏。一旦发现某一密封发生泄漏,在另一级密封发生泄漏前,可以停泵隔离,并及时检修; ● 操作程序中应标注操作人员如何停泵和如何隔离泄漏源,经培训后胜任这项工作; ● 工作应在允许响应时间内完成,参见 3.3.3 节; ● 在工艺使用环境中,正确选择机泵规格可以延长密封系统使用寿命; ● 机泵基础设计、配管设计及安装,以及机泵校正都能显著影响机泵密封的使用寿命。

通用验证方法
● 视觉监控(如日常巡检),或中控室设置报警装置,均能有效监控密封发生泄漏,并在安全壳破损前采取必要行动;按必要的间隔周期,检验和校验泄漏检测仪表装置,满足预设的需求时失效概率(PFD); ● 由专业人员按程序检验和校验泄漏检测仪表,专业人员应有能力辨识调整前校准及调整后校准条件,并且有能力核实该设备的完整性和可靠性; ● 报警历史记录系统中,书面记录仪表的显示情况与报警; ● 对程序和培训的审核及人为因素的管控,可以保障人员响应的持续有效。

依据及通用验证方法
本指南指导委员会达成的共识。

无性能监测的持续通风系统

*描述:*持续通风是指将建筑物或结构物内的潜在危险空气使用风扇或鼓风机强制转移至室外。该系统不配备性能监测设施,如低空气流量检测报警装置,或鼓风机风扇失电的报警装置。

*预防的后果:*可避免可能的后果包括窒息、封闭空间易燃气体聚集以及过度暴露于空气中的有毒物质。

相关数据见表 5.37。

图 5.42 为小型打印机清洗溶剂蒸气的控制示意。

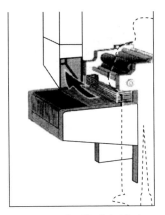

图 5.42　小型打印机清洗溶剂蒸气的控制

表 5.37　无自动性能监测的持续通风系统

独立保护层的描述
无自动性能监测的持续通风系统
LOPA 中使用的通用需求时失效概率(PFD)
0.1
该独立保护层使用通用需求时失效概率(PFD)的注意事项
泄漏物进入封闭空间或室内会产生严重后果,而通风系统可以有效削减潜在危险,因此该通风系统属于有效的独立保护层(IPL)。通风系统设计及完整性管理的相关有效标准包括:ACGIH 工业通风,建议规程手册,第 25 版(ACGIH 2004 年),ANSI‑Z9.2 局部排气系统的设计和运行管理规定(ANSI/AIHA/ASSE 2012 年),以及防爆系统 NFPA69 标准(NFPA 2008e)。
通用验证方法
根据设备制造商建议和以往检测历史记录。执行定期检测及功能性测试。 ● 目检确认风扇运行正常,风门运行正常且没有堵塞; ● 定期维护风扇和风门; ● 对照设计测量空气流速,并核实其通风能力和气流分布可以遍布封闭空间或室内。 ● 按需调节风门,平衡空气流量。
依据及通用验证方法
本指南指导委员会已达成的共识。参考《安全与可靠性仪表保护系统指南》(CCPS 2007b),第 288 页,表 B.4。

带自动性能监测的持续通风系统

描述:持续通风是指将建筑物或结构物内的潜在危险空气使用风扇或鼓风机强制转移至室外。

图 5.43　带自动性能监测的实验室通风罩

某些持续通风系统配备了性能监测系统,如报警和联锁装置,通过他们可以监控空气流量是否低于预设量,或鼓风机风扇是否已停止运行。不会因风扇故障,导致危险环境突然进一步扩大化,并且有时间修复风扇或终止该工艺过程。通过增加监控手段,可以提高系统可靠性一个数量级。见图 5.43。

相关数据见表 5.38。

预防的后果:可以避免的潜在后果包括窒息,封闭空间易燃气体聚集,以及过度暴露于空气中的有毒物质。

表 5.38　带自动性能监测的持续通风系统

独立保护层的描述
带自动性能监测设施的持续通风系统

LOPA 中使用的通用需求时失效概率(PFD)
0.01

该独立保护层使用通用需求时失效概率(PFD)的注意事项

泄漏物进入封闭空间或室内会产生严重后果，而通风系统又可以有效削减潜在危险，因此该通风系统属于有效的独立保护层(IPL)。通风系统设计及完整性管理的相关有效标准包括：ACGIH 工业通风，建议规程手册，第 25 版(ACGIH 2004 年)，ANSI-Z9.2 局部排气系统的设计和运行管理规定(ANSI/AIHA/ASSE 2012 年)，以及防爆系统 NFPA 69 标准(NFPA 2008c)。

性能监测：

● 根据可靠计量结果设置优先报警，该计量过程为确保气流大于其最小值。该报警功能应该独立于排气风扇失电警告。

● 由于风扇失电，其他性能检测装置也可以联锁关停装置运行。

通用验证方法

检测周期和功能测试要求应根据设备制造商的建议和以往的检测情况。

● 目视检查确认风扇运行正常，风门运行正常且没有堵塞。

● 定期维护风扇和风门。

● 对照设计测量空气流速，并核实其通风能力和气流分布可以遍布封闭空间或室内。

● 按需调节风门，平衡空气流量。

● 功能性测试应针对用于检测通风失效的仪表系统。

依据及通用验证方法

本指南指导委员会达成的共识。参考《安全与可靠性仪表保护系统指南》(CCPS 2007b)，第 288 页，表 B.4。

由安全控制、报警及联锁(SCAI)触发的应急通风系统

描述：常通过有毒或易燃气体传感器等仪表装置检测潜在的危险浓度。然后应急通风系统会被某自动联锁装置触发，并且风扇或鼓风机启动，将该区域的有毒有害蒸气置换出去。由安全控制、报警及联锁(SCAI)触发的应急通风系统在设计中要求，所关注的组分如果处于足够低的水平仍然可检测出来，以满足独立保护层(IPL)响应时间(IRT)要求，并且一旦检测出泄漏，可以提供足够的通风能力，从而使浓度保持在某种安全水平。

自动紧急通风系统的一个关键问题是通风系统的运转需要电力。如果初始事件由失电引发，该独立保护层(IPL)可能无法启动。此外，在评估这种潜在的独立保护层(IPL)有效性时，应考虑该设备经历过的失电的频率。所以应论证通风系统全部设施整体达到所需的性能要求，包括安全控制、报警及联锁(SCAI)设

备、风扇和鼓风机，以及该系统的供电设施。图 5.44 为某一潜在危险实例大气环境监控装置的。

预防的后果：可以避免的潜在后果包括窒息、封闭空间易燃气体聚集(导致火灾或者蒸气云爆炸)，以及过度暴露于空气中的有毒物质。

相关数据见表 5.39。

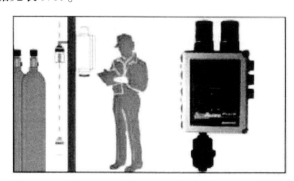

图 5.44　某潜在危险大气环境监控装置

表 5.39　由安全控制、报警及联锁(SCAI)触发的应急通风系统

独立保护层的描述
由安全控制、报警及联锁(SCAI)触发的应急通风系统
LOPA 中使用的通用需求时失效概率(PFD)
0.1
该独立保护层使用通用需求时失效概率(PFD)的注意事项
只有当通风能有效地削减潜在危险，该通风系统才属于有效的独立保护层(IPL)。通风系统设计及完整性管理的有效标准包括：ACGIH 工业通风、建议规程手册、第 25 版(ACGIH 2004 年)、ANSI-Z9.2 局部排气系统设计及运行管理规定(ANSI/AIHA/ASSE 2012 年)，以及 NFPA 69 防爆系统(NFPA 2008)标准性能监控。 ● 通风系统全部设施整体达到所需性能要求，包括安全控制、报警及联锁(SCAI)设备、风扇和鼓风机，以及该系统的供电设施。 ● 监控仪表是用于启动应急通风系统满足表 5.13 或表 5.14 要求，要么属于安全联锁的独立保护层(IPL)，要么属于安全完整性等级(SIL)为 1 的独立保护层(IPL)。
通用验证方法
● 风扇和风门的定期预防性维修应根据设备制造商的建议和以往检测情况。 ● 对照设计测量空气流速，并核实其通风能力和气流分布可以遍布封闭空间或室内。 ● 按需调节风门，平衡空气流量。 ● 更多的仪表监控系统维护要求请参考表 5.13 和表 5.14，安全联锁和安全仪表系统(SIS)。
依据及通用验证方法
本指南指导委员会达成的共识。

机械联锁

许多类型的机械联动装置和联锁装置可以作为独立的保护层(IPLs)，也可以改善其他独立保护层(IPLs)的需求时失效概率(PFD)。比如，某种联动装置能确保压力容器上至少一个泄压阀处于正常工作状态，某种联动装置能确保在打开下游阀门前，有一个排气套管已经安装就位。其中很多都属于定制设计，因此某种一般性规范，独立保护层(IPL)描述，以及相关需求时失效概率(PFD)无法随意设定。在某些情况下，某一机械特性的需求时失效概率(PFD)可能已包含在另一个独立保护层(IPL)的需求时失效概率(PFD)中，例如，该联动装置是用于确保某泄放装置总处于正常工作状态。分析人员希望使用这种装置可以推出独立保护层(IPL)描述和需求时失效概率(PFD)取值，并在其企业内部使用。

以下是机械联锁装置及其机械特性的部分示例，这些装置目前仍在普遍使用中，并且可以提供通用独立保护层(IPL)描述和需求时失效概率(PFD)取值。

机械触发的应急关断/隔离装置

描述：这种类型的紧急关断装置(ESD)拥有一个联动机构，用以驱动隔离机构(例如弹簧阀或排放仪表风的通气阀)。该联动机构对某一偏差的响应采用机械触发方式。一旦机械特性(例如，带有某种锁止功能的钥匙式样阀门或开关)被设定，机械停车或机械阻塞就会发挥作用。见图5.45。

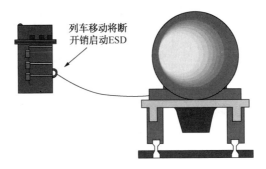

列车移动将断开销启动ESD

图5.45　机械触发的停车装置

有轨列车线的隔离装置实例：轨道车厢及卸载软管连接的工艺装置两侧制动销控制一个隔离阀(或多个隔离阀)处于打开状态。如果带制动销的轨道车厢偏移太远，该制动销会被机械联动装置拔出，随后隔离阀关闭。

预防的后果：该装置隔离流动路径，限制泄漏规模。

相关数据见表5.40。

表 5.40 机械触发的应急停车/隔离装置

独立保护层的描述
机械触发的应急停车/隔离装置
LOPA 中使用的通用需求时失效概率（PFD）
0.1
该独立保护层使用通用需求时失效概率（PFD）的注意事项
独立保护层（IPL）的设计满足特殊系统要求
通用验证方法
• 定期检测，确保传感元件和最终执行单元的完整性和可操作性；   • 现场检查，确定该装置能否正常使用。
依据及通用验证方法
本指南指导委员会达成的共识。

涡轮机机械超速跳闸

描述：当涡轮机转速超过允许值时，机械超速跳闸保护装置（图 5.46）就会触发并停止涡轮机运行。通常情况下，跳闸螺栓安装应略微偏离中心，并依靠弹簧作用力保持在位置上，当转速上升并超过该超速限界时，作用于螺栓钉上的离心力超过弹簧作用力，螺栓就会脱离，打击跳闸踏板，并释放联动装置。

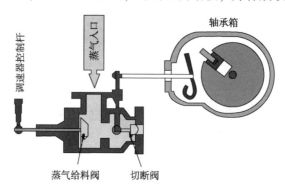

图 5.46 机械超速跳闸保护装置

现代超速保护系统经常使用安全控制、报警及联锁装置（SCAI），而不是机械超速跳闸。在这种情况下，具体配置请参考相应的安全控制、报警及联锁（SCAI）数据表。

预防的后果：机械超速保护装置能够避免旋转设备发生灾难性损毁。

相关数据见表 5.41。

表 5.41　涡轮机机械超速跳闸装置

独立保护层的描述
涡轮机机械超速跳闸装置
LOPA 中使用的通用需求时失效概率(PFD)
0.1
该独立保护层使用通用需求时失效概率(PFD)的注意事项
该独立保护层(IPL)属于一种纯机械式的机械保护系统。通常由一只螺栓、一个用于排净液压控制油的跳脱机构,以及跳闸式速闭阀和节流阀构成。 • 其他类型的超速保护装置由传感器、逻辑解算器和最终执行单元构成,即安全控制、报警及联锁装置(SCAI)系统。也属于某种安全联锁装置或某个安全仪表系统(SIS)的独立保护层(IPL)。详见表5.13 和表5.14。
通用验证方法
• 检查部件的磨损、腐蚀和磨蚀情况; • 采取预防性维护措施确保可靠性; • 上下调整涡轮机转速,使系统的联锁跳闸装置处于适当的设定点;正常情况下,可以脱开动力单元单独测试,避免高转速引发的不必要紧张情绪。
依据及通用验证方法
本指南指导委员会达成的共识。

火灾与爆炸抑制系统

火灾与爆炸抑制系统被用来阻止工艺装置内部事故,以及削减工艺装置外部事故。以下是可以削减工艺装置内火灾爆炸事故的典型独立保护层(IPL),本节主要讨论以下四种类型的系统:

(1) 自动灭火系统(工艺装置内部);

(2) 局部使用的自动灭火系统;

(3) 室内自动灭火系统;

(4) 自动抑爆系统(工艺装置内部)。

> 注:抑制系统依赖处于适当位置的传感器对火焰或烟雾的检测条件。如果火焰或烟雾无法接触到传感器,那么抑制系统也无法有效地运作。

自动灭火系统(工艺装置内)

*描述:*灭火系统的工作原理是扑灭工艺装置内局部火灾,防止火势蔓延。自动消防系统类型有水和泡沫,以及其他灭火剂。这些系统通常由火焰或者烟雾探测器自动触发,旨在防止和控制火灾。见图5.47。

预防的后果：该自动灭火系统防止火灾蔓延至工艺装置之外。

相关数据见表 5.42。

图 5.47　火花探测与灭火设施

表 5.42　自动灭火系统(工艺装置内部)

独立保护层的描述
自动灭火系统(工艺装置内部)

LOPA 中使用的通用需求时失效概率(PFD)
0.1

该独立保护层使用通用需求时失效概率(PFD)的注意事项

许多标准为工艺装置内部自动灭火系统提供了指导性意见，如下：

- 《低、中、高膨胀性泡沫》NFPA 11(2010b)标准，提供了泡沫灭火系统储罐的指导性意见；
- 《防爆系统》NFPA 69(2008c)标准，提供了工艺装置中抑制系统的应用导则；
- 《用于蒸气、气体、烟雾和颗粒固体的空气输送的排气系统》NFPA 91(2010b)标准，提供了工艺装置内自动灭火系统指导性意见；
- 《预防来自制造、加工和处理过程中易燃固体微粒发生火灾及粉尘爆炸的标准》NPFA 654(2013)，提供了固体物料处理系统的指导性意见；
- DIN EN 14373：2006(2006)是爆炸抑制系统的欧洲标准；
- ISO 6184-4 防爆系统-第四部分：确定爆炸抑制系统的功效(1985)，也属于规范和管理这些系统的 ISO 标准。

通用验证方法

- 确定待检组分以及检测方法时，请参考 NFPA 25(2008b)标准《检测、测试和维护水基灭火系统》。
- NFPA 69(2008c)《防爆系统标准》，提供了安装、检验和维护抑制系统的指导性意见。
- 其他灭火系统的进一步信息，请参考适用的 NFPA 标准。

依据及通用验证方法

本指南指导委员会达成的共识。参考《过程设备可靠性数据指南》(CCPS 1989)，第 207 页。也可以参考《安全与可靠性仪表保护系统指南》(CCPS 2007b)，第 298 页，表 B.5。

局部使用的消防系统

描述：局部自动消防系统是指对所关注的特定区域直接投放灭火剂，例如某处围堰堤坝或某一件特殊的装置。见图 5.48。典型的淹没性消防系统使用干粉灭火剂、清洁灭火剂、二氧化碳灭火剂以及最近用于替换卤代烷哈龙的其他灭火剂。NFPA 2001(2012 年)标准解决了清洁灭火剂的使用问题，规定在消防系统的设计、安装和维护中均采用卤代烷哈龙 1301 的替代物。

预防的后果：局部使用的消防系统可以缓解小面积火灾。

相关数据见表 5.43。

图 5.48　局部使用的消防系统

表 5.43　局部使用的自动消防系统

独立保护层的描述
局部使用的自动消防系统
LOPA 中使用的通用需求时失效概率(PFD)
0.1
该独立保护层使用通用需求时失效概率(PFD)的注意事项
参考： ●《干粉灭火系统》，NFPA 17 标准(2009)； ●《清洁灭火剂灭火系统》，NFPA 2001 标准(2012)，其中干粉灭火剂及其他淹没式消防系统的有关信息。
通用验证方法
参考： ●《干粉灭火系统》，NFPA 17 标准(2009)； ●《清洁灭火剂灭火系统》NFPA 2001 标准(2012)，其中有关清洁灭火剂灭火系统的检测、测试和维护指导性意见。
依据及通用验证方法
本指南指导委员会达成的共识。

室内自动灭火系统

描述：此类自动灭火系统是用于熄灭封闭机箱或狭小房间内的火灾，例如某一个装有核心计算机主机设备的有严格环境控制标准的房间。见图5.49。其典型的消防系统使用干粉灭火剂、清洁灭火剂、二氧化碳灭火剂及最近用于替换卤代烷哈龙的替代品。NFPA 2001标准（2012年）解决了清洁灭火剂的使用问题，规定消防系统的设计、安装和维护中，均采用卤代烷哈龙1301的替代物。

预防的后果：该灭火系统可以缓解封闭机箱或狭小房间内的火灾。

相关数据见表5.44。

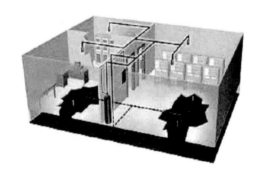

图5.49　某一室内自动灭火系统

表5.44　室内自动灭火系统

独立保护层的描述
室内自动灭火系统
LOPA中使用的通用需求时失效概率（PFD）
0.1
该独立保护层使用通用需求时失效概率（PFD）的注意事项
参考：   • 《干粉灭火系统》，NFPA 17标准（2009）；   • 《清洁灭火剂灭火系统》，干粉灭火剂及其他淹没式消防系统的有关信息，NFPA 2001标准（2012）。
通用验证方法
参考：   • 《干粉灭火系统》，NFPA 17标准（2009）；   • 《清洁灭火剂灭火系统》，NFPA 2001标准（2012），其中有关清洁灭火剂灭火系统的检测、测试和维护的指导性意见。
依据及通用验证方法
本指南指导委员会达成的共识。参考《过程设备可靠性数据指南》（CCPS 1989），第207页。

工艺装置自动防爆系统

描述：在压力上升之前就可能损害受保护的外壳，防爆系统通过早期检测和快速动作阻止其初期内部爆燃的继续传播。传感装置包括热辐射传感器、压力传感器及（或）火焰探测器。信号传递到控制单元驱动系统快速注入某种灭火剂。这样就阻止了火势进一步蔓延，并防止设备内部压力的进一步上升。防爆系统通常包含一次性装药的分散剂，并依靠工艺流程的顺控系统关断，防止场景复发。

自动防爆系统通常是精心设计的，并可能包括自检诊断及其他设计特性，提高了系统完整性。为某一特殊系统做更多的定量分析，可以支持比以下数据表提供的需求时失效概率（PFD）通用值更低的取值。图 5.50 为用于自动防爆系统的阀门。

图 5.50 用于自动防爆系统的阀门

预防的后果：防爆系统可以防止可能导致设备损坏甚至破裂的爆炸。

> 注：由于一些防爆系统使用压力传感器作为触发信号，所以在工艺装置清洗过程中为避免意外走火有必要解除防爆系统工作状态。因此，关键是按照一个严格的作业流程，解除安全系统和恢复其正常工作状态，并且确保防爆系统在运行过程中可用。

相关数据见表 5.45。

表 5.45 工艺装置自动防爆系统

独立保护层的描述
工艺装置自动防爆系统
LOPA 中使用的通用需求时失效概率（PFD）
0.1 为特殊系统采取更充分的定量分析，其需求时失效概率（PFD）可能比 0.1 更低。
该独立保护层使用通用需求时失效概率（PFD）的注意事项
该防爆抑制系统嵌入系统整体中，用于防止爆炸并且触发灭火剂进行灭火： • 为确保有效，该系统应可以被快速触发； • 参考《防爆系统附加指南》，NFPA 69 标准（2008c）。

续表

通用验证方法
根据设备制造商的建议和以往的检测情况，设定检测频率。
● 可以就地或离线执行检测和测试。包括污垢、堵塞、黏附及腐蚀情况的内部检测。

依据及通用验证方法
本指南指导委员会达成的共识。

可熔性连接装置

*描述：*可熔性连接装置被设计成在某一特定温度下熔化，触发某个连接打开和中断某个电气回路，或者允许某种机械联动装置发挥作用。可熔性连接装置用于消防喷淋系统和仓库内用于关闭防火门的机械式自动门释放机制的触发机构。可熔性连接装置的一个常见用途是安装于容器出口的热感失效关闭阀，在发生火灾的情况时，制约易燃液体或气体的流量。可熔性连接装置还可用于，诸如油库、机场和化工工艺装置等地方。见图 5.51。

图 5.51　一种典型的用于消防系统的可熔性连接装置

此外，可熔性连接装置组件在消防安保系统中常用于失效开启阀门。带有可熔性连接装置组件的灭火系统在紧急情况下自动打开阀门，注水或其他抑制火灾的化学物质用来灭火或冷却储罐。

带有可熔性连接装置的失效开启阀还用于充满气体的密封容器，在发生外部火灾的情况下保护其不受影响。在该工况下使用该失效开启阀可以在容器壁失效前降低容器内部的压力。有关容器降压的技术问题，如需要进一步的指导性意见，参见 ANSI/API 521（2008）。

可熔性连接装置通常需要一个显著的热源才能起作用，如火灾。既然后果是火灾已经发生，可熔性连接装置能有效削减潜在的事故后果严重性。可能有必要采用其他的定量风险评价技术，评估可熔性连接装置的削减影响程度。本书第 6 章介绍了其他一些有关定量风险评价技术的应用指南。

5.2.2.4　成套设备的保护措施

设备供应商一般都会为设备设计各种安全保护。例如：

● 燃烧设备——燃烧器管理系统（BMS）属于仪表系统。该系统为防止燃烧器误动作设有操作许可和联锁保护，降低了未燃烧物料进入燃烧设备的风险。燃烧器管理系统(BMS)是独立于燃烧控制系统的。燃烧控制系统用于调节燃烧器燃烧速率，以及燃料与空气比例等。而燃烧器管理系统(BMS)是由保证燃烧器正常运行的独立控制回路组成。例如，一旦火焰传感器未检测到火焰，安全仪表系统(SIS)就会关闭燃料进料阀。对于因燃气累积导致锅炉存在潜在的爆炸场景，如果锅炉设计合理、安装正确、维护得当，那么燃烧器管理系统(BMS)可以作为一个独立保护层(IPLs)。

● 旋转设备——各种旋转设备的安全保护措施包括振动开关、高温检测、转速检测和超速保护，以及防喘振。在某些场景下，如果旋转设备设计合理、安装正确、维护得当，设备供应商设置的保护措施可以作为独立保护层(IPLs)。

保护层分析(LOPA)过程中，如果某些装置被设计作为一个独立保护层(IPL)使用，只要此类装置满足成为一个独立保护层(IPL)的核心属性，那么该独立保护层是合理的。确保供应商设置的系统符合一个独立保护层(IPL)的标准是最终用户的责任。影响最终用户决策和要求时危险失效概率(PFD)取值的因素包括：

● 独立保护层(IPL)设计(供应商所提供设备上的联锁保护满足安全控制、报警及联锁(SCAI)要求，并可以充分降低风险，满足独立保护层(IPL)要求的可靠性)。

● 历史数据(对比供应商提供的相关数据，确保安全保护措施充分可靠)。

● 独立保护层(IPL)的运行和维护应达到预期性能水平并持续可靠。

5.2.2.5 人员动作作为独立保护层

人员独立保护层(IPLs)基于操作人员或其他员工为预防不希望后果而采取的行动，无论是在系统常规检查后对报警的响应，还是在作为操作规程一部分的校验时采取动作。执行常规任务和紧急任务时人员动作有效性一直是许多刊物的讨论主题，最著名的莫过于《核电厂人员可靠性分析手册》，NUREG CR-1278(Swain 与 Guttmann，1983)，以及《人员可靠性及安全分析数据手册》(Gertman 与 Blackman，1994)。

本书第3章讲述了独立保护层的响应时间(IRT)，它是指独立保护层(IPL)对设定点的响应时间及采取必要行动所需时间的总和。对于有人员响应的独立保护层(IPL)，独立保护层响应时间(IRT)是指传感器检测到工艺偏差的时间，人员获知产生偏差的报警时间，加上人员诊断问题及正确采取必要的应对措施并使过程恢复安全状态所需的时间总和。

操作人员往往需要通过基本过程控制系统(BPCS)控制工艺操作。正常的过程控制操作通常不属于安全功能。当操作人员对报警响应并且采取预防措施防止过程安全事故发生时，报警和相关操作人员的行为则属于安全功能。这些报警的设计和管理方式应计入响应的总需求时失效概率(PFD)。关于安全报警要求的详细内容，请参见章节 5.2.2.1.1。

有些异常工况会采用报警设施通告有关人员，而有些则没有。人员响应独立保护层(IPL)的触发条件可以是现场读数或采样结果。同样，并非所有人员响应都是利用基本过程控制系统(BPCS)或其他仪表系统进行控制。人员独立保护层(IPL)可包括报警后人员手动关闭阀门，也可包括人员正确完成指定顺序的动作，使过程恢复安全状态的过程。

人员独立保护层(IPL)的总体要求和本章讨论的其他独立保护层(IPLs)要求相同，但描述采用的术语不同。人员独立保护层(IPL)通常具有以下特征：

- 工艺偏差及其响应行动都独立于任何报警、仪表、安全仪表系统(SIS)或其他系统，而这些系统往往已经属于该初始事件序列的一部分或其他独立保护层(IPL)。

- 要求操作人员采取行动的指示应该可以检测和明确的。该信号应
    — 对操作人员有效；
    — 即使在紧急情况下，也能明确提供给操作人员。

- 有充分的时间成功完成所需响应。一般来说，采取行动的可用时间越长，该人员独立保护层(IPL)成功的机会也就越大。

- 操作人员决策时无需复杂计算和诊断。

- 有可用的流程和排障指南，内容应包括：
    — 需要预防的危险场景说明；
    — "从不超标运行，绝不允许偏差"工艺条件下，需要手动关断或其他操作，将系统切换到安全状态；
    — 可以列出纠正或避免工艺偏差需要的步骤。规范性步骤应在指南中提供直接操作的规范性步骤或排障信息；
    — 如果警报来自安全控制、报警及联锁系统(SCAI)，有效信息应包括：
        ○ 安全控制、报警及联锁系统(SCAI)操作描述；
        ○ 报警设定值或联锁设定值，以及完全停车后，预期安全状态；
        ○ 系统安全重启条件。
    — 由操作人员验证已经实现该安全状态。

- 正常工作负荷应允许操作人员完成必要的操作，该操作又是人员独立保护层(IPL)的一部分。响应期间，操作人员在没有其他命令下达时，能够处理异常情况，否则可能做出无效响应。

- 合理预期的所有工况下，操作人员均有能力采取必要措施。如果初始事件阻碍人员执行所需操作，则人员响应不属于一个独立保护层(IPL)。

- 操作人员经过专门培训，能够依照执行流程应对异常情况。
- 正在采取纠正措施的操作人员，没有被置入一个危险境地完成该操作。
- 正确管理与通信、人机界面和工作环境有关的人为因素，有关该主题更多详细讨论，请参阅附录 A。

确定人员动作独立保护层的需求时失效概率

设备、仪表及其他设备的失效率通常可以查到相关信息，根据上述信息可以计算基于组件的独立保护层(IPLs)的需求时失效概率(PFD)。然而，获得人员独立保护层(IPL)的需求时失效概率(PFD)取值就没有那么简单。人员独立保护层(IPL)的需求时失效概率(PFD)的取值，不仅包括对报警或其他触发条件下，错误的或无效的人员响应所导致的失效概率，还包括了用于检测工艺偏差和(或)采取措施使工艺恢复安全状态的仪器或设备的需求时失效概率(PFDs)。为满足人员独立保护层(IPL)需求时失效概率(PFD)小于 0.1 这一条件，除上述因素外，设备和仪器还应满足 ANSI/ISA 84.00.01(2004 年)标准或 IEC 61511(2003 年)标准中安全完整性等级(SIL)2 的完整性要求。人员可靠性评估(HRA)可帮助判定人员独立保护层(IPL)和仪器仪表部分总的需求时失效概率(PFD)是否达到 0.01。表 5.46、表 5.47 中举例说明了人员独立保护层(IPL)及其需求时失效概率(PFD)相关信息：

表 5.46   异常工况下的人员响应

表 5.47   操作人员有超过 24h 的时间完成响应动作，带有多个指令或多重指令下的人员响应

异常工况下的人员响应

描述：人员对清楚的信号所做出的响应，例如明确指示异常工况发生的安全报警信号，或超出了预设安全操作范围的现场取样或读数。为满足需求时失效概率(PFD)条件，任何与检测、报警和人员响应相关的硬件装置/软件系统都应具备充分的可靠性。

应制定一个可用的执行流程或操作指南指示需采取的一个或多个操作，且执行该流程的操作人员也应经过培训。此执行流程应属于低复杂性、指示明确且有每一步的操作说明。所有这些应在操作人员能力范围之内顺利执行，而不需要操作人员的抽象决策。尽可能在早期检测到异常工况，从而使得操作人员有充足的响应时间采取必要的操作步骤，使过程恢复至安全状态。与此响应相关的人为因素应经过充分地优化；更多内容，请参见附录 A。

操作人员需要充足的时间来响应异常工况，才能确保该独立保护层(IPL)的有效性。如果将人员响应作为保护层分析(LOPA)中的一个可靠的独立保护层(IPL)，那么应分配给操作人员足够的决策和响应时间来完成该任务，但是必须

小于使该事故隐患发展成为既成事实所需要的时间。请参见 3.3.3 节。

预防的后果： 对某一异常工况的人员响应可以防止多种可能导致的严重后果。

表 5.46　某一异常工况下的人员响应

独立保护层的描述
某一异常工况下的人员响应

LOPA 中使用的通用需求时失效概率 (PFD)
0.1

该独立保护层使用通用需求时失效概率 (PFD) 的注意事项
• 当安全报警触发人员响应时，操作人员在其值守位置 (多处) 可以明确获知该警报，并且是有效的。 • 当检验或现场取样触发了人员响应时，其执行流程应明确该检测或取样的必要性和规定的频率。如果该检查结果超出某个可容忍范围，则还应有书面操作指南，指导操作人员下一步应如何操作。检测或取样结果应以适当的方式记录和保存在某一表单中，或某种形式的数据库中。 • 操作人员应该有充足的时间有效响应发生异常工况后的指示并完成必要操作，但反应时间应少于该潜在事件转变为既成事实所需的时间。请参见 3.3.3 节。 • 操作人员遵循明确的操作流程，以完成响应。响应任务应属于低复杂性，每一步都有明确指示，操作人员的诊断或计算工作量最小化。 • 操作人员经过任务响应方面的培训。 • 采取纠正措施的操作人员，能完成操作的同时避免将自己置于危险环境之中。 • 合理优化与口头交流、人机界面和工作环境相关的人为因素 (控制行为形成因子的有关内容，请参见附录 A)。

通用验证方法
• 操作人员在响应流程中使用的任何传感器、报警器和最终控制单元都应检测，以确保它们能正常工作 (更多安全报警器详细内容，请参见 5.2.2.1.1 节)。 • 应不断验证与人为因素的有关的执行流程、培训效果和控制措施，以确保人员响应的持续有效性。 • 桌面演习、训练及利用过程模拟器等一些技术手段，均可用于进一步的进修培训，或用于展现响应效率。

依据及通用验证方法
本指南指导委员会达成的共识。请参见 NUGER CR-1278—《核电厂人员可靠性分析手册》(*Handbook of Human Reliability Analysis with Emphasis on Nuclear Power Plant Applications*)，表 15-3 (Swain 与 Guttmann，1983)。

异常工况时，在多种传感器及 (或) 多个指示下的人员响应，且操作人员有超过 24h 的时间完成必要的响应动作

描述： 此类独立保护层 (IPL)，操作人员可根据多个传感器及 (或) 偏差指示做出响应。操作人员至少有 24h 的响应时间，且他们都通过训练能够迅速采取行

动，该响应时间足以完成必要操作，从而防止可能的严重后果。

任何与检测、报警和响应相关的硬件装置/软件系统，也应足够可靠，并且满足需求时失效概率(PFD)约束条件。为了使人员独立保护层(IPL)需求时失效概率(PFD)小于0.1，除上述已讨论的因素外，设备和仪器仪表应符合ANSI/ISA 84.00.01(2004)标准，或满足IEC 61511(2003)标准中的安全完整性等级(SIL)2的要求。

应制定一个有效的执行流程或操作指南指示将要采取的一个或多个操作，并且该执行流程中的操作人员也经过培训。尽早发现异常工况，从而使操作人员有充足时间采取必要操作步骤，使过程恢复安全状态。不会使采取纠偏操作的操作人员在完成操作期间被置于危险环境之中。充分优化与该响应相关的人为因素；更多相关信息，请参考附录A。

预防的后果：所关注的任何场景，其中人员响应均可能是一个有效的独立保护层(IPL)。

表5.47　异常工况下，在多种传感器及(或)多个指示下的人员响应，
且操作人员有超过24h的时间完成必要的响应操作

独立保护层的描述
异常工况下，在多种传感器及(或)多个指示下的人员响应，且操作人员有超过24h的时间完成必要的响应操作

LOPA中使用的通用需求时失效概率(PFD)
0.01

该独立保护层使用通用需求时失效概率(PFD)的注意事项
为满足该独立保护层(IPL)需求时失效概率(PFD)通用值的条件： • 应有多个、明确的指示表明存在异常工况。 • 操作人员响应报警及完成必要操作所需的时间应小于该潜在事件成为既成事实所需时间。详见3.3.3节。 • 操作人员可依照明确的执行流程完成该响应。 • 操作人员经过训练完成该响应任务。 • 完成该纠偏操作的操作人员，可以完成该操作且不被置于危险环境。 • 合理控制与口头交流、人机界面和工作环境相关的人为因素(控制行为形成因子的详细信息，参见附录A)。

通用验证方法
• 对操作人员在操作流程的响应过程中使用的任何传感器、报警器和终端控制单元都应进行检测，确保它们工作正常(安全报警详细内容，请参见5.2.2.1.1节)。 • 应验证与人为因素有关的操作流程、培训和控制措施的，确保人员响应的持续有效性。 • 现场或桌面演习是进一步进修培训的有效手段进行。

依据及通用验证方法

本指南指导委员会达成的共识。参见 NUGER CR-1278—《核电厂人员可靠性分析手册》(*Handbook of Human Reliability Analysis with Emphasis on Nuclear Power Plant Applications*,*Final Report*),表15-3(Swain 与 Guttmann,1983)。

可调式限位装置

描述:可调式限位装置用于防止超过装置性能极限的人为误操作,而该误操作将有可能触发所关注的某一危险场景。不像机械制动装置就地固定且不能移动,可调式限位装置(图 5.52)可迁移,可拆除,甚至被损毁。可调式限位装置实例如下:

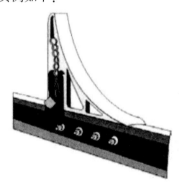

图 5.52　可调的轨道车制动装置

• 铅封,弯曲一根导线并压接导线两端,同时将阀门固定在其正确位置。铅封提供了一种可视辅助检查措施,确保阀门位置不会变更。应注意,铅封要能承受环境条件变化,包括阳光照射、温度、当地大气中化学物质等等。塑料捆扎带在某些环境中可能不具有足够完整性实现该功能。

• 锁链系统,该系统需要一把单独的钥匙才能解锁该装置,并允许变更阀门位置。数据表中提供了需求时失效概率(PFD)的通用值,其前提假设是该钥匙处于监督之下,且现场设置了控制人员出入的系统。

• 机械制动,可以限制某一组件(如活塞或阀门)或机械设备(如传送带或轨道车)的行程。

预防的后果:可调式限位装置防止设备发生意外移动引发后果。

注:这类独立保护层(IPL)不适用于那些限制安全阀下游截止阀操作的装置。泄放装置数据表中需求时失效概率(PFD)的固有取值要求管理系统已经就位,并能够确保这些阀门处于正确位置,而可调式限位装置已属于该管理系统的一部分。有关安全阀及相关截止阀的内容,请参见 5.2.2.2.1 节。

相关数据见表 5.48。

表 5.48　可调式限位装置

独立保护层的描述
可调式限位装置，例如高强度金属丝的铅封，锁/链系统，及可调机械制动装置，其目的是防止某装置的操作或某物体的移动超过规定限值。

LOPA 中使用的通用需求时失效概率(PFD)
0.1

该独立保护层使用通用需求时失效概率(PFD)的注意事项
设定可调式限位装置的人员或工作团队不能涉及同一场景下的初始事件或其他独立保护层(IPL)。移动限位装置是一种保障措施，它能通过某种方法表明只有授权人员才能移动或开启该设备。 为保障装置有效性： ● 该装置的设计目的是为防止严重后果。 ● 在操作流程中规定可调式限位装置的用途，并对流程操作人员，以及受其影响的人员进行培训。 ● 经过培训的人员可以利用线缆或其他密封材料安装和固定可调式限位装置，密封材料应具有足够的完整性，在特定的操作环境可以正常工作。 ● 该装置通常在每次执行任务时使用。 ● 除授权人员可以操作，其他人员不能操作该装置。这一点应清楚地传达给无关人员。 ● 能够通过眼睛直接察看可调式限位装置的位置是否正确。 ● 设备根据需要进行检查、测试、清洁和维护，确保其持续有效。 ● 合理控制与工作环境相关的人为因素。详细信息，请参见附录 A。

通用验证方法
定期视察以确保装置处于正确的位置，确保锁/密封/制动器未被扰乱。

依据及通用验证方法
本指南指导委员会达成的共识。

个体防护装备(PPE)

描述： 个体防护装备(PPE)是由人员穿戴的安全装置构成，这些安全装置的作用是构成人员个体与外界危害之间的屏障。个体防护装备(PPE)包括呼吸器、防化服、面罩和手套。通常，个体防护装备(PPE)属于保护措施中的最后一道防线。根据本质安全原则消除危害，或采取工程控制措施用以减少事件发生概率，也可以首选行政管理手段用以降低物料(/能量)释放幅度和规模。然而，在有些情况下，工程控制并不可行，但个体防护装备(PPE)仍然可以成为一种有效的独立保护层(IPL)。

许多企业需要基本的个体防护装备(PPE)，例如进入操作区必须配备安全靴，护目镜和安全帽。由于基本的个体防护装备(PPE)不太可能防止保护层分析(LOPA)中的某一特定场景，通常也不属于一个独立保护层(IPL)。若个体防护

装备(PPE)可以成为一个独立保护层(IPL),应满足以下条件:

(1) 该个体防护装备(PPE)旨在防止所关注的具体后果。例如,如果需要防护的危害是一次氯气的大量泄漏,针对该场景,所佩戴的滤罐型呼吸器可能不足以提供足够的呼吸防护,然而供气式呼吸器则可以提供足够的短期防护。同样,如果护目镜设计合理、装配正确和佩戴合规,那么液体飞溅时护目镜虽然不能提供充分的保护面部,但对眼部伤害却可能提供保护。要成为一个有效的独立保护层(IPL),该个体防护装备(PPE)应被指定,可以针对所关注的具体潜在危险提供全面防护。

(2) 要求使用个体防护装备(PPE)的场所,人员应经过培训,并可以正确使用个体防护装备(PPE)。

(3) 个体防护装备(PPE)应进行清洁、维护和检测,并根据需要及时更换。个体防护装备(PPE)按设计功能正常使用时才会有效。

(4) 每次执行任务时应穿戴个体防护装备(PPE)。如果该任务要求个体防护装备(PPE)成为某独立保护层(IPL)的组成部分,应在一份书面操作流程中加以说明,并且该设施的危害评估也应包含所需的个体防护装备(PPE)。受影响人员应进行操作流程方面的培训。

(5) 执行任务前应穿戴好个体防护装备(PPE)。但为了响应某事件而临时穿戴的个体防护装备(PPE)通常不作为一个独立保护层(IPL)。这时人员很可能已丧失行为能力,或还未穿戴好就已暴露于危害环境中,并且发生事故时,导致的精神紧张可能会降低人员响应的有效性。

(6) 在穿戴个体防护装备(PPE)时确实发生了人员暴露,如何响应该情况,相关人员应进行必要的训练。包括如何使用安全淋浴器冲洗及医疗评估。一旦程序化的个体防护装备(PPE)已被污染,则不应再用于响应该事件。在这种情况下,请遵照正确的应急响应预案。

预防的后果:个体防护装备(PPE)用于防止与暴露相关的、受到潜在影响区域内的人员发生重大危险后果。

相关数据见表 5.49。

表 5.49　个体防护装备(PPE)

独立保护层的描述
个体防护装备(PPE)
LOPA 中使用的通用需求时失效概率(PFD)
0.1

该独立保护层使用通用需求时失效概率(PFD)的注意事项

考虑将个体防护装备(PPE)作为一个独立保护层(IPL):

- 为执行本任务和某种潜在危害的防护,该个体防护装备(PPE)经专门设计。
- 操作人员经训练可以正确使用个体防护装备(PPE)。
- 个体防护装备(PPE)应清洁、检查和维护,并根据需要更换。
- 每次执行操作流程时,操作人员应穿戴个体防护装备(PPE)。在某一操作流程中如需使用个体防护装备(PPE),将要用到的具体个体防护装备(PPE),应列出设备清单。受影响人员需要进行操作流程方面的培训。
- 每次执行任务时,穿戴个体防护装备(PPE)。
- 任务开始执行任务前,具体操作人员应穿戴个体防护装备(PPE)。
- 个体防护装备(PPE)因化学品暴露而被污染,操作人员应了解采取什么措施应对。

通用验证方法

- 针对备受关注的危险,确定该个体防护装备(PPE)是适当的防护措施。
- 个体防护装备(PPE)应检查、调试和维护,确保其持续的完整性。
- 验证与人为因素有关的执行流程、培训和控制措施,确保个体防护装备(PPE)的正确使用。

依据及通用验证方法

本指南指导委员会达成的共识。

5.2.2.6 响应措施

有很多降低事故风险的有效保护措施是通过限制场景后果实现的。例如,一旦发生泄漏立刻启动应急响应保护措施。相关实例还包括:

- 员工警告(如工厂警笛、喇叭或灯光报警等提示已发生紧急情况)
- 社区通告(如自动拨打电话或发短信的系统,邻近区域报出警报/鸣号,以及借助警方力量通知公众)
- 就地避难(邻近人员接到通知暂留室内,或厂区工作人员在安全区域寻找避难场所)
- 内部应急响应能力(包括援救,消防及危害物料(HAZMAT)响应措施等)
- 外部应急救援人员(如当地消防队)

尽管这些保障措施有重要功效和实践意义,由于其实施过程极度依赖于当地条件,又无法得到通用的独立保护层(IPL)取值,通常不将这些保障措施作为保护层分析(LOPA)的独立保护层(IPLs)。评估应急响应保障措施的有效性可能需要采用更为具体的风险评估技术。有关定量风险评估方法的更多资料,请参考第6章相关内容。

5.3　如果数据表中没有你备选的独立保护层(IPL)应怎样做？

本指南小组委员会审查了众多备选的独立保护层(IPLs)，并确定其中哪些符合独立保护层(IPLs)标准。小组委员会还确定了是否有充分的有效数据支持备选的独立保护层(IPLs)需求时失效概率(PFD)的通用取值。正如前文提到，许多企业，包括那些参与本书编写的企业，均在使用并未在第5章中列出的独立保护层(IPLs)。

一个企业可以选择采用并未在第5章数据表中列出的独立保护层(IPLs)。如果这样，则建议如下：

● 使用的数据应有证明材料并来源可靠，或利用因地制宜性质的数据支持所选择的需求时失效概率(PFD)。有关数据收集更多的指导性意见，请参考附录B和附录C。

● 符合独立保护层(IPL)的实施及维护的一般性要求。

● 企业已制定管理制度并落实到位，可以保证独立保护层(IPL)初始及持续的完整性和可靠性。

建议企业公开其备选独立保护层(IPL)及其支持数据，从而其他人可以同行评议该数据和标准，并从该独立保护层(IPL)的应用实例中获得启发。

6 先进的 LOPA 分析方法

6.1 目的

保护层分析(LOPA)方法旨在简洁化和结构化,该技术实现了与详细的定量分析相一致的结果。然而,如前文所述的某些场景中,仅采用保护层分析(LOPA)方法是不够的。例如,在保护层分析(LOPA)中采用的保守假设可能导致风险值被评估过高,因此可能导致实施了超过必要数量的独立保护层(IPLs)。另外,在初始事件(IE)与独立保护层(IPLs)之间若缺乏独立性,则会导致低估风险,并导致实施了少于必要数量的独立保护层(IPLs)。在这些情况下,可适当补充更为详尽的保护层分析(LOPA)。

然而,值得注意的是,尽管定量分析方法有一些优势,但采用先进的技术确实需要具备更大维度的知识体系。对更先进的建模工具和逻辑结构技术的深入理解,其必备的前提是进行更为深入分析。

本章提出了几个问题,值得更详细地分析研究,以及对解决方法的探讨。讨论的主题包括:

(1) 定量分析方法与保护层分析(LOPA)方法相结合,或直接代替保护层分析(LOPA);

(2) 根据故障树分析(FTA)制定适当的初始事件频率(IEF),应用实例;

(3) 利用人员可靠性分析(HRA)来评估某一人为初始事件(IE);

(4) 起缓解作用的复杂独立保护层(IPLs)。

6.2 与 LOPA 相关的 QRA 方法的应用

保护层分析(LOPA)是一种简化的风险评估工具,由于该方法制定的规则存在固有的局限性。有些时候,分析人员、现场装置或企业要求可能会超出保护层分析(LOPA)的简单限制性规则。替代性的定量风险评估方法,请参考第2章。

6.2.1 QRA 与 LOPA 结合使用

定量风险评估(QRA)方法可以与保护层分析(LOPA)方法一起使用,以帮助企业评估某一特定的独立保护层(IPL)的需求时失效概率(PFD)或者某一特定的初始事件(IE)的具体的初始事件频率(IEF)。常用的评估可能性的定量风险评估(QRA)方法包括:

- 故障树分析(FTA)——逻辑性地组合不同的系统失效,人员失误,以及工艺/环境条件,来确定某一定义的"顶部事件"发生频率。顶部事件频率通常就是初始事件(IE)频率,独立保护层(IPL)的需求时失效概率(PFD),或者该场景发生频率[包括初始事件频率(IE)任何独立保护层(IPL)的需求时失效概率(PFDs)]。

- 事件树分析(ETA)——遵循潜在后果的逻辑顺序作为初始事件的结果。该方法明确着眼于因采取了预防性和缓解性独立保护层(IPLs)保护措施后可能发生的所有后果。事件树分析(ETA)还可用于明确模拟不同后果,这些后果与造成损害性事件发生之后的现实条件相关。

- 人员可靠性分析(HRA)——用于预测人员失误概率的方法和技术措施的集合。这些方法包括人员可靠性树分析及多种简化方法。这些方法有:

— THERP(人员失误概率预测技术)(Swain 与 Guttmann,1983)

— HEART(人员失误分析及控制技术)(Kirwan,1994)

— SLIM(成功似然指数法)(Embrey 等,1984)

— HCR(人员认知可靠性)(Hannaman,Spurgin 与 Lukic,1984)

— APJ(绝对概率判定)(Kirwan,1994)

— SPAR-H(标准化工厂风险分析模型-人员可靠性分析)(Gertman 等,2005)

除了用于评估事件发生可能性的定量方法,也有用于评估某一事件潜在后果的定量方法。火灾、爆炸及毒性影响的通用模型可以利用公共软件模拟,例如危险大气环境区域位置软件(ALOHA)(NOAA/U.S.EPA,2012),该软件往往也可用于保护层分析(LOPA)。对于详细的建模要求,则需要用到更复杂的专用软件。

在其他参考资料中,也详细介绍了定量风险分析(QRA)方法,如《化工过程定量风险分析指南》(*Guidelines for Chemical Process Quantitative Risk Analysis*)(CCPS 2000)。《核电厂人员可靠性分析手册》(*Handbook of Human Reliability Analysis with Emphasis on Nuclear Power Plant Applications*,*Final Report*),NUREG CR-1278(Swain 与 Guttmann,1983)则是详细介绍人员可靠性分析(HRA)方法的最佳书籍之一。《SPAR-H 人员可靠性分析方法》(*The SPAR-H Human Reliability Analysis Method*),NUREG RC-6883(Gertman 等,2005)是另一本很有参考价值的

书，它提供了一种评估人员失误的简化方法。

6.2.2 QRA 代替 LOPA 方法

采用更为定量的风险评估方法可能需要对分析人员进行额外的培训，并投入更多的时间和精力去完成定量评估工作。然而，有些情况下，某一企业可能希望进行这项投资，越过保护层分析(LOPA)方法直接采用定量风险分析(QRA)方法。这些企业应做到以下几点：

● 如果保护层分析(LOPA)的分析人员或分析团队既没有充分了解场景的后果，也没有很好理解场景发生频率，应采用定量风险分析(QRA)方法。

● 要求采用定量风险分析(QRA)，验证有安全完整性等级(SIL)要求的安全仪表功能(SIF)回路。

● 采用定量风险分析(QRA)评估显著的共因失效安全保障措施。LOPA 的简化规则一般不容许对非完全独立的独立保护层(IPLs)置信，有时，这会导致高估事件风险。

● 如果潜在后果严重程度非常高时，适用定量风险分析(QRA)方法论。比如，某种后果能导致大量人员死亡或对环境产生灾难性影响。

● 如果结果位于可容忍风险的边缘，应考虑采用保护层分析(LOPA)之外的方法。为避免因不必要的风险削减而可能花费大量的资金成本，某一现场可能转而选择执行定量风险分析(QRA)方法，以确定一个更严格的方法验证该风险实际上是否在可容忍范围之内。另一方面，利用定量风险分析(QRA)的进一步分析反而可以表明，为满足该企业可容忍风险标准，考虑额外的风险削减措施是必要的。

6.2.3 使用 FTA 评估复杂初始事件举例

在保护层分析(LOPA)中，分析人员要评估每一场景并估测初始事件(IE)概率，例如，控制回路失效导致高温，该初始事件(IE)频率为 0.1 次/年。一些企业采用保护层分析(LOPA)方法评估规定的重大事件，而采用保护层分析(LOPA)方法又难以得出结论，正是由于这些诱因数量及这些诱因的可能性被需要考虑的设备、系统、人员及管理系统所共有。像故障树分析(FTA)这样的预测性技术可用于评估初始事件(IE)频率，这些初始事件是指系统的设计、操作及维护中可能导致的重大事件。由于故障树方法可以处理违反保护层分析(LOPA)严格的独立性规则的复杂系统，使其具有特殊价值。(例如，主增压泵和备用增压泵共用一个公共电源或流量调节阀)。

故障树分析(FTA)将单一场景的所有诱因按一定的逻辑顺序，平行排列组合。根据事件之间的相互关系，通过"与"门及(或)"或"门逻辑关系连接这些相关事件。故障树可能非常复杂，然而，可以根据分析要求权衡分析细节的详细程度和复杂程度。

图 6.1 是有关某一反应容器内温度过高的一个简单故障树示例，用以说明根据对多种诱因的评估确定某一主要事件的总体初始事件(IE)频率。图 6.1 给出了故障树的基本逻辑演算和数学运算过程。

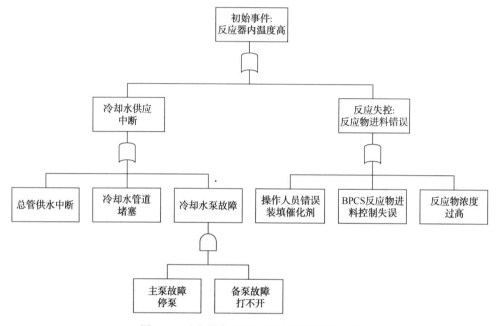

图 6.1 反应器内温度过高故障树分析示例

在本示例中，导致高温的原因既可能是冷却水失效，也可能是反应物或催化剂进料不正确。示意图给出了一个简单的高水平故障树。通常情况下，可通过识别可能引发该事件的具体设备失效、系统失效和人员失效，更详细地分析每一导致温度过高的失效诱因。例如，催化剂进料过多，可能是由于催化剂流量控制回路失效、操作失误或其他确定的失效引起。

下面分析假设了分析人员已经确定图示中的事件发生概率，且各事件彼此充分的独立，因此如下所示的简单数学运算是恰当的。还假设了任何保护层分析(LOPA)中涉及的独立保护层(IPLs)能够处理所有的在初始事件(IE)发生频率分析中考虑到的诱因。

冷却水供应中断既可能是由于冷却水总管供水中断，也可能由于冷却水管道堵塞，还可能由于冷却水泵失效引起。而对于冷却水泵失效是指电动主泵和柴油备用泵同时失效。故障树计算中，经过"或"门关系联系在一起的个别诱因的失效率相加，推导出总的失效率(对于与门，特定事件的子事件失效率相乘可得到该特定事件的总失效率)。因此，给出了冷却失效的三个基本原因的失效率：

- 冷却水供应中断，就其源头，大约每 10 年发生一次（$IEF = 0.10$ 次/年）。
- 冷却水管道堵塞，每 20 年发生一次（$IEF = 0.05$ 次/年）。
- 冷却水泵失效，每 10 年发生一次（$IEF = 0.10$ 次/年），再与上每一次要求时备泵的失效概率 0.1。所以，冷却水泵系统总的失效率为 $0.1 \times 0.1 = 0.01$ 次/年。

冷却水供应中断的初始事件频率（IEF）可以近似为：

$$IEF_{冷却水供应中断} = 0.10/年 + 0.05/年 + 0.01/年 = 0.16/年$$

上述故障树中，引发反应器进料过程装料不正确的原因，既可能由于操作人员添加催化剂过量，也可能由于基本工艺控制系统（BPCS）添加反应物料量不正确，还可能由于装置内反应物浓度配比不当。失效率数据假设如下：

- 每年进料 25 次，所以操作人员添加催化剂或反应物失误频率为 0.1 次/年，参考数据表 4.4。
- 基本工艺控制系统（BPCS）的反应物进料失效频率为 0.1 次/年，参考数据表 4.4。
- 反应物料浓度配比不当的发生频率估计为 0.05 次/年。

则进料过程填料错误的发生频率为

$$IEF_{进料不正确} = 0.1/年 + 0.1/年 + 0.05/年 = 0.25/年$$

由于冷却水供应中断或进料过程的填料错误都会导致反应器内温度过高，那么反应器内温度过高的总发生频率将为

$$IEF_{反应器内温度高} = 0.16/年 + 0.25/年 = 0.41/年$$

如果该结果用保护层分析（LOPA）的数量级表示，反应器内温度过高的初始事件频率（IEF）将四舍五入为 1 次/年。

上述仅仅是故障树结构和概率计算的简单示例。关于全面介绍定量风险分析（QRA）技术，包括故障树分析的更多内容，请参考《化工过程定量风险分析指南》（*Guidelines for Chemical Process Quantitative Risk Assessment*），（CCPS 2000）一书。

6.2.4　利用 HRA 评估某人员失误初始事件

人员可靠性分析（HRA）事件树是分析复杂人类行为的一种通用人员可靠性分析（HRA）工具，并且该方法与上文中提到的人员失误概率预测技术（THERP）方案（Swain 与 Guttmann，1983）是相关联的。它包含一个金字塔状的分支结构表示人员行为的成功路径或失败路径。分支的左侧路径通常认为是成功路径，而右侧分支则是失败路径。当成功完成任务或发生不可恢复的失误时，分支结构将在该点终止。该事件树可以利用条件概率数学求解，其中，成功完成某一任务或某

一步骤的概率取决于前一步骤或任务是成功还是失败。如图 6.2 所示。

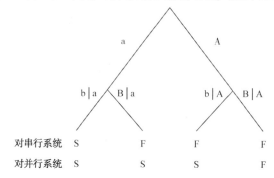

图 6.2 人员可靠性分析(HRA)逻辑树(Lorenzo, 1990 年)

人员可靠性分析(HRA)逻辑树中各项定义:

任务"A"=第一任务

任务"B"=第二任务

a=任务 A 执行成功的概率

A=任务 A 执行失败的概率

$b|a$=给定 a 时,任务 B 执行成功的概率

$B|a$=给定 a 时,任务 B 执行失败的概率

$b|A$=给定 A 时,任务 B 执行成功的概率

$B|A$=给定 A 时,任务 B 执行失败的概率

串行系统:

成功概率(S)=$ax(b|a)$

失败概率(F)=$1-ax(b|a)=ax(B|a)+Ax(b|A)+Ax(B|A)=ax(B|a)+A$

并行系统:

成功概率(S)=$1-Ax(B|A)=ax(b|a)+ax(B|a)+Ax(b|A)=a+Ax(b|A)$

失败概率(F)=$Ax(B|A)$

人为因素及其对人员可靠性的影响,附录 A 提供了这方面的详细信息。不过,分析人员通常需要培训和实际经验才能精通并熟练应用定量人员可靠性分析(HRA)方法。

6.3 评估复杂的减缓型独立保护层

正如第 5 章所述,一个独立保护层(IPL)可以是一台装置、一套系统或一个操作行为,并能够防止场景进一步发展,导致不良后果发生,且独立于与该场景相关的初始事件(IE)及任何其他独立保护层(IPL)。某一独立保护层(IPLs)，在安全壳失效后用于降低导致严重后果的频率，则被称为缓解性系统或缓解性独立保护层(IPLs)。缓解性独立保护层(IPLs)可以削减继续发展为更严重的原本后果的频率，但可能允许，甚至促进，出现不太严重的后果。例如，安全阀可以防止压力容器出现灾难性失效，但如果这样做，安全阀起到导管作用直接连通大气，这样又会产生另一个严重后果，对环境造成影响。大部分的缓解性独立保护层(IPLs)都会在两种场景下充分评估，一种是缓解性独立保护层(IPL)执行成功，另一种是缓解性独立保护层(IPL)执行失败。

有一些缓解性独立保护层(IPLs)，如围堰、护堤和堤岸工程，他们相对简单，并且可以制定出通用的需求时失效概率(PFD)。而另一些缓解性独立保护层(IPL)面向具体应用而且相当复杂。因为许多因素可以影响独立保护层(IPL)发挥功效的可能性(或者概率)，因此评估某一复杂的缓解性独立保护层(IPL)并得到相关需求时失效概率(PFD)是具有挑战性的任务。为复杂的独立保护层(IPLs)确定需求时失效概率(PFD)值应采用更为定量的分析方法而非保护层分析(LOPA)方法，本章已对此有所介绍。一些复杂的减缓性安全保障措施，请参考如下所示的实例。

减排治理系统

减排治理系统通过各种措施去除工艺物流中残留的有害化学物质，例如中和、吸收、燃烧等方法。这些系统也可用于处理大规模的物料泄漏，例如在有毒或易燃物料的紧急放空期间发挥作用。确定一个合适的独立保护层(IPL)取值时，应考虑到减排治理系统通常处理容量有限。如果在事故期间，泄漏量、泄漏速率或浓度超出了系统容量，这时，减排治理系统则不属于一个有效的独立保护层(IPL)。

减排治理系统可以由几个一同发挥有效作用的机械系统或仪表系统组成。另一些系统可能没有这些主动单元，如火炬或冲洗水箱。当选定总体的需求时失效概率(PFD)取值时，应考虑到减排治理系统的每一单元独立保护层(IPL)的需求时失效概率(PFD)。判定减排治理系统的需求时失效概率(PFD)比较复杂，而且不能用保护层分析(LOPA)中的通用需求时失效概率(PFD)取值代替。判定某一减排治理系统的整体需求时失效概率(PFD)的具体方法，本章已讨论。

控制人员权限的安全保障措施

某些情况下，控制人员权限的安全保障措施可以限制人员进入执行高风险作业的区域，例如设备维护期或者工艺装置开车期间。控制人员权限的安全保障措施并不能防止危险场景发生，但可以通过限制危险区域内可能受到影响的现场人员数量这一措施，起到有效限制受影响人员数量的作用。门禁系统设置的措施包括设置路障、警示标志和隔离带。只有当企业具备严格遵守操作规范的企业文化时，采取这些类型的保障措施才能发挥作用。然而，由于这些保障措施属于特定现场装置及特定工况，因此适合于采用较为定量的风险分析方法以评估其有效性。另外，有些企业将人员权限控制作为在场人员暴露情况的条件修正因子而并非作为一个独立保护层(IPL)使用。关于条件修正因子的更多内容，请参考《保护层分析——使能条件与修正因子导则》(*Guidelines for Enabling Conditions and Conditional Modifiers in Layer of Protection Analysis*)(CCPS 2013)。

应急响应预案的保障措施

有效的应急响应预案及装置应急设施的有效性可以显著降低事故导致的死亡人数，环境损害和设备损坏。为削弱事故影响，应针对重大事故的响应措施编入相应的应急预案，这也是对有关设施的一种重要的安全保障措施。然而，评估应急响应保障措施的有效性却是一项有挑战性的工作。应急响应保障措施的示例如下：

● *消防*：手动灭火行为已被证明在应急响应中非常有价值。然而，难以找到一个通用的独立保护层(IPL)取值，可以反映此类行为的有效性。现场消防设备、响应时间、人员训练水平及扑灭某特定类型火灾的可能性都需要根据具体情况具体分析。在紧急情况下，还有其他的因素，如压力，也可能对响应活动产生负面影响。

● *应急响应与疏散*：与消防措施一样，应急响应与疏散也能非常有效地预防严重伤害和死亡。如果从检测到异常工况到后果发生之间有足够长时间，使得临近社区可以有效地应急响应或紧急疏散，这些安全保障措施才能发挥最大作用。在某些情况下，这些活动是限制危害的有效手段，但是评估这种安全保障措施的有效性需要采用更为定量的风险分析方法论，来做进一步的分析研究。

6.4 结论

保护层分析(LOPA)方法是一种有效的、精简的风险评估方法。然而有时，保护层分析(LOPA)可能不是评估某一特定场景风险的最佳方法，并且可能需要采用更为定量的风险评估方法。另一些时候，定量风险评估方法可以有效地补充某一保护层分析(LOPA)分析过程及结论。本章介绍了部分可以利用的定量风险分析方法论，其中包括故障树分析(FTA)及人员可靠性分析(HRA)。也举例说明了复杂的缓解性安全保障措施，采用定量风险评估方法可有助于判定类似这些的安全保障措施是否足够有效，从而具备成为独立保护层(IPLs)的潜在资格。

附录

附录 A 人的行为影响因素

介绍

人的行为可以是引发某一事故场景的诱因，也可以作为独立保护层的一部分。CCPS 的另一些出版物，如《过程安全中人员失误预防指南》(*Guidelines for Preventing Human Error in Process Safety*)(CCPS 1994)与《基于人因方法提高流程工业中人的效能》(*Human Factors Methods for Improving Performance in the Process Industries*)(CCPS 2007c)，全面介绍了人为因素问题。本附录主要强调影响初始事件(IE)和独立保护层(IPL)取值及本书中通用值的适用性的关键之处。

虽然人员失误有多种形式，但保护层分析(LOPA)关注的人员失误是那些直接涉及人员操作的初始事件(IE)和独立保护层(IPL)，包括：

- 在执行操作程序中发生失误，导致引发保护层(LOPA)关注场景。例如，装置开车阶段。
- 在响应指令与执行动作时发生失误，如该命令得到正确执行，将预防后果的发生。

了解影响人员失误的各种因素，可以有效管理人员行为，并使之高效完成任务。

什么是人员失误

J. Reason(1990)在讨论人员失误时，提出以下定义：

"失误是一个通用术语，它包括所有未能达到预期结果的一系列脑力和体力活动的场景……"

化工行业中，人员失误是造成人员伤亡、财产损失、环境影响的主要原因之一。过去传统观点认为人员失误是发生事故的"根本原因"，因而传统的做法往往将重点放在人员问责和惩处上，忽视了管理体系失效原因所导致的人员失误。

现代系统性观点则认为人员失误重点不在人员个体失效，而在于导致失误发生的外部环境条件上。《过程安全中人员失误预防指南》(*Guidelines for Preventing*

Human Error in Process Safety)(CCPS 1994)一书中对人员失误有以下*描述*：

"*人员能力和需求与不适当的组织文化之间失衡，而导致的自然结果。*"

在这一整体框架视角下，为实现人的高水平表现，不仅需要了解可能出现的人员失误类型，还应了解对其产生影响的管理系统。这些管理系统中的关键要素就能被恰当地控制，从而获得较高水平的系统可靠性及较低水平的人员失误概率。

人员失误的分类

过去的几十年间，人员失误评估出现了许多不同的评估模型。了解可能出现的失误类型及可能影响各失误类型的管理系统，能够有效辨识可控因素，从而确保人员的充分可靠性。

疏漏/执行/次序/时间

Swain 和 Guttmann(1983)将操作步骤中可能出现的人员失误分为以下四类：

(1) 疏漏失误——操作人员未执行必要步骤或任务；

(2) 执行失误——操作人员某一工序执行错误，或执行了正确工序之外的动作；

(3) 次序失误——操作人员未按正确顺序执行动作；

(4) 时间失误——执行动作过早、过晚、过慢或过快。

这些失误分类可以有效引导工艺危害分析(PHA)讨论过程，讨论在某一给定工况下可能出现的失误类型，以及在保护层分析(LOPA)中应考虑哪些人员失误的初始事件(IE)和场景。然而，上述分类只描述了"发生了什么"而没有描述"为什么发生"，这些描述对辨识管理系统对人员失误概率的影响并无帮助。为达到特定初始事件(IE)和独立保护层(IPL)要求的人员执行能力，了解人员失误最重要的控制因素很重要。

技术/规则/认知类错误

Rasmussen 和 Rouse(1981)将操作人员行为分为三个基本类型。这几个类型不同之处在于操作人员执行必要任务时的操作水平意识逐次增强。

(1) 技术类：重复性动作，几乎不需要过多思考(例如：驾驶叉车或仪表读数)；

(2) 规则类：有明确操作指令的动作，如口头指令或书面操作程序；

(3) 认知类：需要思考并决定采取何种措施(例如：对异常工况的判断)。

完成技术类动作通常为日常操作，几乎不需要有意识的思考。发生该类错误往往是动作执行错误或动作遗漏。为减少技术类操作失误，可以通过反复练习，以及培养良好的工作习惯，而不允走任何"捷径"。物理限制方面的防呆设计，例如不同尺寸或螺距的软管接头，可显著降低技术操作类的失误概率。企业应意识到操作程序应根据长期的操作习惯或经验而做出适当的调整，这样可避免日常操作变成人员失误。

出现规则类失误往往是选择了错误的规则或动作指令，或者按正确的规则错误地执行了动作。执行基于规则类的操作通常比技术类操作对有意识思考要求更高。为降低规则类失误发生频率，可通过编制准确的、完善的执行程序和检查表，以及提供合适的新人培训和进修培训。强化严格遵循规则和操作程序的企业文化至关重要。

认知类失误发生往往是因为对工况了解不清而选择了错误的执行计划。这种状况经常发生在没有建立与工况相应的执行程序，而又需要操作人员临时决定合理的响应措施。较技术类和规则类任务而言，上述情况需要更多的思考过程，需要具有更高水平的操作人员执行动作。通过编制基于征兆的执行程序和排障指南，能够降低认知类失误概率。基于征兆的执行程序是对某一特定异常工况（或者说是"征兆"）的操作规定，不需要操作人员对引起异常工况的原因进行判断。（打个比方，医生建议高烧病人洗冷水浴而不究其发烧的具体原因。）为降低认知类失误发生概率，也可通过分配在该类工况下思考能力水平较强的操作人员进行处理。培训和训练是提高操作人员认知类操作执行能力最常见的手段。

上述分类有助于识别哪个管理系统对某一特定类型人员失误概率影响最大。下一章节将详细地介绍影响人员表现的个体因素及其对失误概率的影响程度。

行为促成因子

风险评估需要考虑人员失误的可能性，以及人为因素对人员初始事件（IE）或独立保护层（IPL）的需求时失效概率（PFD）取值的影响。人为因素控制较差可能会导致较高的初始事件（IE）频率和较高的人员独立保护层（IPLs）的需求时失效概率（PFD）。另外，人为因素控制不充分可能使本书所提供数据表中的通用数据失去参考价值。

行为促成因子注意事项

行为促成因子（PSFs）是能够增强或降低人员行为能力的影响因素。在不存在行为促成因子（PSFs）的情况下，它是指那些能决定人员失误概率或人员行为水平的因素。行为促成因子（PSFs）包括工作环境、作业/任务指令、任务和设备特点、心理压力、生理压力及执行任务时个体特点。行为促成因子（PSFs）的利弊程度应由企业管理系统最终判定。

大部分现有的影响人员失误概率的行为促成因子（PSFs）数据来源于核工业。

化工过程工业也已经收集了一些数据（例如：Edwards 和 Lees，1974）。由于人员失误可能不那么频繁发生或不易被察觉，收集人员失误数据具有挑战性。操作人员因害怕受到影响，通常也不愿意报告那些已及时发现并改正了的人员失误。此外，在许多情况下，没有系统的方法记录、获取和分析相关数据。在没有有效数据支持的情况下，通常需要通过专家判断评估获得数据。

行为促成因子对人员失误概率的影响

行为促成因子（PSFs）对人员行为能力的影响通常用人员失误概率（HEP）表示。《过程安全中人员失误预防指南》（*Guidelines for Preventing Human Error in Process Safety*，CCPS 1994）一书对人员失误概率（HEP）定义如下：

"在规定时间内执行特定作业或任务时出现失误的概率。

另一定义：在要求时间内操作人员未实现要求的系统功能的概率。"

本章节目的是让读者了解行为促成因子（PSFs）能对人员失误概率产生影响。希望读者能够更好地理解本书数据表中的通用初始事件频率（IEF）和独立保护层（IPL）取值所隐含的假定条件。然而，后续数据表中的数值，读者不可直接选用，应根据实际情况增加保护层分析（LOPA）中通用人员失误初始事件（IE）或独立保护层（IPL）的取值。例如，若存在严重偏离总体期望的情况（也称为"固定总体"），则人员失误概率的应增加 10 倍，而本书标准值假设不存在如此严重偏离情况。使用任何数据前，应了解其来源和基本假设，然后再决定该数据是否适用于某特定条件。

复杂性

人员失误概率（HEP）受执行任务的复杂程度影响。当操作程序简单、按部就班，且不用计算或说明时，人员失误概率（HEP）值较低。当操作程序复杂，例如执行步骤数量大、需要计算过程，以及完成操作需要做出人为判断时，人员失误概率（HEP）则会较高。例如，Swain 和 Guttmann（1983）指出：操作步骤超过 10 项的作业，其人员失误概率（HEP）是步骤数较少作业的 3 倍。

检查表与操作程序

依照检查表和/或操作程序的操作人员的人员失误概率（HEP）要比仅凭记忆操作的人员的失误概率低。在《核电厂人员可靠性分析手册》（*Handbook of Human Reliability Analysis with Emphasis on Nuclear Power Plant Applications*）最终报告，NUREG CR-1278（Swain 和 Guttmann，1983）中，罗列了不同起因的失误率，其中包括一些经验数据。在该文献表 15-3 中，汇总了可以作为初始事件的人员失误，本书对其进行适当修正、摘录和总结，参见表 A-1。注意该表格仅适用于疏漏造成的人员失误(即遗漏某步骤)，不适用操作步骤不正确造成的人员失误(即错误执行某步骤)。

表 A-1 各类初始事件的最低人员失误概率

(摘自 NUREG CR-1278[Swain 和 Guttmann，1983]，表 15-3)

疏漏失误	人员失误概率
正确使用了操作程序中的检查项	
(1) 步骤较短，小于或等于 10 项	0.001
(2) 步骤较长，超过 10 项	0.003
操作程序中没有检查项，或检查项没有被正确使用	
(3) 步骤较短，小于或等于 10 项	0.003
(4) 步骤较长，超过 10 项	0.01
(5) 应该使用规定的操作程序，但未使用	0.05

Swain 和 Guttmann(1983)数据说明：正确使用检查表(拿着检查表逐项核查已完成项)可以使人员失误概率(HEP)降低 3 倍。反之，如果没有按照要求的操作程序执行，那么人员失误概率(HEP)会增加 20~50 倍。显然，执行程序和检查表是降低人员失误概率的有效手段，尤其规则类人员失误。

人机工程

人机工程涉及人与环境之间的互动设计，有利于改善绩效。需要考虑的一些具体行为促成因子(PSFs)如下：

(1) 人因工程学——在设计操作人员与过程工艺之间的界面时，要考虑的因素如下：

- 控制和显示的设计与布局；
- 报警管理，避免频繁报警或误报；
- 设备位置或状态显示与当地习惯一致；
- 清楚明了的标签标识；
- 有效的沟通方式。

同样重要的是，应考虑操作人员的个体习惯差异。通过每天不断强化，操作人员对信号辨识及装置操作会形成固有习惯和思维。红灯停车或者顺时针转动手柄关阀均属于长期固有习惯和思维定式。若违背这些固有的习惯和思维定式会增加人员失误概率。在有些地方，泵在计算机上显示红色信号，表示"关闭"，而另一些地方，红色信号则可能表示"通电"。因而，设计显示方案和操作规程时应考虑这些个体习惯差异，以期降低人员失误概率。

（2）工作环境——人员表现受诸多因素影响，如：

- 光线；
- 温度；
- 噪声。

（3）个体压力——生理和心理因素都会影响人员正确执行任务的能力，包括：

- 执行任务所需的体力水平；
- 执行任务所需的能力。

人机工程学中影响人员失误的有关注意事项，参见表 A-2，摘录自《核电厂人员可靠性分析手册》(*Handbook of Human Reliability Analysis with Emphasis on Nuclear Power Plant Applications*) 最终报告，NUREG CR-1278（Swain 和 Guttmann，1983）表 3-8。

表 A-2 人机工程学中影响人员失误的注意事项

（摘自 NUREG CR-1278［Swain 和 Guttmann，1983］，表 3-8）

以下实现之后	HEPs 降低倍数 *
控制和显示设计中融入良好的人因工程实践	2~10
对违背固有习惯和思维定式的显示和控制界面进行重新设计	>10
重新设计阀门标签，标识阀门功能(包括与阀门相关的清晰系统标识)，并且清楚标明阀门正常操作状态	~5

* 以上假设不进行叠加计算。

由上表可知，有效考虑人为因素的良好工程实践能够使人员失误概率(HEP)降低 2 倍；清晰的设备标识能够使人员失误概率(HEP)降低 5 倍。忽视当地习惯会对人员失误概率(HEP)产生重大影响。违背固有习惯和思维定式的显示设计会使人员失误概率(HEP)增加 10 倍以上。

技能水平和培训

人员在具备必要的技能和有效的培训后，工作才是最有效率的。尤其是对于认知类人员失误，提高对技能和培训重视程度可以降低该类失误概率。操作人员需要有效的新人培训以及定期巩固培训以维持其技能水平。培训方法可以包括执行程序回顾、课堂培训、在职培训和计算机培训。通过测试和现场演示规定任务可以考核操作人员的熟练度和能力水平。

对于非日常性操作，比如某独立保护层(IPL)的操作程序，程序文件和检查表能够减少人员失误。其他提高执行能力的方法还有现场演练、桌面演练、计算机模拟。实际上，根据 Swain 和 Guttmann(1983)研究结果，频繁演练报警状态下的响应操作能够使人员失误概率(HEP)降低 3~10 倍。

任务负荷

任务负荷表示考虑了操作人员所有预期任务的绩效期望值。任务负荷高时，操作人员执行效率可能会降低。任务负荷低时，操作人员的执行能力降低程度难以量化。

紧张和疲劳

NUREG CR-1278(Swain 和 Guttmann，1983)将紧张定义为：

"一种连续性状态、安定个体从较小的刺激状态到感觉受到威胁的状态，需要采取行动。"

紧张程度可分为以下几类：

(1) 较低水平(刺激不足以引起警觉)；

(2) 最佳水平(促进作用)；

(3) 中等偏高水平(轻度到中度干扰)；

(4) 极高水平(严重干扰)。

低压力工作状态可以提高人员可靠性是一个常见误区。事实上，人们需要一定程度的压力和紧张感来维持兴趣和专注度。如果压力过低，人员警觉性下降，反而会增加人员失误概率。对于夜间安全执勤和消防值班等人员尤其如此。适度的紧张感可以激发操作人员达到较高执行能力水平。一旦紧张程度超出适度范围，对操作人员将产生干扰，且通常会导致执行能力降低。表 A-3 说明了紧张感对工作人员执行能力的影响。

表 A-3　压力影响下技术人员 HEP 修正
(摘自 NUREG CR-1278[Swain 和 Guttmann，1983]，表 18-1)

紧张程度	HEP 修正	
	熟练者*	初学者**
放松(任务负荷非常低)	×2	×2
最优(最佳任务负荷):		
固定任务+	×1	×1
动态任务+	×1	×2
较紧张(重任务负荷):		
固定任务+	×2	×4
动态任务+	×5	×10

续表

紧张程度	HEP 修正	
	熟练者*	初学者**
极其紧张(紧张压力工作环境 Threat stress):		
固定任务+	×5	×10
动态任务+ 判断问题原因++	0.25 这是 HEP 实际值,并非修正因子,用于动态任务或判断问题原因的任务	0.50 这是 HEP 实际值,并非修正因子,用于动态任务或判断问题原因的任务

　* 熟练的操作人员应具备 6 个月以上所评估工作的操作经验。即使是一名高级装置开车技术人员,由于每 3~5 年才开车一次,也不能认定其为"熟练"开车技术人员。

　** 初学者是指操作经验少于 6 个月的人员。两者都需要具备上岗许可证和资格证(即完全具备资质)。

　+固定任务是常规的、基于规则类的任务,例如按照标准操作程序执行的任务。动态任务是基于认知类的任务,需要较高程度的人机互动,如决策、部分功能的记录追踪、功能操控或以上任意组合。上述要求是固定任务和动态任务的基本差别,这在异常工况的响应操作中经常涉及。

　++问题原因判断可能在不同紧张程度下进行,从最佳状态至极度紧张状态(威胁性压力)。

大多数文献中的 HEP 值均假定个人承受压力处在最佳状态。如果操作人员在某场景下被要求非常放松或非常紧张地进行操作,那么文献中提供数据应慎用。NUREG CR-1278(Swain 与 Guttmann,1983)表 18-1 中列举了不同紧张程度对初学者和熟练者在不同任务负荷下的影响。

NUREG CR-1278(Swain 和 Guttmann,1983)表 18-1 还说明了较大的任务负荷会使 HEP 因子增加 2~5 倍,这取决于任务是简单操作,还是按部就班操作,或者是需要高水平脑力劳动和认知。对于初学者,高度紧张和高强度任务负荷会使 HEP 增加 10 倍以上。

LOPA 分析中使用的与人员操作相关的数据假设了人员健康被合理地控制,包括行为影响因素管理,如疲劳。疲劳是实际的人员失误概率明显高于本书中数据的原因之一。许多重大工业事故都与人员疲劳有关,有得克萨斯州(Texas)的异构化装置爆炸事故(BP 美国精炼厂独立安全审查小组[Baker 等,2007])和 Exxon Valdez 溢油事故(NTSB,1990)。较高的生理素质和认知要求,以及睡眠不足、疾病、使用某些药物等因素都会降低操作人员的健康水平,从而使人员失误概率增加 5 倍《人员失误定量分析-在 SPAR-H 方法中使用行为促成因子》(*Human Error Quantification Using Performance Shaping Factors in the SPAR-H Method*)Blackman、Gertman、Boring,2008。《在职健康管理方案》(*Fitness for Duty Program*)(US.,NRC,2008)很好地介绍了疲劳管理。

应用实例

考虑到现场人员行为影响因素的影响，人员失误概率(HEP)可以用于调整本书数据表中的推荐值。例如，某工厂通常使用顺时针关断的阀门，而在个别特殊任务中操作人员被要求必须逆时针关阀门，这违背了大多数群体期望(大多数人的固有习惯和思维定式)。从表 A-2 可以看出，由于行为促成因子(PSFs)的影响，完成某一任务的人员失误概率(HEP)可能增加 10 倍以上。在合理控制人为因素的条件下，任务执行频率在一周一次到一月一次之间时，数据表 4.4 建议人员失误概率取值为 0.1/年。如果违背了大多数群体期望，则初始事件频率(IEF)推荐值应调整为 0.1 年×10＝1/年。

相关性

如果设备相关安全措施并非完全独立时，评估也能够使用故障树分析(FTA)方法。人员活动(通过相同的或多个个体)可能处于不完全的独立状态时，人员可靠性分析(HRAs)有时也可用于评估。例如，在人员可靠性分析(HRA)应用实例就包括了确定操作人员未能识别其他操作人员的工作失误概率，或操作人员未能识别自己先前的某次失误，同时也未能在引发后果前改正失误的概率。

在人员可靠性分析(HRA)中，若前后两个活动执行错误的概率相同，则说明这两个活动具有独立性。若完成某一任务的失误概率受某一前期单独的任务失误概率的影响，则认为第二个任务依赖于第一个任务。

从属概念也可以应用于群体与群体之间以及通过同一人也可以使用相关性这一概念。例如，如果熟练可靠的操作人员与实习生都没有关闭一号阀门，相比较之下，检查人员更容易发现实习生的失误，而漏检前者。检察人员对细节的专注程度取决于被检查对象。同样地，若一名技术人员已经错误地校核了一号仪表，他或她将很可能在同一天使用相同的方法和工具错误地校核二号仪表。

Swain 与 Guttmann(1983)提出了评估相关性等级的方法，包括：

(1) 使用所讨论操作的实际数据；

(2) 基于类似操作信息和相关行为影响因素，由具有资质的人员直接评估；

(3) 运用相关性模型。

评估相关性的最佳方法是使用评估中的特定任务的实际数据。如果这类数据不可用，如果任务数据和行为影响因素存在的任何差异均适用于所关心的任务，则可以根据该任务性质做出判断性评估。

第三种方法是使用模型。Swain 与 Guttmann's 正相关性模型(1983)考虑了人为因素,根据人员与工作间相互影响,评估相关程度。模型中将相关程度划分为五个等级:

- 无相关性;
- 轻度相关;
- 中度相关;
- 高度相关;
- 完全相关。

"无相关性"是指一项工作的完成情况(或未执行)不会影响完成(或未执行)后续任务。执行某一任务的两人之间相互完全独立很罕见。然而,如果第二人正在独立测量,并且其个人安全取决于后果,则通常判定第二人的行动相对于第一人是独立的。例如,确认设备已完全隔离并由操作人员切断电源时,则通常认为该机械师的行动属于独立行为。同一个行动由不同人员、在不同的时间段(也可能在不同位置)执行,如果操作人员未能完全隔离设备,则维护工人的个人安全将面临风险。

"轻度相关"是指某操作人员往往不信任或不依赖另一名操作人员并且将可能独立完成任务。不同班次、有经验的同事彼此之间表现出低相关性,尤其是存在机器严格的操作纪律情况下。

"中度相关"是指一项任务的完成情况与另一项后续任务完成情况存在某种明显关联。例如,某操作人员已经误读了某一测量仪表示数,那么他极有可能误读另一个相似测量仪表。

"高度相关"是指一项任务的完成情况严重影响另一项后续任务执行能力。例如,当某人的能力或职权高于另一人,下级人员很可能听从上级人员指示,那么他们所执行的任务就具有某种高度的相关性。

"完全相关"是指第二个操作人员没有检查自己负责的工作或另一名操作人员的工作,反而假设第一个人的工作是正确的。Swain 与 Guttmann(1983)指出,正常运行情况下,"完全相关"实例非常罕见但又会频繁发生,足以引起人们深思。在紧急情况下,即使他们认为命令不正确,初级工作人员往往只需遵从资深人员、更有经验的同事或上司的指示。同样地,如果某工人误入装置列,并将阀 1B 当成阀 1A 误开,那么他也几乎肯定会将阀 2B 当成阀 2A 误开。

相关程度对 HEP 的影响,见表 A-4。

表 A-4　人员失误概率(HEP)是操作人员间依赖关系的函数

[引自 NUREG CR-2254(Bell 与 Swain1983)]

相关程度	第二名操作人员的人员失误概率	相关程度	第二名操作人员的人员失误概率
无相关性	某操作人员自身的基础 HEP	高度相关	0.5
轻度相关	0.05	完全相关	1.0
中度相关	0.15		

由于评估操作人员之间的相关程度没有明确的指导方针；并且评估工作具有高度情况特异性，所以应根据分析历史失误率、个体间的动态互动关系，以及相应的行为影响因素，仔细评估。如果某工作人员同时兼职扮演事实上的"二级人员"角色，完成了旨在发现错误的不同任务，则更会如此。例如，某操作人员执行压力检查，用于测试管道接口连接的完整性，那么可以判定他与自己先前错误安装垫圈的失误之间属于轻度相关。然而，如果简单告诉某操作人员执行"核实软管连接是否正确"时，对于原始的垫圈安装失误，属于中度相关到完全相关之间的程度。由 Swain 与 Guttmann 在 NUREG CR-1278(1983)中指出：

"一般原则是假设人类活动之间具有相关性，除非精心搜证后发现二者之间确实没有显著相互作用。"

因此在 LOPA 中，仅当工作人员(多个)之间属于轻度相关、最佳到中度压力程度，以及其他的行为影响因素符合典型的现代工艺装置时[当然，仍然符合某 IPL 的其他核心特性(参见章节 3)]，二级人员检查才可能成为一个独立保护层(IPL)。如果以上条件均满足时，二级人员检查的需求时失效概率(PFD)取值为 0.1。

总结：行为促成因子

工作人员失误很少是造成事故的根本原因，相反，通常是管理系统不完善的征兆。正如本章节有关论述，系统缺陷，如工艺设计、工作环境、培训、工作负荷以及个人压力，均会对 HEP 产生显著影响。正如《实用指南——管理维护错误》(*Managing Maintenance Error：A Practical Guide*)(Reason 与 Hobbs，2003)中所言：

"失误不仅是原因，也是后果。失误的形成取决于周围环境，通常包括：任务内容、工具、设备和工作场所。如果我们理解了这些因素的意义，就可回溯并推断失误当事人当时的想法，并将系统类型作为一个整体考虑"。

人员失误概率及初始事件频率

人员失误频率是下列二者的函数，即单位机会失误概率及出现同一失误的机会总数。行为促成因子(PSFs)影响某特定任务的人员失误概率；然而人员失误频率也受某一给定时间段内机会总数影响。发生失误的机会总数与人员失误概率是相关的。通常任务执行次数越少，个人其犯错误的机会也就越少。因此，失误率随着任务频率减少而降低。然而当任务执行次数减少，会造成人员缺乏任务场合锻炼，成为熟练个体的机会也会减少，不经常执行某一任务反而会增加人员失误概率。因此，为人员失误选择初始事件频率（IEF）时，以上两个因素均应考虑在内。用于表4.3～表4.5的时间间隔在每一年的基础上提供一个通用的初始事件频率（IEF），又同时考虑了与预期任务频率相关的人员失误概率及出现同一失误的机会总数。例如，对于某一疏忽或委任失误，采用 Swain 与 Guttmann's（1983年）中标称人员失误概率，并取值为0.03，任务执行步骤小于10并且使用没有检查表的程序清单（表 A-1），每日执行，人员失误的初始事件频率（IEF）为 $0.003 \times 365 = 1.095$/年，或约等于为 1.0/年，如表4.3中所建议。同理，每月执行两次，人员失误的初始事件频率（IEF）为 $0.003 \times 26 = 0.078$/年，或约等于为 0.1/年，如数据表4.4中所建议。

人员动作的独立保护层

人员动作的独立保护层注意事项

人员独立保护层（IPL）相关注意事项中，人为因素会同时影响与某一初始事件相关的人员失误概率以及人员独立保护层（IPL）的需求时失效概率（PFD）。当评估人员独立保护层（IPL）时，应明智考虑以下因素：

（1）界面因素。是否存在合适的人机界面，使得信息以易于接受的形式呈现？报警是否得到优化，是否已控制同时报警数量以防报警过载（这样可以便于人员觉察关键报警）？

（2）工作负荷因素。一名操作人员的工作量是否会影响其个人充分响应报警的能力？报警响应是否优先于其他已在处理中的任何工作？

（3）培训、经验和熟练度因素。执行任务的人员是否经过培训并达到该活动所需技能水平？对于高风险任务及关键报警的人员响应，进修培训和个人绩效评估有助于确保持续的熟练度。

（4）任务执行因素。对于要求的报警行动，是否具备完善的书面程序或排障指南？

（5）任务复杂度因素。执行独立保护层（IPL）的响应人员是否具备成功完成任务所需身体和心理能力？任务复杂度取决于完成任务所需步骤数、必备的认知处理水平、任务参与人数，以及完成任务所需过程带有的不同接口界面总数。

确认该个体完全具备成功完成独立保护层（IPL）响应所需的实际能力，其关键前提条件是一旦检测到异常情况，有关人员有足够的可用时间判断工况并完成所需响应。下一章节中介绍了与人员独立保护层（IPL）相关的时间轴评估这一关键概念。

独立保护层响应过程

有关独立保护层(IPL)所使用的时间被定义为"过程安全时间"(PST)。《安全与可靠性仪表保护系统指南》(*Guidelines for Safe and Reliable Instrumented Protective Systems*)(CCPS 2007b)一书定义如下:

"过程安全时间(PST)是指过程或控制系统发生失效到产生危害事件的时间间隔。"

如章节 3 所述,过程安全时间(PST)由几部分构成,第一、过程偏差发展至足以被独立保护层(IPL)检测所需的时间;第二、独立保护层(IPL)感测偏差并采取必要行动所需的时间称为 IRT(IPL 响应时间);第三、过程恢复安全状态所需的时间,被称为过程延迟时间(PLT)。

在人员响应 IPL 情况下,人员仅有 PST 一小部分时间用于采取正确响应,预防产生所关注的后果。所以,选择合适的独立保护层(IPL)设定点非常重要,可以确保操作人员有充足时间来判断并响应过程偏差。

一个基于人员的独立保护层(IPL)即可以涉及仪表,也可以不涉及。一个安全报警独立保护层(IPL)由仪表和人员组成,并两者同时分析以确定响应要求是否得到满足。非报警触发的人员活动,而是由现场检查、采样分析或被在某一特定时间范围内要求的其他活动触发,则必须仔细评估其中可用的响应时间。为操作人员估算可用的响应时间,应该考虑到场景时间轴上人员察觉到问题的那一时刻情况。操作人员花费越多时间发现问题,那么其成功响应的可用时间就越短。

对控制室内诊断时间的一些人员可靠性分析(HRA)数据(Swain and Guttmann 1983)研究结果表明:在核电站控制室中,若操作人员有至少 10min 时间诊断工况,其诊断结果正确率为 90%;假如有 40min 时间诊断工况,其诊断结果正确率可达 99%。基于这些公布的研究结果,决策时间通常设定为 10min。然而,如果触发了安全系统可能会带来重大财政损失,当同时又不得不依赖于人员响应时,应充分考虑人员可能存在不愿触发安全系统这一情况。由于考虑到后续重大财政损失而不愿触发应急关断系统而导致事故,这类案例已经多次发生。其中 Piper Alpha 海上平台事故(Cullen 1990)和 Deepwater Horizon 海上平台油污事故(USCG 2011)已经说明了,如果工作人员仅考虑确定的财务损失而忽视未知的安全利益而不愿触发安全保护层(IPLs),将导致多么悲惨的后果。所以,企业文化应强化遵循程序及必要时采取应急关断行动的重要性,而不去考虑可能造成的直接经济损失。

要点

在化工工艺的大多数操作中人机交互是必要的。优化人为因素,人员可以可靠地执行任务。然而,人员失误也是导致大量工业事故的主要诱因。存在不同类型的人员失误的类型，各种类型的人员失误的失误率也受不同方式影响。所以，更好地了解需要预防的失误类型，才能更有效地影响人员失误概率。行为影响因素可以对人为表现产生积极或消极影响。核工业和其他来源的数据表明，行为影响因素能够影响人员失误概率，有效控制这些因子可以提高人为表现。

应考虑人员在独立保护层(IPL)响应中的作用，以及可以影响人员响应活动成功或失效概率的因素。这些因素包括：人机系统界面、培训、工作负荷和经验。个人应有能力执行必需的操作及成功完成任务必需的时间。个人应予授权以采取必要的操作，且应感到有权力执行该操作无需等待监管批准，而等待批准会造成响应延迟。人员通常不愿执行对自己组织造成重大财务损失的响应活动。为确保操作人员不会因本企业重大经济而延迟行动，企业应着重强调程序的使用、对做出正确决定的人予以奖励的奖惩制度，以及工艺安全优先级高于财务因素。

附录 B　特定现场人员操作能力验证

第 4 章和第 5 章的数据表中选取的初始事件频率(IEF)和需求时失效概率(PFD)可用于保护层分析(LOPA)，前提是人为因素已被很好地管理(参见附录A)。人员操作状态不理想时，表中取值可能是乐观的；而当人员操作状态表现良好时，这些取值又可能是保守的。虽然确实有可能实现更好的人员行为能力，但更重要的是确认初始事件频率(IEF)及独立保护层(IPL)取值依据。不管企业使用本指南提供的数值，还是使用其他取值，所选数值都应能被验证。

第 2 章介绍了几种可用于确定保护层分析(LOPA)中初始事件频率(IEF)和独立保护层需求时失效概率(IPL PFDs)的方法。通过参考不同数据来源、根据专家判断、利用数学模型估算都能够确定其取值。然而，最好从现场直接收集衡量执行特定任务的人员失误概率或人员对 IPL 响应时失效概率的数值。

附录 B 提供的数据案例可帮助完善 LOPA 中特定现场人员失误的初始事件频率(IEF)和独立保护层(IPL)的取值。本附录关注的重点是如何对工厂收集的原始数据分析，该工厂为验证人员失效率和确认人员干预的 IPL 进行了特别设置。

初始事件频率数据收集

收集现场人员操作能力数据之前，首先应考虑需要什么类型的数据。操作程序中规定了多个步骤，错误操作其中一个或几个步骤很可能导致 LOPA 关注的场景发生。因此不值得把时间花费在收集那些不会产生危害的数据上。对操作程序中的每一步进行分析，确定值得进一步分析和数据收集的关键步骤。

应认识到所有人员失误的本质是不同的。如附录 A 所述，有些失误是步骤遗漏失误——操作人员跳过了某一操作步骤；有些是执行失误——操作人员错误执行了程序中指定的动作。计算机上显示值读取错误与现场阀门操作错误是不同类型的人员失误。这些操作的失误概率会显著不同，因此，采集数据时应收集相似失误类型的数据，这样才可保证分析结果的有效性。

一旦确定关键步骤及待评估的失误类型，就可制定按失误类型分组收集数据的方案。这个数据收集方案应比简单地整合现场人员回忆信息的方法更系统化。以往的事故数据会很有用，但有时也会误导。当出现人员操作失误且所有 IPL 失效时，通常会有事故发生。使用历史数据表示人员失误导致的初始事件(IES)发生概率往往过于乐观。此外，很难确定人员失误是直接导致还是间接促进事故发生，因此很难计算其概率或可能性。实际上，经常会发现现场收集的数据不比本书推荐的通用数值可信，尤其是现场在一个很短时间内连续经历几次失效的情况下。要证明现场收集数据远比本书提供数据可信更具挑战性，这需要在没有或少有失效情况发生条件下长期的数据收集。

为收集人员失误及其可能产生后果的数据建立跟踪机制可产生最可靠的结果。要建立这种有效的数据库，企业需要培养不怕受影响及时上报人员失误的企业文化。然而这在实践中难以实现。

另一种人员失误数据的收集方式是进行模拟。这使得现场能够在可控条件下收集关键步骤的统计信息。核工业中已公布的大部分人员失误数据是通过模拟获得的。尽管这是收集人员失误数据的有效方法，由于对关键步骤的模拟技术水平限制，其应用也受到限制。

人员失误初始事件数据收集举例

下面的例子是现场执行开车程序时人员误动作的初始事件频率(IEF)估计。先测定某一类人员失误的平均次数，再估计该失误的失效概率，从而估计初始事件频率(IEF)。下面是需要收集的数据：

- 某一类型的人员失误数量；
- 可能导致该类失误的次数；
- 开车程序中哪几个步骤可能会导致 LOPA 关注的场景；
- 该开车程序每年使用次数。

根据以上数据，计算该类人员失误概率(HEP)：

人员失误概率=(观察到的某一类型人员失误数量)/(可能导致该类失误的总次数)

执行程序的步骤或多或少，但可能引发 LOPA 关注场景的通常是同一个失误或遗漏某一个特定步骤。对于特定场景的人员失误概率(或 IEF)，计算方法如下：

人员失误初始事件频率(事件次数/年)=(引发 LOPA 关注场景的每一步的人员失误概率)×(引发该 LOPA 场景的程序步骤数)×(每年使用该程序总次数)

表 B-1 中给出了执行不同开车程序时发生的人员失误概率计算结果。在这个例子中，平均每一步失误概率为 0.0067（即在 1199 次执行中出现 8 次失误），平均初始事件失效概率为 0.0098/年。四舍五入取 0.01/年，可用于 LOPA 分析。该现场执行相同的程序或相似的操作步骤中出现的人员失误初始事件的失效概率采用该值是合理的。

> 注：一些情况下，在某一数据收集期间可能没有人员失误发生。由此假设每年零次失误可能产生误解，并可能错取平均失效概率。在取样期间没有检测到失误的情况，请参见附录 C，它介绍了如何估算这种情形下的失效概率。

表 B-1　估算人员失误初始事件频率（IEFs）的现场数据（由 Bridges 与 Clark 提供，2011）

可能产生初始事件的任务	特定类型失误数量	总操作次数	人员失误概率（HEP）	重点关注步骤数量	程序每年使用次数	失效概率/年
工艺 A 开车	2	184	0.0109	1	1	0.0109
工艺 B 开车	3	440	0.0068	1	2	0.0136
工艺 C 开车	2	220	0.0091	1	1	0.0091
工艺 D 开车	1	355	0.0028	2	1	0.0056
	平均		0.0067		平均/年	0.0098
					LOPA 使用的 IEF 值	0.01

人员动作的独立保护层数据收集举例

同 IEFs 可通过收集特定现场数据确定一样，人员干预的 IPLs 需求时的失效概率（PFDs）也可根据现场数据确定。人员在可用时间内未能采取正确行动的概率可以通过测定每个人员在每次响应中的反应情况来预估。IPL 需求时的总失效概率（PFD）由三部分构成：人员响应的失效概率、用于异常工况检测/报警的设备/仪表的失效概率，以及检测/报警后操作人员用来完成响应动作使用的设备/仪表的失效概率。

$$PFD_{人员干预IPL} = PFD_{检测设备} + PFD_{人员响应} + PFD_{设备响应}$$

这三部分总和即 IPL 需求时的总失效概率（$PFD_{人员干预IPL}$）。虽然本附录重点是确定与 $PFD_{人员响应}$ 相关的数据收集，但必须指出，在 LOPA 中使用的可信失效概率是总的失效概率。

当要评估的操作人员及有人员干预的 IPLs 数量较少时，评估每一操作人员对每一初始事件的响应结果是可行的。然而，计算人员干预 IPLs 的 PFD 不一定要采用每一位操作人员与人员干预 IPL 结合的测试方法。这也可通过统计现场一部分人员响应的结果来确定合理的 PFD$_{人员响应}$。本附录以下部分介绍了通过测试人员对其预期行动的实际反映来确定 PFD$_{人员响应}$的方法。

用现场测试/演练数据验证人员响应的独立保护层举例

虽然一些大型化工企业、炼油厂和核电站都已验证人员响应假设，但验证有人员响应的 IPLs 的数据收集方法文献中还没有记载。有些企业直接通过演练数据验证人员响应的 IPL。最近研究报道，可以利用特定现场测试/演练数据验证人员响应的 IPL(Bridges，2011)。以下为所用方法部分节选。

验证设定：对报警响应做一个简单测试。该测试并非要测试报警检测概率(PFD$_{检测设备}$)，而是要测试 IPL 的人员响应部分(PFD$_{人员响应}$)，人员对报警的合理决断和正确完成响应动作的时间及有效性。

该测试中包括多个操作人员对关键工艺报警进行动作响应。根据对实际响应的准确性和完成响应动作的时间测试结果，评判操作人员是否能够做出正确的响应并在规定时间内完成响应动作。这决定了操作人员测试是否"合格"。

每次进行测试之前，工厂会制作一个数据卡(索引卡大小)，发给随机挑选的一位操作人员。图 B-1 为索引卡示例。

人员响应IPL验证/测试演练		
响应任务：独立保护层响应时间(IRT):		实际响应时间：
105罐液位高LAH报警	15min	5min20s
测试日期：	时间/班次	员工编号：
1/23/2010	07:35/A	23122
通过/不通过	通过	

图 B-1　用于验证人员响应的 IPL 示例卡片(Bridges 与 Clark 制作，2011)

需注意，卡中有一个独立保护层响应时间(IRT)的估计值，它是指操作人员从接到报警就开始执行动作响应到再也无法进一步采取行动的时间(有关 IRT 更详细的介绍，参见 3.3.1 节)。

验证/测试：通常，测试会毫无征兆的开始，且在每一班次中都进行。测试管理人员为操作人员响应计时并记录结果。管理人员每次测试花费 10~15min，而记录数据不超过 1min。在索引卡上记录响应时间。

如果操作人员不能在独立保护层响应时间(IRT)内完成必要的操作而避免预计后果发生，则该人员响应判为"不合格"。根据现场收集的数据，可以验证人员是否能足够准确、迅速地完成响应动作从而实现 IPL 人员响应部分的 PFD。测试还深入了解了现场人为因素的管理。

通过测试/演练方法验证人员响应的独立保护层

操作员是否能够可靠地响应每一个 IPL 的触发因素，有一个方法是让操作员证明其能够分别对每一个报警（或其他触发因素）进行响应。这可通过现场操作或利用模拟器进行演示。有些厂将这种演练作为新老员工培训的一部分，尤其是那些通过现场危害分析识别出的关键操作。该方法优点是既能通过培训/演练提高操作人员的操作能力，同时又能通过现场收集的数据验证 LOPA 中 IPL 使用的数据是否恰当。

下面是一个应用示例：某化工厂操作人员对 IPL 触发因素响应的测试方法：

背景： 测试的操作区有 20 名操作人员（分为 4 个班次）。在现场独立保护层分析（LOPA）中有 130 个响应动作要求相似的 IPL。

验证测试： 测试内容记录在一些标有不同报警条件的索引卡上。这些都是 LOPA 分析场景中的初始事件（触发因素），会引发对给定 IPL 的响应动作。

结果演示： 正确的响应是指对报警做出的必要响应，意味着 IPL 人员响应部分有效。错误响应是指响应动作不恰当或响应时间过长，意味着 IPL 人员响应部分无效。

测试所需工作量估算： 下面是计算人员响应 IPLs 需求时失效概率（$PFD_{人员响应}$）的工作量评估：

确定测试次数。 测试次数是由被评估的 IPL 数量乘以在任何时间地点可能对 IPL 做出响应的人员的数量得来。本例将产生 2600 个测试结果（20 名操作人员×130 个 IPLs＝2600 次测试）。

确定每次测试所需时间。 本例中，假定每个报警/触发因素允许的成功响应时间为 10min，企业测试时间将为 26000min（约 430 个人工时，即 22min 每人每测试周期）。

抽样统计验证人员响应独立保护层的可靠性

一些企业通过抽样统计收集数据，而不是对每一位操作人员的响应动作进行测试。制定抽样计划时，应把具有相似触发因素和相似人员响应要求的 IPL 合理分组，才能得到有效的数据。有关统计和抽样方法的详细内容，请参见相应文献（例如 Walpole *et al.* 2006）。请注意，使用该方法需要在抽样统计方面有经验的专业分析人员参与。

重点

尽管可以采用多种方法获得初始事件频率（IEF）及人员响应需求时失效概率（$PFD_{人员响应}$）有关数据，但收集特定现场数据能提供最好的数据信息。为获取现场人员失误数据而采用的险肇事件数据和其他系统是潜在的可利用资源，尽管这样会过分低估该初始事件(IE)频率,因为事故通常在保护层也失效后发生(以及被记录)。

也可采用演练/测试方法收集 $PFD_{人员响应}$ 数据来验证人员响应 IPLs。通过测试全体操作人员对所有其响应作为 IPL 一部分的初始事件的响应来验证 $PFD_{人员响应}$。该方法虽然系统完整但很耗时。有些企业采用抽样统计方法验证 $PFD_{人员响应}$,然而,该方法需要专业的统计学知识制定计划并分析数据。制定抽样计划时,为了获取能够反映不同类型人员失误的代表性数据,要将具有相似触发因素和相似人员响应要求的 IPLs 合理分组。

采用测试/演练方案评估 $PFD_{人员响应}$ 时,首先应牢记有关数据是在模拟要求的操作过程中收集到的。在真实情况下,正确执行该任务的压力可能会提高平均失误率。很可能无法精确模仿真实报警事件的压力状况而进行演练,因此,使用演练过程收集的数据前,必须考虑压力因素对失误率的潜在影响,降低保护层分析(LOPA)中人员独立保护层需求时失效概率(IPL/PFD)。

本附录涉及独立保护层(IPL)人员响应部分与 $PFD_{人员响应}$ 的相关现场数据收集。为了验证保护层分析(LOPA)采用的人员独立保护层(IPL)需求时失效概率值($PFD_{人员独立保护层}$)是恰当的,同等重要的是,不但应考虑任何用于监测和通告异常状况的设备/仪表的需求时失效概率($PFD_{监测设备}$),同样应考虑操作人员所使用的任何设备/仪表完成响应操作的需求时失效概率($PFD_{响应设备}$)。

附录 C 现场设备校验

LOPA 分析中,使用已有失效数据估算 IEF 或 IPL 的 PFD 值时,首先需要了解设备失效数据如何产生及其前提假设。

本附录并不是为了让 LOPA 分析人员成为设备可靠性数据的专家。然而,LOPA 分析人员和可靠性数据专家在基本概念和数据收集与应用等方面达成共识是他们进行有效的讨论基础。

现场数据收集注意事项

由于缺乏原始数据的采集工具,缺乏必要的数据处理/分析方法,以及需要多个专业领域知识的综合,所以收集高质量的可靠性数据一直以来是一项艰巨的任务。更糟糕的是,数据收集相关人员通常不会将高质量数据作为第一要素。然而,对数据质量的重视及对计算机数值模拟的应用,使得许多传统的问题(如:对人员数据采集和分析的时间要求)都得到解决。这大大地推动了数据收集商业化迅速发展。以下是一个联合了各功能学科进行高质量数据信息开发的系统化方法。要了解更多信息,请参考 CCPS 正在编制的过程设备可靠性数据库(PERD)。

以下是建立高质量数据库的步骤：

(1) 确定现场数据收集的必要性，交流目的及管理优势，并获得支持。

(2) 确定要关注的设备。

(3) 确定所关注设备专家，合理分配设备专家。

(4) 形成专家认可的技术指导小组。

(5) 设备分类(参考 CCPS PERD)。

(6) 按照设备分类辨识与记录潜在的或者已经发生过的失效模式。

(7) 确定相关分析数据。

(8) 与现有数据进行差异分析，如果可能的话，完善现有数据收集方法与数据库。

(9) 建立高效的数据收集与分析工作流程。

(10) 开发、编制高质量数据收集计划，并培训工程师/技术人员，使其了解数据收集的相关细节。

(11) 利用适当的 IT 管理系统，维护管理系统等。

(12) 建立离线数据库，用于传输需要分析的数据。请参考 CCPS/PERD 记录的方法。

(13) 使用第 9 步的工作流程收集适当的数据，以确保数据达到相应质量水平。

(14) 分析已收集数据，确定恰当的可靠性参数和关键性能指标，例如设备故障率，平均旁通时间、平均修复时间、平均恢复时间等。

为了更好地了解这个过程，首先应了解设备分类的定义。设备分类是将设备中类似的组件划分在同一个组内，这些组件的子元件列在它们附属组件之下。它描述的是一个数据单元的层次结构，相比其他层级的组件来说，处于同一层级的组件有更多的设备可靠性方面的共同之处(CCPS 1989)。换言之，这是一种有逻辑性的设备分类方法。编辑数据表时需要对每一层分级进行定义，可参见以下数据库所使用的定义方法：《过程设备可靠性数据(含数据表)指南》(CCPS 1989)；《可靠性数据手册(第五版)》《海上设备(第 1 卷)》《海底设备(第 2 卷)，第五版(OREDA 2009)》；《电气、电子、传感元件及核电站机械设备的可靠性数据收集与整理指南》(IEEE 1984)。

预估设备性能的另一个要点是确定设备的使用寿命。设备的"使用寿命"是一个表示时间长度的统计量，在这段时间内设备故障率是一个常数。在使用寿命终点，故障率不再恒定，它会因为设备磨损和老化而升高。不能把使用寿命理解成必须更换设备的时间。一些设备适合更换而另一些设备可以通过修复和翻新延长使用寿命。比如修复压缩机和泄压阀就是通过维修延长设备使用寿命的例子。

了解设备组件的使用寿命对完善"检验、测试与预防性维修"(ITPM)计划很重要，因为任何组件的测试时间间隔不能超过其使用寿命的时间。

在流程工业中，通常起保护作用的设备，其平均使用寿命范围可从不到一年至几十年不等(通常要超过装置预期寿命三十几年)。因此选择恰当的测试频率以满足设备在运行条件下的预期使用寿命很重要。因此这可能需要比工艺设备的离线维护更高的测试频率。这种情况可以通过各种途径解决，包括在线测试和维护。ISA TR84.00.03(2012)为 SIS 系统 ITPM 计划了提供指导：本指南通常也适用于其他安全控制、报警和联锁(SCAI)系统。

对于设备生命周期中的随机失效概率，通常假设该设备在持续运行的过程中进行了良好的维护，并在下一次检验/定期测试前没有发生损坏。这种情况下通常认为设备重新回到初始状态。有效的校验测试不只是对保护层功能有效性的检测，还需要对设备进行初始运行条件检测。如果没有对这些条件及时检测，很可能会导致设备在下一检测周期之前失效。检测相关元件的状况对整个系统的可靠性也非常重要。使用随机失效概率基本前提是对失效模式进行有效识别，以及对应的检验测试规程可对这些失效模式进行有效的检测，并在设备重新投用前对该失效进行修复。任何偏离这些初始条件的情况均可能影响 IPL 的有效性。

为了确保检验和测试数据的有效性，提供检验合格/不合格的判断标准是非常关键的。这要求编制检验测试规程的人员能很好地理解有意义的初始条件和失效模式。通常会假设技术人员能够对发现的状况及时响应。然而，如果没有良好的维护程序及对这些程序的培训，这个假设往往会产生不同程度的影响。

恰当的维护和检查程序作为检验合格/不合格判断标准的一部分应很好地记录下来，实际条件下要采取具体的行动。即使有了执行程序，如果没有恰当的考虑失效模式，那么这些程序应被质疑。这将影响测试效果和数据可靠性。下面举一个例子(Arner 和 Thomas，2012)：

假设有一个紧急切断阀(球阀)，需要在高压条件下关闭。这里不考虑阀座泄漏，只考虑阀门关闭。这种情况下，检验合格/不合格的标准是通过直观观察确认阀杆的位移情况。然而，虽然可以观察阀杆的位置移动，但并不能确认阀体也有位置变化。

尽管在阀门选型时会考虑阀门在同样操作环境中的先验使用情况，但是仍然存在阀门不能关闭的可能。可以进行阀门泄漏测试试验确认阀门是否关闭，即使阀门实际运行中可能不需要严密关断 TSO。此外，装置停车时需要对阀门进行测试。

除非阀门行程测试时上游压力与正常运行类似，否则仅作部分行程测试 PST，是无法证明执行机构在实际运行中能够有足够的力将阀门有效关断。部分行程测试可以减少相应的失效模式，但不能将其彻底消除。应在阀门行程测试时确保阀门上游带压，以测试阀门在实际工艺条件下可以有效关闭。

使用通用数据估算失效速率和失效概率

本附录最后列出了各种各样通用数据库。包含预测的数据、基于一定操作经验的通用数据、基于专家判断的数据、特定现场的数据、供应商提供的数据及这些数据来源任意组合的数据。

本书中数据表主要由通用数据组成。这些条目包括 IEs 和 IPL 的 PFD，这样本指南委员会有统一的数据来源。部分 IE 频率和 IPL 的 PFD 值本书中没有提供，原因在章节 4，5，6 中已有介绍。如果本书中没有合适的数据，可采用其他来源的通用数据。第 4 章介绍的 IE 及第 5 章介绍的 IPL，都关于如何得到现有数据之外的值。

以下例子介绍了如何摘取及转化通用数据，以得到 IEF 及 IPL 的 PFD 值。

例 1：从现有失效数据估计平均 FED 值。

PFD_{avg} 表示某设备整个检验测试周期内的平均失效概率。表 C-1 给出了高压关断系统的总 PFD 估计值，基于每个单独元件的失效概率及已知的测试频率。

表 C-1　高压关断系统的 PFD_{avg} 值估计

元　　件	危险失效率	参考	检测间隔	** PFD_{avg}
球阀 执行机构：气动膜片弹簧复位	2.80×10^{-2}/年	Exida，安全设备可靠性手册第三版 2007	3 年	4.20×10^{-2}
三通电磁阀失电时失效	1.67×10^{-2}/年	SIL Solver®，2012 低功率电磁阀，失效停车	3 年	2.50×10^{-2}
压力变送器	3.5×10^{-4}/年	PDS 数据手册（SINTEF 2010），第 86 页	3 年	5.25×10^{-4}
直通式压力变送器	2.63×10^{-3}/年	OREDA-2009：第 467 页	3 年	3.94×10^{-3}
			PFD 总计	7.15×10^{-2}

计算 PFD 采用简化的公式：$PFD_{avg}=(\lambda T)/2$

注：1. 使用该简化公式的前提是 λT 相乘结果最大不能超过 0.1，这可以通过合理的设计和管理实现；

2. 该公式假设维修有效性和人员失误概率被很好的管理，以保证设备恢复运行，前提是设备未在检验测试之前已经老化。了解更多内容，可参考 ISA TR84.00.02，《安全仪表功能的安全完整性等级验证》(ISA 2002)。

使用预测数据估算失效速率和失效概率

估算设备失效概率使用的方法有部件统计与应力分析方法（美国国防部

1990）等。失效数据库更多的是组件的失效概率而非设备整体的，如晶体管、电容器、弹簧和轴承等。通过计算各组件的失效概率，可以预估整个设备的失效概率。失效模式与影响分析（FMEA）可以确定每个组件的失效模式，以及这些失效模式对设备与工艺产生的影响。这样，每种失效模式的失效概率就可以通过预测数据确定了。这些预测的数据，无论是整个设备的，还是单个失效模式的，都很大程度基于本次分析的假设条件。实际运行环境下的失效数据与通用元件的失效数据会有较大差别。

这种预测故障率的方法是复杂的，更需要较强的设备设计与失效模式判定相关的专业知识。IEC 61508（2010）介绍了用于 SIS 的可编程电子安全设备的失效数据预测方法及应用该预测方法的具体要求。所以，许多设备制造商对其产品的失效概率进行了说明。将预测数据与实际经验值进行比较，有助于确保产品能够达到预期的性能要求，这些要求应反映操作环境的特点。虽然不是每个用户都是专家，但是了解本节中提出的基本知识很重要。要想成为在行的购买方，有必要了解厂商的假设条件及其设备使用限制。

如章节 3.4.3 所述，评估方法的选择取决于设备失效是显性故障还是非显性故障。对于显性故障，重要的是了解设备是否具备可维修性，以及数据是否满足LOPA 分析的要求。失效数据的质量很大程度上依赖于假设条件的选择。数据质量通常与下列因素相关：

● 如何界定通用设备或特殊设备分组？不同类型和尺寸的泵失效数据分组是否区分开？还是所有相同规格的泵都归为一组？

● 分组大小如何？分组越大意味着数据越有统计学意义。

● 不同数据分组的关键属性是否有区别，如使用时间和工艺重要程度？这些属性会显著影响元件的失效概率。

● 元件在什么样的环境下工作？环境条件可能会发生从温和到腐蚀性的变化，不同操作环境下得到的不同数据质量通常较高。

通常，越具体的数据分组，越容易获取高质量数据，这与该元件所在的工艺条件以及操作环境相关。失效概率评估的详细内容可参考《数据收集及分析提高装置可靠性指南》（Guidelines for Improving Plant Reliability through Data Collection and Analysis）中章节 3 和 4。

评估未发生场景的失效概率

有些情况下可用数据是有限的，因为没有对应失效场景发生过。这时，分析者需要确定场景是否存在发生失效的可能性。如果该失效场景从理论上讲不可能发生，则 LOPA 分析中不会考虑该场景。对于理论上可能发生而在 n 年内并没有发生的场景，下面给出了一个比较保守的估算方式：

$$\lambda_{事件} = I/n$$

式中　$\lambda_{事件}$——事件失效概率估计值，次/年；

　　　n——该事件未发生的年数。

计算举例：假设某场景在 11 年内没有可检测的失效，则 $\lambda_{事件}$ = 1/11 年 = 0.09/年，这相当于假设在 11 年内失效一次。

关于估算过程有以下两点说明：

● 在做估算之前，所关注的场景没有发生过失效的时间建议最小取 10 年。

● 应仔细检查那些测试后才出现显性失效的系统。分析人员应验证测试方法的有效性。如果测试方法不能确定系统的状态，这意味着系统有可能发生失效，且在给定时间周期内无法被检测出来。这种情况下，与该系统相关的 IPL 是不可置信的。

分析人员可以采用 $1/(3n)$ 规则（Welker and Lipow 1974）进行更好的估算。此方法计算的频率倾向于平均失效概率，与此对应的是上限 $1/n$。

$$\lambda_{事件} = 1/(3n)$$

计算举例：假设某场景在 11 年内没有可检测的失效，则

$$\lambda_{事件} = 1/(3 \times 11 \text{ 年}) = 0.03/\text{年}$$

更多复杂算法可用于更多分析方法中，如定量风险分析（Bailey 1997；Freeman 2011）。

计算举例：以装置现场数据计算 LOPA 中使用的可靠性数据

某公司的某操作小组可以提供以下这些关于温度控制阀作为独立保护层的数据：

● 保守估计温控阀安装数量为 3490。

● 诊断系统在三年内每个月检测到两个阀门失效关闭，或者说每年有 24 次失效。这个失效频率是可置信的，因为这些失效是显性的，它导致向客户物料供应中断。

● 阀门故障关闭概率为：$\lambda_{失效\ 关闭} = 24/3490 = 0.0069$ 次/年。

另一个常见阀门失效是失效打开。然而这是一个非显性的失效，没有相关的失效数据。从 FMEA 分析看，设备倾向于故障关闭而不是打开。因此，假设失效打开与失效关闭有相同的失效概率是保守的，例如 0.0069/年。把该数据转化为 PFD_{avg}，假设测试间隔为 5 年，简化公式如下：

$$\text{PFD}_{avg} = (\lambda T)/2 = (0.0069 \times 5)/2 = 0.017$$

式中　λ——失效概率；

　　　T——检验测试间隔。

数据来源

下面列出了一些其他通用数据来源，以及有关设备失效概率、失效模式、"先验使用"数据收集和数据分析方法等更深入内容的详细介绍：

（1）*Process Equipment Reliability Database*（*PERD*）（CCPS n. d.）.

读者若想了解更多关于获得高质量、高可靠性数据和以费效比分析为基础方法的内容，可以登录 CCPS 官网，查询 CCPS 正在完善的 PERD 原文：http：// www. aiche. org/CCPS/ActiveProjects/PERD/index. aspx。

（2）*Guidelines for Process Equipment Reliability Data–with Data Tables*（CCPS 1989）.

这本书涵盖了化工和非化工行业的数据库、数据来源及分析过程。此外，设备分类也是其中的一部分，它包括"先验使用"分析的数据收集方法。

（3）*Guidelines for Improving Plant Reliability through Data Collection and Analysis*（CCPS 1998a）.

这本书介绍了失效模式的基础理论和先验使用分析数据处理过程。此外，该书更深入地讨论了失效数据分析。

（4）OREDA *Offshore Reliability Data Handbook*，5th Edition，Volume 1–Topside Equipment，Volume 2–Subsea Equipment，5th Edition（OREDA 2009）.

该参考文献包含 2000-2003 年海上钻井平台广泛过程设备的失效数据。这些数据是有特定使用目的的"先验使用"数据；然而，从另一方面而言，这些数据又是通用的，找出两者之间可能存在的差异是不可能的，因为提供数据的公司不同，他们采用的资产完整性计划水平也参差不齐。第一、二、三、四版收集了从 1984 到 2002 年的数据。

（5）IEEE Standard–493–2007，*Recommended Practice for the Design of Reliable Industrial and Commercial Power Systems*（2007）.

通常称为"金皮书"，它包括各种电气设备的失效数据，这些数据都是从工业和商业电气设施收集而来。

（6）IEEE Standard–500，*Guide to the Collection and Presentation of Electrical*，*E-lectronic*，*Sensing Component*，*and Mechanical Equipment Reliability Data for Nuclear-Power Generation Stations*，*reaffirmed 1991*（1984）.

该标准建立了用于核能发电站可靠性计算的可靠性数据收集及处理方法。它适用于电气、电子、传感元件和机械设备的可靠性数据计算。（该标准已被撤回且不再更新。）

（7）*Safety Equipment Reliability Handbook*，（exida，2007）.

本手册中数据大多数是由量化失效模式、影响和诊断分析估算而来。所涉及的设备通常用于符合 IEC 6151? (2003)标准的 SIS 系统。

（8）*SIL Solver*®（SIS-TECH 2012）.

该数据库是通过专家判断选择典型操作环境下合适的失效数据而得，即 Delphi 过程。所涉及的设备通常用于控制系统和 SCAI，以及 SIS 系统。该数据库提供了危险和误动作故障率估算方法，用于计算仪表系统需求时的失效概率和误跳车概率。

（9）*Electrical & Mechanical Component Handbook*（exida 2006）.

该手册中大多数据是 IEC 62380（2004）预测分析的结果。这是一本除失效概率之外，还提供有使用寿命数据的少有数据来源之一。

（10）ISA TR84.00.02, *Safety Instrumented Functions*（*SIF*）*-Safety Integrity Level*（*SIL*）*Evaluation Techniques*（2002）.

该数据库是由 ISA 委员会成员收集整理而来。所涉及设备用于 SIS 系统。该数据库为有限的一些元件提供了危险和误动作故障率的估算方法。

（11）*PDS Data Handbook*（SINTEF 2010）.

这本手册包括 SIS 设计和验证使用的输入设备、逻辑处理器和终端元件的可靠性数据。

（12）*EPRD-Electronic Parts Reliability Data*（RIAC 1997）.

该文件包含的可靠性数据可用于商业和军事电气元件可靠性分析。它涵盖了集成电路、分立式半导体元件（二极管、晶体管、光电设备）、电阻、电容及电感器 变压器的失效概率，所有这些数据都是从现场使用的电子元件收集的。

（13）*SPIDRTM-System and Part Integrated Data Resource*（SRC 2006）.

这是一本系统和元件可靠性与测试数据的数据库。

（14）*SR-332-Reliability Prediction for Electronic Equipment*（Telcordia Technologies 2011）.

这本书介绍了设备和单元硬件的可靠性预测方法。

（15）*FARADIP - Electronic*, *electrical mechanical*, *pneumatic equipment*（M2K 2000）.

该数据库整合了超过 40 个已公布的数据来源及 M2K 收集的可靠性数据。它提供的数据范围是一个层级结构的系统，覆盖了电气、电子、机械、气动、仪表和保护设备等层级。各失效模式所占的比例也有统计。

（16）ISA TR84.00.03, *Mechanical Integrity of Safety Instrumented Systems*（*SIS*）（2012）.

该技术性报告考虑建立安全仪表系统的机械完整性方案，重点关注如何全面地计划和执行方案。

（17）*Military Handbook 217F – Reliability Prediction of Electronic Equipment*（U. S. DoD 1990）.

该手册建立并维护了持续的和统一的电子设备与系统固有可靠性的评估方法。它为这些设备可靠性预估提供了一个共同的基础。该手册提供了两种可靠性预估方法，部件统计和元件应力分析（部件统计方法通常较保守）。该手册还包含了一些元件的失效概率，这些元件如集成电路、晶体管、二极管、电阻、电容、继电器、开关、连接器等。

（18）FMD-91-*Failure Mode/Mechanism Distributions*（RIAC 1991）.

该文件介绍了失效模式分析方法，用于可靠性分析，如失效模式与影响分析（FMEA）和失效模式、影响与危害分析（FMECA）。结合那些仅列出总的失效概率的数据库，如 Military Handbook 217F（U. S. DoD 1990）与 NPRD-95（RIAC 1995），它是有用的。

（19）NPRD-95-*Nonelectronic Parts Reliability Data*（RIAC 1995）.

该文件包括各种电气、机电和机械元件及组件的失效数据。

附录 D　止回阀可靠性数据换算举例

本附录给出了止回阀失效概率的粗略计值方法，既包括在低需求模式下（需求频率少于一年一次），该止回阀可以作为一个独立保护层（IPL）使用，也包括了在高需求模式下，该止回阀失效成为一个导致严重回流的初始事件。利用组件参数检视 1oo1（一选一，单一止回阀）以及 1oo2（二选一，止回阀串联冗余）两种结构。每种结构的验证试验间隔周期为 1~6 年，并据此预估结果。

数据研讨

《瑞典核电站零部件的可靠性数据手册》（*Reliability Data Book for Components in Swedish Nuclear Power Plants*）（Bento 等，1987）作为有效的数据来源，列出了关闭失效的平均概率，每次响应的失效概率为 0.0034，并且置信度上限为 95% 时，每次响应的失效概率为 0.0019，其验证试验间隔为一年。数据审查表明，影响该失效概率的主要来源是止回阀失效，其目的是防止严重的倒流，而不是轻微泄漏，并且被分类列为关闭失效。

失效速率换算

以下分析推导过程中假设失效概率符合指数分布，并利用下列方程在时间间隔的最后时刻求解失效概率。假设失效率 λ 为常数，验证测试间隔时间为 t：

$$P = 1 - e^{-\lambda t}$$

$$e^{-\lambda t} = 1 - P$$
$$\ln(e^{-\lambda t}) = \ln(I - P)$$
$$-\lambda = \ln(1 - P)$$
$$\lambda = \ln(I - P)/(-t)$$

式中 P——失效概率(要求时);相当于平均失效概率(PFD_{avg});

   t——时间;本示例中将代替 T,表示测试间隔时间(即,两次相邻测试的时间间隔),其单位用年表示;

   λ——失效率;每年预期或者经验数据预估的失效次数,代入现有数据后可得如下表达式:$\lambda = \ln(1-0.019)/(-1\text{年})$;$\lambda = 0.019$ 次失效/年

故障树分析结果摘要

根据以上推导所得的元件数据,进一步检视 1oo1(一选一,单一止回阀)以及 1oo2(二选一,双止回阀冗余串联)两种结构。其中,每一种结构的验证测试间隔范围为 1 至 6 年,并据此得到相关结论。结果摘要如表 D-1 和表 D-2 所示。

注:第 4 章和第 5 章中,同样的单止回阀和双止回阀安装和维护标准也要使用这种该数值换算方法,除非该现场有不同的安装和维护数据和标准,虽然数据不同,仍可得可接受的可靠性数据。

对于单止回阀和双止回阀,这两种情况下的失效率以及需求时失效概率(PFDs)如下所示:

表 D-1 单止回阀——失效率以及推导出的需求时失效概率(PFD)

逻辑结构:1oo1(一选一)

失效模式:关闭失效

验证校验间隔/年	年失效率	PFD(平均)
1	1.92E-2	9.6E-3
2	1.92E-2	1.9E-2
3	1.92E-2	2.8E-2
4	1.92E-2	3.8E-2
5	1.92E-2	4.7E-2
6	1.92E-2	5.6E-2

表 D-2 双止回阀——失效率及推导出的需求时失效概率(PFD)

逻辑结构:1oo2(二选一)

失效模式:关闭失效

共因失效因子：本示例中假设为零，但在事故中应考虑共因失效，具体应用环境下得到的需求时失效概率(PFD)，其中共因失效往往起到支配性的作用。

验证校验间隔/年	年失效率	PFD(平均)
1	3.7E-4	1.2E-4
2	7.1E-4	4.8E-4
3	1.0E-3	1.1E-3
4	1.4E-3	1.9E-3
5	1.7E-3	2.9E-3
6	2.0E-3	4.1E-3

LOPA 和 QRA 指导

当止回阀用于保护措施时，关键是要确定其是属于低需求模式，还是连续性/高需求模式。低需求模式以及连续新/高需求模式的有关内容，请参考第 3 章，3.5.1 节和 3.5.2 节，或 ISA 技术报告 TR84.00.04，*Guideline on the Implementation of ANSI/ISA84.00.01-2004*，第一部分(ISA 2011)，附录 I。

连续性需求模式下，止回阀失效率应作为初始事件率。如果满足以下条件，则止回阀处于连续性需求模式：

- 止回阀是为防止所关注后果、唯一可用的保护措施，或者
- 止回阀失效导致回流是初始事件诱因，且其需求率大于每年一次。

如果不能直接获得该失效率，可根据已知的需求时失效概率(PFD)取值和验证测试间隔时间进行估算，如本附录已介绍的"失效率的数据换算"。

低需求模式下，止回阀失效概率就是用于预防回流的独立保护层(IPL)的需求时失效概率(PFD)。如止回阀需求率少于每年一次，则该止回阀处于低需求模式。

附录 E 压力容器及管线超压注意事项

风险分析过程中经常要评估超压后果严重程度，它似乎对许多风险分析人员是一个难题，特此介绍一下相关注意事项。

超压定义

虽然某一系统具体的故障点取决于系统设计和维护，但随着系统内部压力不断升高，泄漏或破裂的概率也会逐渐增大。尽管该具体失效点取决于系统设计及维护工作。然而，但对超压事故规定了后果类型后，应注意下列一些问题。采用合理的设计、应力计算及施工规范，那么合理设计的容器和管线就能够提供可靠

的超压保护。

例如，《ASME 锅炉和压力容器规范》[*ASME Boiler and Pressure Vessel Code* (*BPVC*)，*Section VIII*，2013 年]第八章使用了最大允许工作压力(MAWP)概念。最大允许工作压力(MAWP)取决于设计温度、系统中各种材料容许的应力，以及安装厚度去除腐蚀裕量后的实际厚度。该标准规定，计算容器可持续承受的最大压力应包含必要的安全因素。有一些压力容器规范规定了要求的设计压力，其设计裕量应为材料强度的 3~4 倍(ASME 1999 年，ASME 2013 年)。容器通常也会进行 MAWP1.3~1.5 倍的水压试验。其他锅炉和压力容器规范也使用了相似概念，但存在设计裕量区别。

ASME 2013 年标准允许安全阀保护容器时，有高于 MAWP 的裕量。安全阀具有开放和允许弹性操作的特点。因此，以 ASME 2013 年规范为例，单一安全阀要求能够限制最大压力不高于最大允许工作压力(MAWP)110%的能力。复式安全阀要求能够限制最大压力不高于最大允许工作压力(MAWP)116%的能力。火灾场景下的单一或复式泄放阀需要选取足够大尺寸的安全阀，限制最大压力不高于最大允许工作压力(MAWP)121%的能力。同时，该规范要求容器压力测试压力大于最大允许工作压力(MAWP)。

突然的压力升高，诸如某反应失控或内部爆燃所引起的，能够引发大规模有害物料泄放和(/或)由于容器超压破裂引发的其他严重后果。相反的，逐步增加的内部压力一定会增大法兰、填料、密封件、仪表接口处的泄漏概率，但这些相对轻微的泄漏通过对过度压力的排空，也确实有助于避免发生系统灾难性破裂。这种类型的泄放通常会造成局部影响而非大范围的普遍性影响。泄放导致的后果，如局部火灾、小型蒸汽云或液池，也仅具有局部性并造成有限影响。然而，剧毒物料即便是轻微泄漏仍会导致局部小范围出现伤亡。泄放系统设计与安装标准结合妥善设计已证实可以有效减少容器和管线系统的超压破裂事故，此类事故现在已经非常罕见。

某些公司会制定他们自己的政策，高于许可超压的任何压力提升均为违反规定的行为，并可假设一旦压力超出标准便发生灾难性失效。这种保守方法导致压力稍稍超出最大允许工作压力(MAWP)将同样被视作极高的潜在风险场景，如发生破裂。

限制压力升高的因素

初始事件及独立保护层(IPL)失效引发的场景都会导致系统能量失衡和相应的压力上升。但并不一定意味着该压力上升不可控或不受限制。设备特点及过程中物料的气-液平衡通常限定了系统能够达到的最高压力值。评估某一场景下的后果严重程度应注意到这些问题。

影响设备内部最大压力上升的因素，示例如下。注意，下列因素仅适用于得到合理维护和检验的设备，这些设备设计意图要求的厚度和完整性尚未退化。且

• 上游压力——若上游压力受限，则该系统能够承受的最高压力也会受到限制。例如，如果初始事件(IE)为某一压力控制系统失效，系统通过固有手段提供的压力可能不会超过300psig，那么系统能够达到的最高压力应为300psig。若该系统的最大允许工作压力(MAWP)为230psig，那么将大约超压30%。已经大于所有标准规定的压力限制范围(如MAWP)，却又低于典型的水压实验压力，该值规定是MAWP的130%~150%。采用最保守的分析，可被视为破裂场景。但合理的方法也可以是后果陈述，该后果可被描述为"超过标准规定压力限制并可能导致法兰或仪表接口处的发生泄漏"(由于预期超压仍低于试验压力，某些组织甚至可能不认为这是一个LOPA场景)。

• 离心泵最高出口压力——这属于受限的上游压力的一种特殊情况。例如，假设泵安装新叶轮后，关闭压头由原先100psig上升至现在的130psig。与泵相连接系统的最大允许工作压力(MAWP)为100psig。若该泵与其供给的下游容器间的阀门被关闭，致使该泵憋压，泵压会升至MAWP的130%。可能引发的后果不是破裂，而最有可能是某法兰、某密封及某仪表接口处的发生泄漏。这种做法并非意味着建议大家无视法规要求，而是强调，当超过规范要求时，一系列后果将"开始"，并随着压力的持续上升，其潜在后果也将逐步升级。

对于容积泵，分析人员需谨慎使用真实的最高出口压力。容积泵产生的出口压力仅受系统承压能力或泵自身耐受性限制。同时，分析人员也应知道，一个被隔离的离心泵，其产生的压力可能高于它的最大出口压力。高速旋转的叶轮，其导入的能量可以作为热源引起液体的热膨胀。某些系统中，该附加热量也可能引发热分解反应或其他不受控反应。

• 压缩机——离心压缩机可能出现与离心泵相似情况。

• 精馏塔底部再沸器的温度夹点——精馏塔内压力上升时，由于该系统的气-液平衡，塔底沸点也随之上升。随着沸点上升，诸如组分变化或压力增加，热介质(常规物流)与塔底再沸器中热介质的温差将减小。这会引起塔内能量输入率下降。若压力持续上升，塔底沸点将最终达到再沸器热介质温度。假如在一个非反应性系统中，除非存在其他能量来源输入塔内，否则当塔底温度与再沸器热介质温度相等时，也意味着已达最高压力。

举例说明，假如某一给定塔的最大允许工作压力(MAWP)为300psig。在温度失控情况下，通入再沸器的蒸汽可能将塔底温度加热至沸点，导致塔内压力达

到 375psig。在这种情况下，如果安全阀未打开并且假定无其他能源输入，可以达到的最大压力约为最大允许工作压力（MAWP）的 125%。这也许违反了标准，除非该系统的完整性已受到严重损害，例如腐蚀或脆裂，但是不可能导致系统发生破裂。相比之下，不太可能发生容器破裂，但法兰、密封或仪表接口处泄漏则更可能发生。

处理超压的备选方案

对于整个过程工业体系而言，在风险评估的范围内处理超压目前还没有权威性的方法。当然，个别企业已经自行开发了自己的方法。为了帮助企业确定那些方法是最合适的，下面列出了几种备选方案以及每种方案的优缺点，以供选择。

选项 1：假设任何超出标准范围的压力上升都将导致破裂事件，并直接或间接导致人员伤亡、财产运营损失和环境影响。这种方法将：

a. 最为保守，并且将导致大多数超压场景出现最严重的后果。因此，所有这些超压场景将适用同样的降低风险因素。具有非常大的压力上升可能性的场景与压力升高会被限制但仍高于标准限定的场景，此方法不允许这二者的独立保护层（IPLs）之间存在任何区别。

b. 在其看来严格遵循施工标准，并且实质上意味着实现完全的标准合规失效成为所关注的后果。

c. 易于应用和执行。

d. 强化依附于设计标准的重要性。

如果没有支持数据证明容器完整性，此选项应遵循。

选项 2：假设，根据所发生的超压，后果存在层次结构。这种方法将：

a. 明确地认为，当超出标准允许的超压不可接受时，特定失效（如，泄漏或破裂）的后果与可能性取决于超压百分比。参见表 E-1 概念性指示，不同超压等级所对应的可能发生的后果类型。

b. 允许将有毒物质泄漏作为后果事件考虑，并且区别于可燃物料的轻微泄漏，其后果性可能会少得多。

c. 与选项 1 相比，应用和执行较为复杂。

d. 有可能降低维护操作参数低于规定安全限值这一规定的重要性。

e. 对检验、测试与预防性维修（ITPM）程序产生更大的相关性，用于发现和纠正可以降低该容器安全裕量的缺陷。

应由某一单独机构根据自身的设计标准、适用规范及该机构风险控制草案确定各级超压超压的潜在后果。可能导致后果的层次结构作为容器超压的一个函数，表 E-1 举例说明。

表 E-1 理论性后果与压力容器超压

本案例遵照 ASME，锅炉及压力容器标准（BPVC），第八卷第一册，2013 年版。［ASME Boiler and Pressure Vessel Code（BPVC）Section Ⅷ，Division 1（2013）］，适用于碳钢容器设计，相对于其他设计标准及其他材料和等级而言，后果与累计的超压百分比可能过于严重。在容器存在以下情况时，轻微超压也很可能会引发灾难性失效：如果容器超出其腐蚀裕量，曾短暂承受过超温或超压，低于其韧性/脆性转变温度下操作、展现出点蚀或开裂迹象。

累计（超出 MAWP 的%）	意　义	潜在后果
10%	过程紊乱情况（无火灾）下，允许范围之内累积值，由单一泄放装置保护	该级别积累值无预期后果
16%	过程紊乱情况下，允许范围之内累积值，由复式泄放装置保护	该级别积累值无预期后果
21%	外部火灾泄压情况下，允许范围之内积累值，与泄放装置的数量无关	该级别积累值无预期后果
>21%~30%	标准水压试验压力	增加了相关法兰、管线、设备等泄漏可能性
>30%	最小屈服强度和极限强度会因材料和等级发生变化	极有可能发生灾难性失效。由于压力级别超出标准余量，通过该机构对超压后果严重程度进行的必要评估，分析研究并设立支持文档

表 E-1 所示方法大致依据（另作说明情况除外）ASME 标准，规范案例 2211-1 的建议修订部分内容，该修订部分来自焊接研究协会 498 公报上发表的《规范案例 2211 应用指南——通过系统设计解决超压问题》（Guidance on the Application of Code Case 2211-Overpressure by Systems Design，Sims 2005）。同时，也可以参考《ASME 锅炉及压力容器规范，UG-140，第八卷第一册》（UG-140 of Section Ⅷ Division 1 of the ASME Boiler and Pressure Code，2013），深入了解该规范案例如何被纳入压力容器标准。表 E-1 仅提供了概念上的案例。超压比值应由单独机构确定并且应考虑建筑材料和设计规范。

参考文献

ACGIH(American Council of Governmental Industrial Hygienists). 2004. *Industrial Ventilation: A Manual of Recommended Practice*. 25th Edition. Cincinnati: ACGIH.

ANSI/AIHA/ASSE(National Standards Institute/American Industrial Hygiene Association/American Society of Safety Engineers). 2012. *Fundamentals Governing the Design and Operation of Local Exhaust Ventilation* Systems. Z9. 2. Falls Church, VA: AIHA.

ANSI/API (American National Standards Institute/American Petroleum Institute). 2008. *Guide for Pressure-Relieving and Depressuring Systems: Petroleum petrochemical and natural gas industries-Pressure relieving and depressuring systems*, 5th Edition addendum. (ISO 23251 Identical). API Standard 521. Washington, DC: API.

ANSI/ASME(American National Standards Institute/American Society of Mechanical Engineers). 2012. *Safety Standards for Conveyors and Related Equipment*. B20. 1-2012. New York: ASME.

ANSI/CEMA(American National Standards Institute/Conveyor Equipment Manufacturers Association). 2008. *Screw Conveyors for Bulk Materials* 350-2009. Naples, FL: Conveyor Equipment Manufacturers Association.

ANSI/FCI (American National Standards Institute/Fluid Controls Institute). 2006. *Control Valve Seat Leakage*, ANSI/FCI 70-2-2006. Cleveland: Fluid Controls Institute, Inc.

ANSI/ISA(American National Standards/Institute International Society of Automation). 2004. *Functional Safety: Safety Instrumented Systems for the Process Industry Sector - Part 1: Framework, Definitions, System, Hardware and Software Requirements*. 84. 00. 01-2004(IEC 61511-1 Mod). Research Triangle Park, NC: ISA.

ANSI/ISA. 2009. *Management of Alarm Systems for the Process Industries*. ANSI/ISA - 18. 2-2009. Research Triangle Park, NC: ISA.

ANSI/ISA. 2011. Wireless systems for industrial automation: Process controls and related applications. 100. 11a−2011. Research Triangle Park, NC: ISA.

ANSI/ISA. 2012. *Identification and Mechanical Integrity of Safety Controls*, *Alarms and Interlocks in the Process Industry*. ANSI/ISA−84. 91. 01−2012. Research Triangle Park, NC: ANSI/ISA.

API (American Petroleum Institute) . 1991. *Removal of Benzene from Refinery Wastewater*. Standard 221. Washington, DC: API.

API. 1996. *Evaluation of the Design Criteria for Storage Tanks with Frangible Roofs Joints*. Publication 937. Washington, DC: API.

API. 2002. *Pumps−Shaft Sealing Systems for Centrifugal and Rotary Pumps*, 2nd Edition. Standard 682. Washington, DC: API.

API. 2008. *Design and Construction of Large*, *Welded*, *Low−Pressure Storage Tanks*, 11th Edition. Standard 620. Washington, DC: API.

API. 2009a. *Tank Inspection*, *Repair*, *Alteration*, *and Reconstruction*. Standard 653. Washington, DC: API.

API. 2009b. *Valve Inspection and Testing*. Standard 598. Washington, DC: API.

API. 2009c. *Venting Atmospheric and Low−Pressure Storage Tanks*, 6th Edition. API 2000/ISO 28300(Identical). Washington, DC: API.

API. 2013. *Welded Storage Tanks for Oil Storage*, 12th Edition. Standard 650. Washington, DC: API.

Arner, D. , and H. Thomas. 2012. "Proven in Use (What's the Quality of Your Data?)." Paper presented at 8th Global Congress on Process Safety, Houston, TX, April 1−4.

ASME(American Society of Mechanical Engineers) . 1999. ASME Boiler and Pressure Vessel Code Section VIII − *Rules for Construction of Pressure Vessels*, Division 1. New York: ASME.

ASME. 2013. ASME Boiler and Pressure Vessel Code Section VIII−*Rules for Construction of Pressure Vessels*, Division 1. New York: ASME.

ASTM(American Society for Testing and Materials) . 2010. *Standard Test Method for Performance Testing of Excess Flow Valves*. Standard F1802−04. Washington, DC: ASTM International.

ATEX(Appareils destinés à être utilisés en Atmosphères Explosives). 2009. *Equipment for Explosive Atmospheres*. Directive 94/9/EC. Brussels: EC.

Bailey, R. 1997. "Estimation from Zero Failure Data." *Risk Analysis* Vol. 17. No. 3: 375−380.

Baker, J., F. Bowman, G. Erwin, S. Gorton, D. Hendershot, N. Leveson, S. Priest, I. Rosenthal, P. Tebo, D. Wiegmann, and L. Wilson. 2007. "The Report of the BP US Refineries Independent Safety Review Panel; 2007" http://www.bp.com/live-assets/bp_internet/globalbp/globalbp_uk_english/SP/STAGING/local_assets/assets/pdfs/Baker_panel_report.pdf.

Bell, B., and A. Swain. 1983. *A Procedure for Conducting a Human Reliability Analysis for Nuclear Power Plants*. NUREG/CR-2254. Washington, DC: Nuclear Regulatory Commission.

Bento J.-P., S. Björe, G. Ericsson, A. Hasler, C.-D. Lyden, L. Wallin, K. Pörn, O. Akerlund. 1987. *Reliability Data Book for Components in Swedish Nuclear Power Plants*. RKS/SKI 85-25. Stockholm: Swedish Nuclear Power Inspectorate and Nuclear Training & Safety Center of the Swedish Utilities.

Blackman, H., D. Gertman, and R. Boring. 2008. "Human Error Quantification Using Performance Shaping Factors in the SPAR-H Method." Paper presented at Idaho National Labs, 52nd Annual Meeting of the Human Factors and Ergonomics Society, New York, NY, September 22-26.

Bridges, W. and T. Clark. 2011. "LOPA and Human Reliability – Human Errors and Human IPLs (Updated)." Paper presented at 2012 AIChE Spring Meeting/8th Global Congress on Process Safety, Houston, TX, April 1-5.

BS (British Standards Institution). 1984. *Specification for Valves for Cryogenic Service*. 6364. London: IBN.

BS. 2005. *Specification for the design and manufacture of site built, vertical, cylindrical, flat-bottomed, above ground, welded, steel tanks for the storage of liquids at ambient temperature and above*. EN 14015: 2004 British-Adopted European Standard. London: IBN.

BS. 2006. *Dust explosion venting protective systems*. EN 14491. London: IBN.

Bukowski, J. and W. Goble. 2009. "Analysis of Pressure Relief Valve Proof Test Data." Paper presented at 2009 AIChE Spring Meeting/11th Plant Process Safety Symposium, Tampa, FL, April 26-30.

CCPS. 1989. *Guidelines for Process Equipment Reliability Data, with Data Tables*. New York: AIChE.

CCPS. 1993. *Guidelines for Safe Automation of Chemical Processes*. New York: AIChE.

CCPS. 1994. *Guidelines for Preventing Human Error in Process Safety*. NewYork: AIChE.

CCPS. 1998a. *Guidelines for Improving Plant Reliability through Data Collection and*

Analysis. New York：AIChE.

CCPS. 1998b. *Guidelines for Pressure Relief and Effluent Handling Systems.* New York：AIChE.

CCPS. 1999. *Guidelines for Consequence Analysis of Chemical Releases.* NewYork：AIChE.

CCPS. 2000. *Guidelines for Chemical Process Quantitative Risk Analysis*, 2nd Edition. New York：AIChE.

CCPS. 2001. *Layer of Protection Analysis：Simplified Process Risk Assessment.* New York：AIChE.

CCPS. 2003. *Guidelines for Investigating Chemical Process Incidents*, 2nd Edition. New York：AIChE.

CCPS. 2006. *Guidelines for Mechanical Integrity Systems.* New York：AIChE.

CCPS. 2007a. *Guidelines for Risk Based Process Safety.* New York：AIChE.

CCPS. 2007b. *Guidelines for Safe and Reliable Instrumented Protective Systems.* New York：AIChE.

CCPS. 2007c. *Human Factors Methods for Improving Performance in the Process Industries.* New York：AIChE.

CCPS. 2008a. *Guidelines for Hazard Evaluation Procedures*, 3rd Edition. New York：AIChE.

CCPS. 2008b. *Guidelines for the Management of Change for Process Safety.* New York：AIChE.

CCPS. 2009a. *Guidelines for Developing Quantitative Safety Risk Criteria*, 2nd Edition. New York：AIChE.

CCPS. 2009b. *Inherently Safer Chemical Processes：A Life Cycle Approach*, 2nd Edition. New York：AIChE.

CCPS. 2013. *Guidelines for Enabling Conditions and Conditional Modifiers in Layer of Protection Analysis.* New York：AIChE.

CCPS. n. d. Process Equipment Reliability Database(PERD). http：//www. aiche. org/ccps/resources/perd.

CDC(Centers for Disease Control and Prevention). 1998. *Controlling Cleaning—Solvent Vapors at Small Printers.* Number 98-107. Washington, DC：NIOSH.

Chlorine Institute. 2011. *Bulk Storage of Liquid Chlorine*, 8th Edition. Pamphlet 5. Arlington, VA：Chlorine Institute.

CPR(Committee for the Prevention of Disasters). 2005. *Guidelines for Quantitative Risk Assessment*, 2nd Edition "Purple Book." 18E. The Hague：Sdu Uitgevers.

Crane Co. 2009. *Flow of Fluids: Through Valves, Fittings and Pipe*. Technical Paper 410. Stamford, CT: Crane Company.

Cullen, W. (Lord). 1990. *The Public Inquiry into the Piper Alpha Disaster*, Volume 1. London: HMSO.

DIN (Deutsches Institut für Normung). 1997. *Plastics Piping Systems – Thermoplastic Valves–Test Methods for Internal Pressure and Leaktightness*. EN 917. Berlin: Beuth Verlag BmbH.

DIN. 2006. *Explosion suppression systems*. EN 14373: 2006. Berlin: Beuth Verlag BmbH.

Earles, D., and M. Eddins. 1962. *Failure Rates – Reliability Physics*. Proceedings of First Annual Symposium on the Physics of Failure in Electronics. Baltimore: Spartan Books.

EC (European Commission). 1997. *Pressure Equipment Directive 97/23/EC (PED)*. Brussels: EC.

Edwards, E., and F. Lees. 1974. *The Human Operator in Process Control*. London: Taylor & Francis Ltd.

EGIG (European Gas pipeline Incident data Group). 2011. *Gas Pipeline Incidents, 8th Report of the European Gas Pipeline Incident Data Group*. Groningen: EGIG.

Embrey, D., P. Humphreys, E. Rosa, B. Kirwan, & K. Rea. 1984. *SLIM – MAUD: An approach to assessing human error probabilities using structured expert judgement*. NUREG/CR–3518. Washington DC: U. S. Nuclear Regulatory Commission.

exida. 2006. *Electrical & Mechanical Component Handbook*. Sellersville, PA: exida.

Exida. 2007. *Safety Equipment Reliability Handbook*, 3rd Edition. Sellersville, PA: Exida.

Freeman, R. 2011. "What to Do When Nothing Has Happened," *Process Safety Progress*, September, Vol. 30, No. 3: 204–211.

Freeman, R., and D. Shaw. 1988. "Sizing Excess Flow Valves," *Plant/Operations Progress*, July, Vol. 7, No. 3: 176–182.

Gertman, D., and H. Blackman. 1994. *Human Reliability and Safety Analysis Data Handbook*. New York: John Wiley & Sons.

Gertman, D., H. Blackman, J. Marble, J. Byers, and C. Smith. 2005. *The SPAR – H Human Reliability Analysis Method*. NUREG CR – 6883. Washington, DC: U. S. Nuclear Regulatory Commission, Office of Nuclear Regulatory Research.

Goodrich, M. 2010. "Risk Based Pump – Seal Selection Guideline Complementing ISO21049/API 682." Proceedings of the Twenty – Sixth International Pump Users

Symposium, Texas A&M University, http://turbolab. tamu. edu/articles/26th_
international_pump_users_symposium_proceedings.

Grossel, S. 2002. *Deflagration and Detonation Flame Arresters.* New York: CCPS/
AIChE.

Grossel, S. and R. Zalosh. 2005. *Guidelines for Safe Handling of Powders and Bulk Sol-
ids.* New York: CCPS/AIChE.

Hallbert, B. , A. Whaley, R. Boring, P. McCabe, and Y. Chang. 2007. *Human Event
Repository and Analysis (HERA): The HERA Coding Manual and Quality Assur-
ance* (NUREG CR-6903, Volume 2). Washington, DC: Division of Risk Assess-
ment and Special Projects, Office of Nuclear Regulatory Research, U. S. Nuclear
Regulatory Commission.

Hannaman, G. , A. Spurgin, and Y. Lukic. 1984. *Human cognitive reliability model for
PRA analysis.* Draft Report NUS – 4531, EPRI Project RP2170 – 3. Palo Alto:
Electric Power and Research Institute.

IEC (International Electrotechnical Commission). 2003. *Functional Safety: Safety In-
strumented Systems for the Process Industry Sector – Part 1: Framework, Defini-
tions, System, Hardware and Software Requirements.* IEC 61511. Geneva: IEC.

IEC. 2004. *Reliability data handbook – Universal model for reliability prediction of elec-
tronics components, PCBs and equipment.* IEC 62380. Geneva: IEC.

IEC. 2010. *Functional safety of electrical/electronic/programmable electronic safety related
systems.* IEC 61508. Geneva: IEC.

IEEE (Institute of Electrical and Electronics Engineers). 1984. *Guide to the Collection
and Presentation of Electrical, Electronic, Sensing Component, and Mechanical
Equipment Reliability Data for Nuclear – Power Generation Stations.* Standard 500 –
1984 reaffirmed 1991. New York: IEEE.

IEEE. 2007. *Recommended Practice for the Design of Reliable Industrial and Commercial
Power Systems.* Standard 493–2007. New York: IEEE.

ISA (International Society of Automation). 2002. *Safety Instrumented Functions (SIF) –
Safety Integrity Level (SIL) Evaluation Techniques.* TR84. 00. 02 – 2002. Research
Triangle Park, NC: ISA.

ISA. 2011. *Guidelines for the Implementation of ANSI/ISA 84. 00. 01.* TR84. 00. 04–2011
Part 1. Research Triangle Park, NC: ISA.

ISA. 2012. *Mechanical Integrity of Safety Instrumented Systems (SIS).* TR84. 00. 03 –
2012. Research Triangle Park, NC: ISA.

ISO(International Organization for Standardization). 1985. *Explosion protection systems—Part 4: Determination of efficacy of explosion suppression systems*. 6184-4: 1985. Geneva: ISO.

Kirwan, B. 1994. *A Guide to Practical Human Reliability Assessment*. Boca Raton, FL: CRC Press.

Linstone, H. 1975. *The Dephi Method*. Boston: Addison—Wesley.

Lorenzo, D. 1990. *A Manager's Guide to Reducing Human Error: Improving Human Performance in the Chemical Industry*. Washington, DC: Chemical Manufacturers Association.

M2K(Maintenance 2000). 2000. *FARADIP—Electronic, electrical, mechanical, pneumatic equipment*, [computer program] http://www.m2k.com/failurerate-data-in-perspecti ve.htm.

Meyer, M., and J. Booker. 2001. *Eliciting and Analyzing Expert Judgment*. Philadelphia: Society for Industrial and Applied Mathematics.

MSS(Manufacturers Standardization Society). 2009. *Pressure Testing of Valves*. MSS—SP-61. Vienna, VA: MSS.

Mudan, K. S. 1984. "Thermal Radiation Hazards from Hydrocarbon Pool Fires." *Progress in Energy Combustion Science*. 10: 59-81.

NFP A(National Fire Protection Association). 2007. *Standard on Explosion Protection by Deflagration Venting*. 68. Quincy, MA: NFPA.

NFPA. 2008a. *Flammable and Combustible Liquids Code*. 30. Quincy, MA: NFPA.

NFPA. 2008b. *Standard for the Inspection, Testing, and Maintenance of Water-Based Fire Protection Systems*. 25. Quincy, MA: NFPA.

NFPA. 2008c. *Standard on Explosion Prevention Systems*. 69. Quincy, MA: NFPA.

NFPA. 2009. *Standard for Dry Chemical Extinguishing Systems*. 17. Quincy, MA: NFPA.

NFPA. 2010a. *Standard for Exhaust Systems for Air Conveying of Vapors, Gases, Mists, and Noncombustible Particulate Solids*. 91. Quincy, MA: NFPA.

NFPA. 2010b. *Standard for Low-, Medium-, and High-Expansion Foam*. 11. Quincy, MA: NFPA.

NFPA. 2012. *Standard on Clean Agent Fire Extinguishing Systems*. 2001. Quincy, MA: NFPA.

NFPA. 2013. *Standard for the Prevention of Fire and Dust Explosions from the Manufacturing*, *Processing*, *and Handling of Combustible Particulate Solids*. 654. Quincy, MA: NFPA.

NOAA/U. S. EPA(National Oceanic and Atmospheric Administration/U. S. Environmental Protection Agency). 2012. *ALOHA* (*Areal Locations of Hazardous Atmospheres*)(Version 5. 4. 3) [computer program] http://www. epa. gov/emergencies/content/cameo/aloha. htm.

NRCC(National Research Council Canada). 1995. *Water Mains Breaks Data on Different Pipe Materials for 1992 and 1993*, A-7019. 1. Ontario: National Research Council.

NTSB (National Transportation Safety Board). 1990. *Marine Accident Report*: *The Grounding of the U. S. Tankship Exxon Valdez on Bligh Reef Prince William Sound Near Valdez*, *Alaska March 24*, *1989*, Washington, DC: NTSB.

OREDA. 2009. *Offshore Reliability Data Handbook*, 5th Edition (*OREDA*), Trondheim, Norway: SINTEF.

Rasmussen, J., and W. Rouse. 1981. *Human Detection and Diagnosis of System Failures*. New York: Plenum Press.

Reason, J. 1990. *Human Error*. New York: Cambridge University Press.

Reason, J. and A. Hobbs. 2003. *Managing Maintenance Error*: *A Practical Guide*. Hampshire, U. K. : Ashgate Publishing Company.

RIAC(Reliability Information Analysis Center). 1991. *Failure Mode/Mechanism Distributions*. FMD-91. Rome, NY: RAC.

RIAC. 1995. *Nonelectronic Parts Reliability Database*. NPRD-95. Rome, NY: RAC.

RIAC. 1997. *Electronic Parts Reliability Data*(*EPRD*). NPRD-97. Rome, NY: RAC.

Sims, R. , and W. Yeich. 2005. *Guidance on the Application of Code Case 2211-Overpressure Protection By Systems Design*. Bulletin 498. New York: Welding Research Council.

SINTEF(Stiftelsen for industriell og teknisk forskning). 2010. *PDS Data Handbook*. Trondheim, Norway: SINTEF.

SIS-TECH. 2012. *SIL Solver*®. (Version 6. 0) [computer program] http: //sistech. com/software.

Spirax Sarco. 2013. "Steam Engine Tutorials," Tutorial 12, "Piping Ancilliaries," http://www. spiraxsarco. com/resources/steam-engineering-tutorials. asp.

SRC(Alion System Reliability Center). 2006. SPIDR™-System and Part Integrated Data Resource [computer program] http: //src. alionscience. com/spidr/.

Summers, A. 2014. "Safety Controls, Alarms, and Interlocks as IPLs. " *Process Safety Progress*, Vol. 33, No. 2, June 2014, p. 184-194.

Swain, A. , and H. Guttmann. 1983. *Handbook of Human Reliability Analysis with Emphasis on Nuclear Power Plant Applications*. NUREG CR-1278. Washington, DC: U. S. Nuclear Regulatory Commission.

Telcordia Technologies. 2011. *Reliability Prediction for Electronic Equipment*. SR-332. Morristown, NJ: Telcordia.

UL(Underwriters Laboratories). 2007. *Steel Aboveground Tanks for Flammable and Combustible Liquids*. UL-142. Northbrook, IL: UL.

UNM(Union de Normalisation de la Mécanique). 2002. *Unfired Pressure Vessels*. EN 13445. Courbevoie: UNM.

USCG(United States Coast Guard). 2011. *Report of Investigation into the Circumstances Surrounding the Explosion, Fire, Sinking and Loss of Eleven Crew Members Aboard the Mobile Offshore Drilling Unit DEEPWATER HORIZON in the Gulf of Mexico, April 20-22, 2010*(Volume 1). Washington, DC: USCG.

U. S. CSB(Chemical Safety and Hazard Investigation Board). 2007. *Emergency Shutdown Systems for Chlorine Transfer*. Safety Bulletin No. 2005-06-I-LA. Washington, DC: CSB.

U. S. DoD(Department of Defense). 1990. *Reliability Prediction of Electronic Equipment*. Military Handbook 217F. Washington, DC: U. S. Department of Defense.

U. S. EPA(Environmental Protection Agency). 2003. *Cross Connection Control Manual*. EPA 816-R-03-002. Washington, DC: EPA.

U. S. EPA. 2007. *Emergency Isolation for Hazardous Material Fluid Transfer Systems-Application and Limitations of Excess Flow Valves*. Chemical Safety Alert, EPA 550-F-0-7001. Washington, DC: EPA.

U. S. EPA. 2009. *ECA Workshop for Alabama Correction Facilities, SPCC Review*. Washington, DC: EPA.

U. S. NRC(Nuclear Regulatory Commission). 2008. *Fitness for Duty Programs-Managing Fatigue*. Regulation 10 CFR 26 Subpart I. Washington, DC: NRC.

U. S. OSHA (Occupational Safety & Health Administration) . 2005 *Flammable Liquids*. 29 CFR 1910. 106. 1974–2005. Washington, DC: OSHA.

VDI (Verein Deutscher Ingenieure) . 2002. *Pressure Venting of Dust Explosions*. 3673. Berlin: VDI.

Walpole, R. , R. Myers, S. Myers, and K. Ye. 2006. *Probability and Statistics for Engineers and Scientists*, 8th Edition. Upper Saddle River, NJ: Pearson Publishing.

Welker, E. , and M. Lipow. 1974. *Estimating the Exponential Failure Rate from Data with No Failure Events*. Proceedings of the 1974 Annual Reliability and Maintainability Symposium, Los Angeles, California. New/York: IEEE.

索　引